普通高等教育计算机类"十二五"规划教材

微软组件技术

主　编　赵　莉　耿军雪　杨国梁
副主编　荆　心　徐　飞　孙喟喟

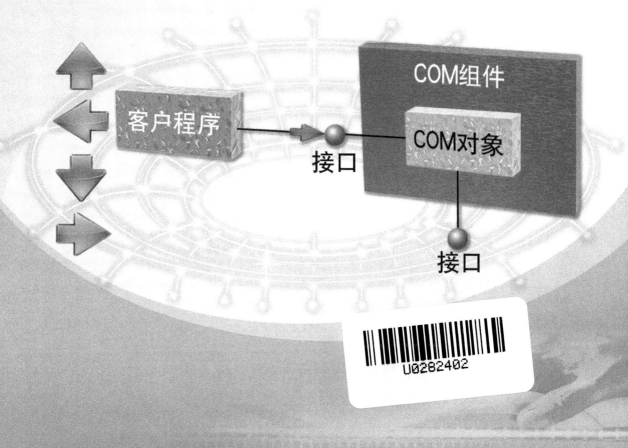

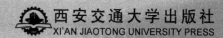

西安交通大学出版社
XI'AN JIAOTONG UNIVERSITY PRESS

内容简介

本书全面系统地介绍了 COM/DCOM/COM＋等微软组件技术,并结合 ATL、VC＋＋等开发工具和 OLE DB、ADO、ActiveX 等技术阐述了 COM 的应用。内容包含了 COM 组件的接口、对象的概念及 COM 组件的实现;COM 的高级特性:包容和聚合实现组件的复用、客户程序创建 COM 对象的进程透明性和 COM 的线程模型;自动化对象概念及实现;可连接对象通信机制;ActiveX 控件实现;OLE DB 和 ADO 数据库访问技术;DCOM 技术;COM＋应用;.NET组件技术。各章均提供了丰富的实例,便于读者巩固知识,掌握组件设计的基本方法和技巧。本书力求概念叙述准确、严谨,描述简练,语言通俗易懂,使读者易于理解和掌握。

本书适合作为高等院校计算机及相关专业组件技术课程的教材和工程技术人员学习组件的参考书,也适合于编程开发人员培训、广大计算机技术爱好者自学使用。

图书在版编目(CIP)数据

微软组件技术/赵莉等主编. —西安:西安交通大学出版社,2013.9(2017.8 重印)
 ISBN 978－7－5605－5709－0

 Ⅰ.①微… Ⅱ.①赵… Ⅲ.①软件组件 Ⅳ.①TP311.56

中国版本图书馆 CIP 数据核字(2013)第 218806 号

书　　名	微软组件技术
主　　编	赵　莉　耿军雪　杨国梁
副 主 编	荆　心　徐　飞　孙喟喟
策划编辑	毛　帆
责任编辑	毛　帆
出版发行	西安交通大学出版社
	(西安市兴庆南路 10 号　邮政编码 710049)
网　　址	http://www.xjtupress.com
电　　话	(029)82668357　82667874(发行中心)
	(029)82668315(总编办)
传　　真	(029)82668280
印　　刷	虎彩印艺股份有限公司
开　　本	787mm×1092mm　1/16　印张　19.125　字数　463 千字
版次印次	2013 年 9 月第 1 版　2017 年 8 月第 3 次印刷
书　　号	ISBN 978－7－5605－5709－0
定　　价	35.00 元

读者购书、书店添货、如发现印装质量问题,请与本社发行中心联系、调换。
 订购热线:(029)82665248　(029)82665249
 投稿热线:(029)82668254　QQ:354528639
 读者信箱:lg_book@163.com

前　言

　　基于组件的软件开发技术是一种强调通过可复用组件设计与构造软件系统的软件复用技术途径。组件对象模型(COM)至今仍然保持着旺盛的生命力,其原理甚至被包括.NET 体系在内的系统所采用。基于 COM 的组件、工具和服务仍然在软件领域扮演着重要角色,本书将全面深入地介绍 COM/DCOM/ COM＋原理,并结合 ATL、VC＋＋等开发工具和 OLE DB、ADO、ActiveX 等技术阐述 COM 的应用。

　　全书共分为 12 章。第 1 章绪论介绍了组件、设计模式的基础知识。第 2 章详细阐述了 COM 规范的实现细节,包括 COM 接口和对象,COM 的实现过程,并用 C＋＋完成 COM 组件的实现和调用。第 3 章从重用性、跨进程性和多线程阐述 COM 的部分特性并给出了 MFC 的支撑。第 4 章讲述了自动化对象的概念、接口的实现和对象的使用。第 5 章给出了可连接对象的概念、连接过程并给出 MFC 实现。第 6 章用 ATL 开发 COM 应用的各个实例,包括进程内组件、多接口组件以及自动化组件的实现。第 7 章讲述 ActiveX 控制,详细论述了 ActiveX 控制的基本理论和 MFC 实现 ActiveX 控件实例。第 8 章数据库编程实践,给出了 OLE DB 数据库访问及 ADO 数据库访问的编程实例。第 9 章讲述了 DCOM 通信模型以及远程创建 DCOM 对象的过程。第 10 章从 COM＋的基本结构、系统服务和应用开发模型阐述 COM＋的应用。第 11 章简单概述了 NET 组件以及与 COM 组件的互操作。

　　本书力求概念叙述准确、严谨,描述简练,语言通俗易懂,使读者易于理解和掌握,丰富的实例便于读者巩固知识,掌握组件设计的基本方法和技巧。本书适合作为高等院校计算机及相关专业组件技术课程的教材和工程技术人员学习组件的参考书,也适合于编程开发人员培训、广大计算机技术爱好者自学使用。

编　者

2013 年 8 月

目　录

第1章 绪论

软件重用是软件工程的重要领域,被认为是解决软件危机、提高软件生产率和软件质量、增强软件的开放性和对外部扰动的适应性的主要途径。软件重用,是指在两次或多次不同的软件开发过程中重复使用相同或相似软件元素的过程。软件元素包括程序代码、测试用例、设计文档、设计过程、需求分析文档甚至领域知识。通常,可重用的元素也称作软构件,可重用的软构件越大,重用的粒度越大。

自从软件重用思想产生以来,计算机科学家和软件工程师就致力与软件重用的技术的研究和实践。在 30 多年的时间内,出现多种软件重用技术,如:库函数、面向对象、模板、设计模式、构件、构架、框架。

1. 库函数

库函数是很早的软件重用技术。很多编程语言为了增强自身的功能,都提供了大量的库函数。对于库函数的使用者,他只要知道函数的名称、返回值的类型、函数参数和函数功能就可以对其进行调用。

2. 面向对象

面向对象技术一直是学术界和工业界研究和应用的一个热点。面向对象技术通过方法、消息、类、继承、封装和实例等机制构造软件系统,并为软件重用提供强有力的支持。面向对象方法已成为当今最有效、最先进的软件开发方法。与函数库对应,很多面向对象语言为应用程序开发者提供了易于使用的类库,如 VC++中的微软基础类库 MFC。

3. 模板

模板相当于工业生产中所用的"模具"。有各种各样的模板(如文档模板、网页模板等),利用这些模板可以比较快速地建立对应的软件产品。模板把不变的部分封装在内部,对可能变化的部分提供了通用接口,由使用者来对这些接口进行设定或实现。

4. 设计模式

设计模式作为重用设计信息的一种技术,在面向对象设计中越来越流行。设计模式描述了在我们周围不断重复发生的问题,该问题的解决方案的核心和解决方案实施的上下文。设计模式命名一种技术并且描述它的成本和收益,共享一系列模式的开发者拥有共同的语言来描述他们的设计。

5. 构件

普通意义上的构件应从以下几个方面来理解:

① 构件应是抽象的系统特征单元,具有封装性和信息隐蔽,其功能由它的接口定义。

② 构件可以是原子的,也可以是复合的。因此它可以是函数、过程或对象类,也可以是更大规模的单元。一个子系统是包含其他构件的构件。

③ 构件是可配置和共享的,这是基于构件开发的基石,且构件之间能相互提供服务。

6. 构架

普通意义上的构架应从以下几个方面来理解:

① 构架是与设计的同义理解,是系统原型或早期的实现。

② 构架是高层次的系统整体组织。

③ 构架是关于特定技术如何合作组成一个特定系统的解释。

7. 框架

如果把软件的构建过程看成是传统的建筑过程,框架的作用相当于为我们的房屋搭建的"架子"。框架从重用意义上说,是一个介于构件和构架之间的一个概念。

构件、框架和构架三者的主要区别在于:对重用的支持程度的不同。

① 构件是基础,也是基于构件开发的最小单元。构件重用包括可重用构件的制作和利用可重用构件构造新构件或系统。

② 一个框架和构架包含多个构件。这些构件使用统一的框架(构架)接口,使得构造一个应用系统更为容易。

③ 框架重用包括代码重用和分析设计重用,一个应用系统可能需要若干个框架的支撑,从这个意义上来说,框架是一个"构件"的同时,又是一类特定领域的构架。

④ 构架重用不仅包括代码重用和分析设计重用,更重要的是抽象层次更高的系统级重用。

⑤ 框架和构架的重用层次更高,比构件更为抽象灵活。

面向过程的编程重用函数、面向对象的编程重用类、范型编程重用的是算法的源代码,而组件编程则重用特定功能完整的程序模块。

每个组件会提供一些标准且简单的应用接口,允许使用者设置和调整参数和属性。用户可以将不同来源的多个组件有机地结合在一起,快速构成一个符合实际需要(而且价格相对低廉)的复杂(大型)应用程序。

组件区别于一般软件的主要特点,是其重用性(公用/通用)、可定制性(设置参数和属性)、自包容性(模块相对独立,功能相对完整)和互操作性(多个组件可协同工作)。它可以简单方便地利用可视化工具来实现组件的集成,也是组件技术一个重要优点。

目前常用的组件框架模型,一类是与某一计算机操作系统密切相关,而另一类是跨计算机操作系统平台的。前者的典型代表是 COM 组件对象模型,以及在此基础上发展起来的 ActiveX、DCOM、COM+、MTS 和 .NET 等技术。COM 组件具有二进制一级的兼容性,基本上与计算机编程语言无关,其缺点是目前只能运行在 Windows 操作系统平台上,而不能在 Linux 和 Unix 系统中运行。COM 并不只是面向对象的组件对象模型,它既可用面向过程,也可用面向对象的语言编码,但多采用的编码语言是 VC++、VB 和 Delphi,性能要求高的场合也可用 C 语言来编码。COM 已经广泛使用在 Windows 操作系统中,浏览器、邮件收发系统、Web 服务器、字处理软件中也都广泛使用 COM 组件。跨计算机操作系统平台的组件模型其典型代表是 CORBA,CORBA 主要使用在 Unix 类型的操作系统中,但它也可在 Windows 平台上运行。

从计算机语言来讲,组件模型有以 Java 语言为代表的框架和以 C 语言为基础的框架。前者在理论上可以跨平台运行,底层平台支持是 JVM 技术;而后者则与虚拟机无关,直接在操作系统中运行,因此,速度快,运行效率高。从应用系统的角度来讲,目前市场上,主要是 J2EE 和 .NET 的竞争,两者理论上没有本质的区别,都是采用虚拟机技术。但 J2EE 可以跨平台运行,而 .NET 则基本不行。在企业级的应用系统中,以 Java 技术为基础的 J2EE 似乎更占优势。Java 和 .NET 技术各有特长,因此,在信息系统建设中,应该允许两种技术同时存在,取长补短,协同发展,最大限度地提高系统开发的性价比和稳定性。

1.1　软件组件

软件组件技术是解决软件复用,缩短软件编写时间,降低维护成本和实现程序动态升级的最新和强有力的方案,在整个软件工业界中得到了迅速应用。

1.1.1　软件组件特点

软件组件技术将应用程序分割成小的可复用的组件,在运行时将这些组件组装起来形成所需的应用程序。每一个组件都可以在不影响其他组件的情况下被升级,这使得应用程序可以随时向前发展进化。应用组件技术还可以在应用程序定制、组件库及分布式组件等方面获益。

组件架构是可以被定制的,用户可以根据需要将某个组件替换掉。在图 1-1 中,假定某些组件是基于编辑器 Notepad 和 Word 的,用户 1 将应用程序配置成为使用 Notepad,而用户 2 更喜欢使用 Word。按照此种方式,可以加入新的组件或改变已有组件而方便地定制应用程序。

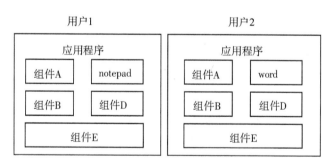

图 1-1　应用程序定制

组件架构最引人注目的优点之一是快速应用程序开发。这一优点可以使开发人员从某个组件库中取出所需要的组件并将其快速地组装到一起以构成应用程序,如图 1-2 所示。在将已有应用程序转化成分布式应用程序时,若程序是由组件组装成的,转化过程将会简单得多。首先,应用程序已经被划分成可以位于远地的各个功能部分;其次,由于任一组件均是可以被替换的,因此可以将某个组件替换成专门负责同远程机上的组件通信的组件。

在图 1-2 中,组件 C 和组件 D 被放到了网络远程机器上。在本地,它们被替换成了两个新的组件:组件 C1 和 D1。这两个新的组件的作用是将其他组件发来的请求通过网络转发给组件 C 和组件 D。本地机器上的应用程序并不需要知道实际所用到的组件到底在何处。类似地,远地组件也不需要知道它们是否位于远地。这样通过加入合适的远地组件,应用程序完全

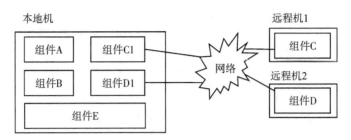

图 1-2　使用了远程组件的应用程序

不需要知道实际的组件到底在哪里。

1.1.2　软件组件模型

组件是指能够容易地组装起来,以更高的开发效率创建应用程序的可复用软件部分。组件技术的核心是组件模型,它定义了组件的结构、外部如何操作组件及组件间的相互作用。组件和容器是组件模型的两种基本元素。组件部分提供了创建实际组件的模板,是组件创建与利用的基础。容器部分定义了将组件集中起来成为有用结构的方法,提供了安排组件及与其他组件相互作用的语言环境。组件模型还负责提供各种形式的服务。功能完善的组件模型可支持下列六种主要服务。

1. 自我描述

自我描述是指向外界展示组件功能的机制。通过自我描述机制,应用程序能够对组件提出询问,找到组件的功能并且与组件相互作用。自我描述是组件模型的关键特征之一,负责决定组件对应用程序以及其他组件的外观。

2. 事件处理

事件处理是一种能够使组件产生事件通知的机制。这种通知与组件内部状态的变化相对应。通知的对象或者是父应用程序或者是其他组件。

3. 持久性

持久性是指在永久性的存储介质(如硬盘)上存储和获取组件的方式。存储和获取的信息是组件的内部状态,和它与容器或其他组件的关系。

4. 布局

布局是指可视化组件的物理布局。包括组件自己空间内的组件布局和在同一个容器内与其他组件共享空间的布局。组件的空间需求主要是给组件提供一个矩形区域,以使组件成为可视的。

5. 对应用程序建立器的支持

组件对应用程序建立器的支持,使用户能以图形方式在组件外建立复杂的应用程序。通常应用程序建立器的支持由对话框组成,使用户能以图形界面的方式来编辑组件的属性。

6. 对分布式计算的支持

随着网络技术和应用的发展,组件模型对分布式计算的支持变得越来越重要。软件组件模型可以简化分布式应用程序的开发过程。

1.1.3　软件组件实现条件

使用组件的种种优点直接来源于可以动态地将它们插入或卸出应用程序。为了实现这种功能,所有的组件必须满足以下两个互相依赖的条件。

1. 动态链接

通过动态链接,用户可以在运行时将组件替换掉,而开发人员不需要将整个程序重新编译或链接一遍后重新发行新的版本。

2. 信息封装

应用程序是由各个组件连接起来的。当用新的组件把某个组件替换掉时,需要将此组件同系统断开,然后将新的组件连上去。显然新的组件必须按同样的方式连接到系统中,否则将需要重新编写、重新编译或重新链接这些组件。对于一个应用程序或组件,如果它使用了其他组件,我们称之为一个客户,客户通过接口同其他组件进行连接。如果某个组件发生了变化,而其接口没有任何改变,那么它的客户将不需要进行任何修改。类似地,若客户发生了变化,而没有改变其接口,那么它所连接的组件也不需要任何改变。相反,如果客户或组件的变化导致了对接口的修改,那么接口的另一方也应发生相应的变化。因此为了充分发挥动态链接的功能,组件及客户都应尽可能不要改变它们的接口,即它们必须封装起来。也就是说,组件及客户的内部实现细节不能反映到接口。接口同内部实现细节的隔离程度越高,组件或客户发生变化时对接口的影响将越小。这种将客户同组件实现隔离的要求对组件加上了如下的限制:

①组件必须将实现其所用的编程语言封装起来。编程语言的暴露将会在组件和客户间引入新的依赖。

②组件必须以编译、链接好的可执行代码的形式发布。

③组件必须可以在不妨碍已有用户的情况下被升级。

④组件在网络上的位置必须可以透明地被重新分配。组件及使用它的程序应能够在同一进程中、不同进程中或不同机器上运行。客户对远程组件的处理方式应与对本地组件的处理方式一致。

1.1.4　微软组件技术

COM(Component Object Model,组件对象模型)是微软公司于 1993 年提出的一种组件技术,是软件对象组件之间相互通信的一种方式和规范。它是一种与平台无关、语言中立、位置透明、支持网络的中间件技术。

COM 是 OLE(Object Linking and Embedding,对象链接和嵌入)的发展(而 OLE 又是DLL(Dynamic Link Libraries,动态链接库)的发展),DCOM(Distributed COM,分布式 COM,1996 年)和 COM+(DCOM+管理,1999 年)则是 COM 的发展。ActiveX 控件是 COM 的具体应用(如 VBX 和 DirectX 都是基于 ActiveX 的),ATL(Active Template Library 活动模板库)是开发 COM 的主要工具,也可以用 MFC 来直接开发 COM,但是非常复杂。

作为组件技术的进一步发展,微软公司于 2002 年推出了.NET 框架,其中的核心技术就是用来代替 COM 组件功能的 CLR(Common Language Runtime,公共语言运行库),可采用各种编程语言,利用托管代码来访问(例如 C♯、VB、MC＋＋),使用的是.NET 的框架类库 FCL(Framework Class Library)。微软公司的各种组件技术之间的关系与发展可以参见下图:

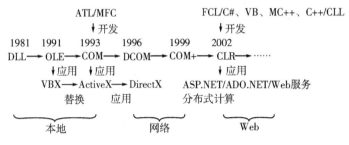

图 1-3　微软组件技术之间的关系和发展示意图

1.2　组件对象模型(COM)

组件对象模型 COM 是微软公司(Microsoft)于 1993 年创建的,是微软公司、数据设备公司(DEC)等公司所支持的一种软件组件结构标准。开发 COM 的目的是为了使应用程序更易于定制、更为灵活,最初目标是为对象链接与嵌入(OLE)提供支持。COM 提供了创建兼容对象的技术规范,以及运转它所需的 Windows 操作系统进程间通信(Inter-Process Communication,IPC)规范。

COM 规范是一套为组件架构设置标准的文档,提供了一种编写与语言无关的能够按面向对象 API 形式提供服务的组件的方法。COM 具有一个被称作 COM 库的 API,它提供了对所有客户及组件都非常有用的组件管理服务。COM 库可以保证对所有组件的大多数重要的操作都可以按相同的方式完成。COM 库中的大多数代码均可以支持分布式或网络化的组件。Windows 系统上 DCOM 的实现中提供了一些同网络上其他组件通信所需的代码。

1.2.1　COM 的特点

COM 负责设计、构建和使用软件组件,它是当前所有 Microsoft 32 位操作系统都提供的一个系统级别的技术。通过使用 COM 编程模型开发软件,程序员将获得大量内置的功能。特别值得一提的是,COM 赋予了软件模块下列一些属性:同语言的无关性(或语言环境的独立性,language independence)、版本升级的鲁棒性(即稳健性,robust veisioning)、位置的透明性(location transparency)和面向对象(object orientation)的特性。

1. 同语言的无关性:二进制的设计标准

尽管本书的重点集中在使用 C＋＋建立基于 COM 的组件,但实际上 COM 组件可以由任何语言编写。事实上,其他一些语言,如 Visual Basic 和 Java,在开发和使用基于 COM 的组件上比 C＋＋要更加方便。不过对于客户程序(或用户)而言,基于 COM 的组件是使用哪一种语言实现的,以及是怎样实现的并不重要,它们(他们)只关心组件本身的功能。

换句话说,基于 COM 的软件模块是和语言无关的。你可以使用 C＋＋编写组件,并在 Visual Basic 中使用该组件;你也可以使用 Visual Basic 开发一个组件,而在 Java、C＋＋或

Visual FoxPro 中使用它。这种混合的使用没有任何不妥之处。

COM 的一个最重要的特征在于它为你提供了一种编写面向对象的程序的新技术,使得你在编程中可以选用任何一种语言,而用户可以在另外一种语言环境里调用该组件的功能。COM 支持一种所谓的二进制设计标准:你可以把一个组件纳入到一个 DLL 或 EXE(二进制文件)文件里,组件的功能可以被 Visual Basic、Java、C++甚至 COBOL 语言调用。当然,实现这一功能的语言必须支持 COM,而在 Windows 环境里几乎所有的语言都支持 COM。

2. 版本升级的鲁棒性

COM 的另外一个重要特征是它可以支持组件版本的升级。在传递软件模块时,尤其是在多提供商应用程序的环境中共享资源时,一个困难之处是在已发布的软件模块里对功能进行升级。COM 通过使用一种具有鲁棒性的版本升级技术来解决这一问题,该技术是基于 COM 最基本的实体——组件接口(component interface)实现的。

COM 通过它对统一组件的多接口支持实现版本升级的鲁棒性。换句话说,组件的功能可以分割为细小的、独立的区域,这些区域的每一个都具有一个特定的 COM 接口。由于一个组件可以适应同一接口的微小变化,所以 COM 也就因此可以提供版本支持功能。也就是说,可以允许旧的应用程序在不进行改动的情况下运行,同时新的应用程序可以利用组件的新添特性。

3. 位置的透明性

COM 的另外一个重要的特性是位置的透明性。该特性意味着组件的用户——客户机并不需要明确了解组件所处的位置。一个客户机应用程序使用相同的 COM 服务来创建组件的实例并使用它,而无需考虑组件所在的位置。

组件可能直接位于客户机处理工作区内(一个 DLL 文件里),也可能位于同一台计算机上的另外一个处理程序里(一个可执行文件),还可能位于远端计算机上(一个分布式的对象)。COM 和 DCOM 提供这种位置上的透明性。

不管组件到底在什么位置上,客户机同基于 COM 的组件都将以相同的方式进行交互,而客户机接口不会改变。位置的透明性允许程序开发员建立具有可升级性、分布式、多层次的应用程序,而无需更改客户机应用程序所使用的编程模型。

4. 面向对象的特性

COM 允许软件模块以面向对象的方式传递其功能。大量旧版本软件的交互操作技术(如 DLL 专家系统和 DDE)都不提供典型的面向对象的特征,而对于 C++程序员而言,面向对象的特征是最为常用的。COM 提供三种基本的面向对象特征,它们分别是封装(encapsulation)、继承(inheritance)和多态(polymorphism),并且 COM 是以一种与语言无关的方式对这三种特征提供了支持。

1.2.2　COM 组件分类

根据组件与客户所处的物理空间的不同,COM 组件(也称服务器)分为以下三类:进程内服务器(in-process server)、本地服务器(local server)和远程服务器(remote server)。后两种合称进程外服务器(out-of-process server)。

1. 进程内服务器

当服务器和客户在同一进程空间中运行时,服务器称为进程内服务器,如图 1-4 所示。进程内的 COM 服务器,是以 DLL 形式封装的 COM 组件。

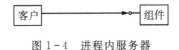

图 1-4 进程内服务器

因为组件与客户在同一个进程内,因此客户可以直接使用组件返回的接口指针,而不需要进行跨进程的调用,因而这种服务器的速度最快。

2. 本地服务器

当服务器与客户位于同一计算机上,但它们分别运行在独立的进程空间时,该服务器称为本地服务器。如图 1-5 所示。本地服务器常以 EXE 的形式封装。

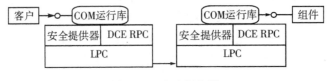

图 1-5 本地服务器

因为每个进程都有其自己的进程空间,不同进程空间中的相同的逻辑地址所对应的物理地址将是不同的。因此在不同进程间传递特定于进程的指针是没有意义的。在本地服务器的情况下,客户是不能直接通过服务器提供的接口指针访问服务器组件进程的地址空间。因此对于这种跨越进程边界的接口,需要考虑以下一些条件:

①一个进程需要能够调用另外一个进程中的函数;

②一个进程需要能够将数据传递给另外一个进程;

③客户无需关心它所访问的服务器是进程内还是进程外服务器。

COM 通过本地过程调用(Local Process Call, LPC)实现了不同进程间的通信。LPC 是基于远程过程调用(Remote Process Call, RPC)的用于单机上进程间通信的专利技术。RPC 标准是在开放软件基金会(Open Software Foundation, OSF)分布式计算环境(Distributed Compute Environment, DCE)RPC 规范中定义的,它使得不同机器上的进程可以使用各种网络传输技术进行通信。

调用进程外的函数只是第一步,还需要一种方法将函数调用的参数从一个进程的地址空间传到另外一个进程的地址空间中,这种方法称作"调整"。若两个进程都在同一台机器上,则调整过程将是相当直接的:只需要将参数数据从一个进程的地址空间中传到另一个进程的地址空间就可以了。若参与参数传递的两个进程在不同的地址空间中(如下面要讲的远程服务器的情况),那么考虑到不同机器在数据表示方面的不同,如整数字节顺序可能会不一样,必须将参数数据转换成标准的格式。LPC 技术可以将数据从一个进程复制到另外一个进程中。为对组件进行调整,可以实现一个名为 IMarshal 的接口。在 COM 创建组件的过程中,它将查询组件的 IMarshal 接口,然后它将调用 IMarshal 的成员函数以在调用函数的前后调整和反调整有关的参数。COM 库中实现了一个可供大多数接口使用的 IMarshal 的标准版本。在需要对性能优化时,可以对 IMarshal 进行定制。

　　组件在网络上的位置必须可以被透明地重新分配,因此客户应该可以按照相同的方式与进程内、本地及远程组件进行通信。为达到这一目标,COM 使用了一种非常简单的方法。

　　对于 Windows 系统,当应用程序调用 Win32 函数时,系统实现上将调用一个 DLL 中的函数,而此函数将通过 LPC 调用 Windows 中的实际代码。这种结构可以将用户进程同 Windows 代码隔离开,COM 使用的结构与此类似。客户将同一个模仿组件的 DLL 进行通信,这个 DLL 可以为客户完成参数的调整及 LPC 调用。在 COM 中,此 DLL(也是一个组件)被称作是一个代理(Proxy)。在 COM 中,一个代理就是同另外一个组件行为相同的组件。代理必须是 DLL 形式的,因为它们需要访问客户进程的地址空间以便对传给接口函数的数据进行调整。对数据的调整只完成了任务的一半,组件还需要一个被称作是存根(stub)的 DLL,以对从客户传来的数据进行反调整。存根也将对传回的数据进行调整,如图 1-6 所示。

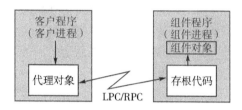

图 1-6　代理和存根

　　使用 LPC 和代理、残根需要编写大量的代码。借助一种名为 IDL(Interface Define Language)语言,可以编写接口的一个描述,然后用 MIDL 编译器即可以生成代理和残根 DLL。关于 IDL 和 MIDL 后面将详述。

3. 远程服务器

　　当服务器与客户位于不同的计算机上时,该进程外服务器称为远程服务器。如图 1-7 所示。远程服务器可以以 EXE 或 DLL 的形式封装。当以 DLL 形式封装时,在远程服务器的计算机上需要一个代理进程。

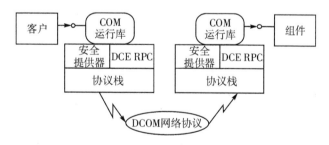

图 1-7　需要跨网路通信的远程服务器

　　与进程内服务器和本地服务器相比,进程外服务器的速度明显要慢,但在功能和可扩展性方面的收益将是具有革命性的,后面在介绍 DCOM 时将详细说明。

1.2.3　COM 的结构

　　COM 是由 Microsoft 提出的组件标准,它不仅定义了组件程序之间进行交互的标准,并且也提供了组件程序运行所需的环境。在 COM 标准中,一个组件程序也被称为一个模块,它可以是一个动态链接库,被称为进程内组件(in-process component);也可以是一个可执行程序(即 EXE 程序),被称作进程外组件(out-of-process component)。一个组件程序可以包含一个或多个组件对象,因为 COM 是以对象为基本单元的模型,所以在程序与程序之间进行通信时,通信的双方应该是组件对象,也叫做 COM 对象,而组件程序(或称作 COM 程序)是提供 COM 对象的代码载体。

　　COM 标准为组件软件和应用程序之间的通信提供了统一的标准,包括规范和实现两部分,规范部分规定了组件间的通信机制。由于 COM 技术的语言无关性,在实现时不需要特定的语言和操作系统,只要按照 COM 规范开发即可。然而由于特定的原因,目前 COM 技术仍然是以 Windows 操作系统为主,COM 为组件和应用程序之间进行通信提供了统一的标准,它为组件程序提供了一个面向对象的活动环境。COM 标准包括规范和实现两大部分,规范部分定义了组件和组件之间通信的机制,这些规范不依赖于任何特定的语言和操作系统,只要按照该规范,任何语言都可以使用。COM 主要是由对象和接口两部分组成。对象是某个类(class)的一个实例;而类则是一组相关的数据和功能组合在一起的一个定义。使用对象的应用(或另一个对象)称为客户,有时也称为对象的客户。接口是一组逻辑上相关的函数集合,其函数称为接口成员函数。按照习惯,接口名常以"I"为前缀,例如"IUnknown"。对象通过接口和成员函数为客户提供各种形式的服务。图 1-8 可说明 COM 组件、COM 对象和 COM 接口三者之间的关系。

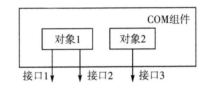

图 1-8　COM 组件、COM 对象和 COM 接口三者之间的关系

　　一个组件程序可以包含多个 COM 对象,而且每个 COM 对象可以实现多个接口。当另外的组件或普通程序(即组件的客户程序)调用组件的功能时,它首先创建一个 COM 对象或者通过该对象所实现的 COM 接口调用它所提供的服务。当所有的服务结束后,如果客户程序不再需要该 COM 对象,那么应该释放掉对象所占有的资源,包括对象自身。

1. COM 对象

　　COM 不仅仅提供了组件之间的接口标准,它还引入了面向对象的思想。在 COM 标准中,对象是一个非常活跃的元素,我们也经常把它称为 COM 对象。组件模块为 COM 对象提供了活动的空间,COM 对象以接口的方式提供服务,我们把这种接口称为 COM 接口。

　　在 COM 规范中,并没有对 COM 对象进行严格的定义,但 COM 提供的是面向对象的组件模型,COM 组件提供给客户的是以对象形式封装起来的实体。客户程序与 COM 组件程序进行交互的实体是 COM 对象,它并不关心组件模块的名称和位置(即位置透明性),但它必须知道自己在与哪个 COM 对象进行交互,如图 1-9 所示。

　　类似于 C++语言中类(class)的概念,COM 对象也包括属性(也包括状态)和方法(也称为操作),对象的状态反映了对象的存在,也是区别于其他对象的要素;而对象所提供的方法就是对象提供给外界的接口,客户必须通过接口才能获得对象的服务。对于 COM 对象来说,接

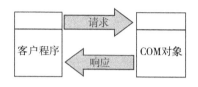

图 1-9　COM 客户与对象

口是它与外界交互的唯一途径,因此,封装特性是 COM 对象的基本特征。COM 对象可以由多种语言来实现,例如 C++、Java、C。如果用 C++来实现 COM 对象,则很自然可以用类(class)来定义 COM 对象,类的每个实例代表一个 COM 对象,类的数据成员可用于反映对象的属性,而接口自然可以定义成类的成员函数。但在非面向对象语言,例如 C 语言中,对象的概念可能变成一个逻辑概念,如果两个对象同时存在,则在接口实现中必须明确知道所进行的操作是针对哪个对象的,这个过程可由 COM 接口的定义来保证。

2. COM 接口

COM 对象封装程度高,无法知道对象的内部实现细节,包括语言、数据结构或程序代码,只能通过接口访问(access)对象。COM 规范规定接口是访问对象的唯一方式,接口定义了一组成员函数,这组成员函数是组件对象暴露出来的所有信息,客户程序利用这些函数获得组件对象的服务。

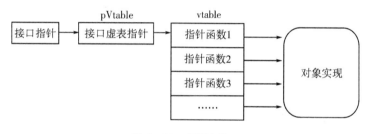

图 1-10　COM 接口

一般来说,COM 对象有两种类型接口:标准接口和用户接口。标准接口是 Microsoft 公司定义的接口,可以在编写的程序中通过标准接口访问有关的 COM 对象,这种接口含有或执行各种与 COM 有关的作业。例如:未知接口 IUnknown、自动化接口 IDispatch、连接点接口 IConnectionPoint、持续性接口 IPersist 系列接口、命名接口 IMoniker 等。编写人员也可以根据需要,设计自己的 COM 对象接口,这就是用户接口。

所有的 COM 组件都需要实现一个被称为 IUnknown 的标准 COM 接口(WINDOWS. H中引入),每一个 COM 接口都要从 IUnknown 接口继承。IUnknown 这个名字的含义是:如果你拥有一个指向 IUnknown 接口的 COM 对象指针,那么你知道它真正指向的对象是什么,因为 COM 中的每一个对象都实现了这个接口。这个接口有三个方法:AddRef、Release 和QueryInterface。其中 QueryInterface 用于在获取某个 COM 的一个接口指针后,查询该COM 的其他接口指针;AddRef 和 Release 用于帮助组件在生存期内进行管理。

COM 对象和接口有一种特殊的图形描述方法,COM 对象用一个矩形来表示,对象所支持的每一个接口用一个小圆圈表示,在每个矩形和小圆圈之间用一条线相连。下图是实现了用户接口的标准 COM 对象。

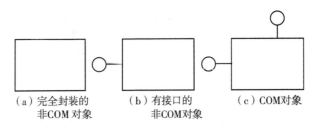

（a）完全封装的　　　（b）有接口的　　　（c）COM对象
　　非COM对象　　　　　非COM对象

图 1-11　COM 对象和接口的描述

COM 接口必须满足以下规则：

（1）COM 规范规定接口是访问对象的唯一方式

在 COM 中，接口就是一切。对于客户来说，一个组件就是一个接口集合。客户只有通过接口才能和 COM 组件打交道。客户不必了解组件的实现细节，甚至不必知道一个组件所提供的所有的接口。如图 1-12 所示。

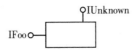

图 1-12　对象上名为 IFoo、IUnknown 的接口

（2）接口由方法、属性组成（接口的本质）

接口是一组可以调用的方法（函数），在 C++ 中，接口是用抽象基类代表的。例如，IFoo 接口的定义可能是：

```
class IFoo
{
    virtual void Func1(void) = 0;
    virtual void Func2(int nCount) = 0;
};
```

（3）接口规则是 COM 规范的一部分，接口协议不可变

在 COM 中，一旦公布组件的接口，就不能再改变，包括：①函数个数、顺序、功能、返回值；②参数个数、类型、顺序 。

在组件中，老接口不适应新的需求时，只能采用以下两种方法：①给组件增加一个新接口；②重新编写与原组件不同的新组件。例如下图组件的实现，可以不需要重新编写全部的实现代码，因为 COM 支持接口的继承。

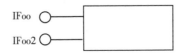

图 1-13　新增接口 IFoo2

可以如下定义 IFoo2：

```
class IFoo2 : public IFoo
{
```

```
        // 继承了 Func1，Func2
        virtual void Func2Ex(double nCount) = 0；
    }；
```

（4）接口具有多态性

多态性指的是可以按同一种方式来处理不同的对象。若不同的组件支持相同的接口，那么客户就可以使用相同的方式来处理不同的组件。

（5）接口的调用方法

COM 调用接口的方法类似于 C++ 虚函数的调用方法。先获得组件对象的接口指针，再通过接口指针调用该接口的方法。任何 COM 组件接口的调用方法也是如此，而不管实现组件的语言是什么，也不管 COM 对象位于何处（位置透明）。

假设有一个名为 CFoo 的 C++ 类，它实现了 IFoo 接口。注意，我们从 IFoo 继承，以保证我们按正确的顺序实现了正确的接口。

```
    class CFoo：public IFoo
    {
        void Func1() { / * ... * / }
        void Func2(int nCount) { / * ... * / }
    }；
```

调用接口的方法的代码：

```
    ♯ include <IFOO.H> // 不需要 CFoo，只需接口
    void DoFoo()
    {
        //1.获得接口指针
        IFoo * pFoo = Fn_That_Gets_An_IFoo_Pointer_To_A_CFoo_Object()；
        // 2.调用接口的方法
        pFoo - >Func1()；
        pFoo - >Func2(5)；
    }；
```

3. COM 标识

在分布式对象（distributed-object）和基于组件（component-based）的环境里，组件和它们的接口的独有标识符是最为重要的。COM 对远程进程调用（Remote Procedure Calls，RPC）使用了一种特别的技术，该技术在分布式计算环境（Distributed Computing Enviroment，DCE）标准中进行了描述。该标准说明了一种被称为全球唯一标识符（Universally Unique Identifier，UUID）的东西。Win32 RPC 的实现是基于开放式软件基础（Open Software Foundation，OSF）RPC 标准之上的，并且广泛深入地植入了这一概念。

UUID 是一个独有的、128 位的、并且具有非常高的可靠率的数值。它把一个独有的网络地址（48 位）和一个非常精细的时间印鉴（100ns）结合在一起。COM 对 UUID 的实现被称为全球唯一标识符（Globally Unique Identifier，GULD），它在基本结构上和 UUID 相似。COM 使用 GUID 来识别组件的类（CLSID）、接口（IID）、类型库和组件类属（CATID），以及其他一些东西。例如：CLSID 用来标识 COM 对象的 GUID，而 IID 用来标识 COM 接口的 GUID。

关于 GUID 详细信息见下章介绍。

4. COM 库

所有的 COM 组件和客户都要完成一些相同的操作。为保证这些操作是按照标准并且是兼容的方法完成的,COM 定义了一个函数库以实现所有的这些操作,包括:

(1)方便建立 COM 应用的 API

对于客户方,COM 提供了基本的创建 COM 对象的函数;在组件方,提供了输出 COM 对象的函数。

(2)定位组件的 API

从给定的组件的标识符,确定实现该组件的应用程序和它的位置。包括通过系统注册表等间接的方法,在组件标识和相应的实现建立起联系,这样可以使客户独立于具体实现的组件应用,组件应用可以在将来变化。

(3)当组件是进程外组件(本地机或远程机)时,进行透明的远程调用

不论 COM 对象是否运行、是否在同一进程内、是在同一台计算机上,还是在不同的计算机上,COM 允许客户以相同的方式透明地访问组件对象。这意味着对不同类型的组件,客户和服务器的编程模式都是一样的,COM 库屏蔽了这些差异。从客户角度看,所有的对象都是通过接口指针访问的。接口指针必须是相同进程的,实际上,任何对接口函数的调用总是先到达同一进程内的代码。如果组件对象是进程内的,则调用直接到达组件对象而不需要系统底层结构代码的介入。如果对象是进程外的,对接口函数的调用先到达 COM 自己提供的代理对象,这个代理对象负责产生适当的远程调用来调用另一个进程中或另一个计算机上的组件对象。从组件的角度看,所有对组件接口函数的调用都是通过指向接口的指针发出的。这个指针也必须与组件在同一进程内,因此发出接口函数调用的代码也必须是组件进程内的代码。如果组件是进程内的服务器,则调用者就是客户本身;否则调用者是 COM 提供的存根对象,它负责接收客户进程中的代理对象发出的远程函数调用,再将此调用转给相应的接口。

(4)允许应用程序在自己的进程内控制内存分配的标准机制

在组件中分配一块内存,然后将其通过一个输出参数传递给客户是一种非常常见的做法。但由于客户和组件一般是由不同的程序员实现的,他们所用的编程语言也可能不同,甚至可能是在不同的进程中运行,这就给释放这块内存带来了困难。COM 提供了一个任务内存分配器。使用此分配器,组件可以给客户提供一块由客户删除的内存,并且 COM 的任务内存分配器考虑了线程之间的同步问题,因此可以在多线程应用程序中使用。

COM 库是在 OLE32. DLL 中实现的,在使用静态链接时,使用 OLE32. LIB。COM 库中有上百个函数,在微软的 MSDN (Microsoft Developer Network)中有详细的函数说明。

1.3　设计模式基础

1.3.1　设计模式概述

设计模式/软件设计模式(design pattern)是一套被反复使用、多数人知晓的、经过分类编目的、代码设计经验的总结。使用设计模式是为了可重用代码,让代码更容易被他人理解,保证代码可靠性。

1. 设计模式的四个基本要素

设计模式使人们可以更加简单方便地复用成功的设计和体系结构。将已证实的技术表述成设计模式也会使新系统开发者更加容易理解其设计思路。它有以下四个基本要素：

（1）模式名称

模式名称为一个助记名，它用一两个词来描述模式的问题、解决方案和效果。命名一个新的模式增加了我们的设计词汇。设计模式允许我们在较高的抽象层次上进行设计。基于一个模式词汇表，我们自己以及同事之间就可以讨论模式并在编写文档时使用它们。模式名可以帮助我们思考，便于我们与其他人交流设计思想及设计结果。找到恰当的模式名也是我们设计模式编目工作的难点之一。

（2）问题

问题描述问题存在的前因后果，它可能描述了特定的设计问题，如怎样用对象表示算法等。问题也可能描述了导致不灵活设计的类或对象结构。有时候，问题部分会包括使用模式必须满足的一系列先决条件。

（3）解决方案

解决方案描述了设计的组成成分，它们之间的相互关系及各自的职责和协作方式。因为模式就像一个模板，可应用于多种不同场合，所以解决方案并不描述一个特定而具体的设计或实现，而是提供设计问题的抽象描述和怎样用一个具有一般意义的元素组合（类或对象组合）来解决这个问题。

（4）效果

效果描述了模式应用的效果及使用模式应权衡的问题。尽管我们描述设计决策时，并不总提到模式效果，但它们对于评价设计选择和理解使用模式的代价及好处具有重要意义。软件效果大多关注对时间和空间的衡量，它们也表述了语言和实现问题。因为复用是面向对象设计的要素之一，所以模式效果包括它对系统的灵活性、扩充性或可移植性的影响，显式地列出这些效果对理解和评价这些模式很有帮助。

2. 如何描述设计模式

为了用统一的格式描述设计模式，每一个模式根据以下的模板被分成若干部分。模板具有统一的信息描述结构，可以方便的学习、比较和使用设计模式。

- 模式名和分类：简洁描述模式的本质。
- 意图：设计模式是做什么的？它的基本原理和意图是什么？它解决的是什么样的特定设计问题？
- 动机：说明一个设计问题以及如何用模式中的类、对象来解决该问题的特定情景。
- 适用性：什么情况下可以使用该设计模式？该模式可用来改进哪些不良设计？如何识别这些情况？
- 结构：采用对象建模技术对模式中的类进行图形描述。
- 参与者：指设计模式中的类、和/或、对象以及它们各自的职责。
- 协作：模式的参与者如何协作以实现其职责。
- 效果：模式如何支持其目标？使用模式的效果和所需做的权衡取舍？系统结构的哪些方面可以独立改变？

- 实现：实现模式时需了解的一些提示、技术要点及应避免的缺陷，以及是否存在某些特定于实现语言的问题。
- 代码示例：用来说明怎样实现该模式的代码片段。
- 相关模式：与这个模式紧密相关的模式有哪些？其不同之处是什么？这个模式应与哪些其他模式一起使用？

3. 设计模式的类型

在设计模式经典著作《GOF95》中，设计模式从应用的角度被分为三个大的类型。

（1）创建型模式

创建型模式用来创建对象的模式，抽象了实例化过程。

- 工厂方法：父类负责定义创建对象的公共接口，而子类则负责生成具体对象，将类的实例化操作延迟到子类中完成。
- 抽象工厂模式：为一个产品族提供统一的创建接口。当需要这个产品族的某一系列的时候，可以从抽象工厂中选出相应的系列创建一个具体的工厂类。
- 单件（singleton）模式：保证一个类有且仅有一个实例，提供一个全局访问点。
- 生成器（builder）模式：将复杂对象创建与表示分离，同样的创建过程可创建不同的表示。允许用户通过指定复杂对象类型和内容来创建对象，用户不需要知道对象内部的具体构建细节。
- 原型（prototype）模式：通过"复制"一个已经存在的实例来返回新的实例（不新建实例）。被复制的实例就是"原型"，这个原型是可定制的。原型模式多用于创建复杂的或者耗时的实例，因为这种情况下，复制一个已经存在的实例使程序运行更高效；或者创建值相等，只是命名不一样的同类数据。

（2）结构型模式

结构型模式讨论的是类和对象的结构，它采用继承机制来组合接口或实现（类结构型模式），或者通过组合一些对象来实现新的功能（对象结构型模式）。

- 组合（composite）模式：定义一个接口，使之用于单一对象，也可以应用于多个单一对象组成的对象组。
- 装饰（decorator）模式：给对象动态添加额外的职责，就好像给一个物体加上装饰物，完善其功能。
- 代理（proxy）模式：在软件系统中，有些对象有时候由于跨越网络或者其他障碍，而不能够或者不想直接访问另一个对象，直接访问会给系统带来不必要的复杂性，这时候可以在客户程序和目标对象之间增加一层中间层，让代理对象来代替目标对象打点一切，这就是代理（proxy）模式。
- 享元（flyweight）模式：flyweight 是一个共享对象，它可以同时在不同上下文（context）使用。
- 外观（facade）模式：外观模式为子系统提供了一个更高层次、更简单的接口，从而降低了子系统的复杂度，使子系统更易于使用和管理。外观承担了子系统中类交互的责任。
- 桥梁（bridge）模式：桥梁模式的用意是将问题的抽象和实现分离开来实现，通过用聚合代替继承来解决子类爆炸性增长的问题。
- 适配器（adapter）模式：将一个类的接口适配成用户所期待的接口。一个适配器允许因为接口不兼容而不能在一起工作的类工作在一起,做法是将类自己的接口包装在一个已存在的类中。

（3）行为型设计模式

行为型设计模式着力解决的是类实体之间的通信关系,希望以面向对象的方式描述一个控制流程。

- 模版（template）模式:定义了一个算法步骤,并允许子类为一个或多个步骤提供实现。子类在不改变算法架构的情况下,可重新定义算法中某些步骤。
- 观察者（observer）模式:定义了对象之间一对多的依赖,当这个对象的状态发生改变的时候,多个对象会接受到通知,有机会做出反馈。
- 迭代子（iterator）模式:提供一种方法,顺序访问一个聚合对象中各个元素,而又不需暴露该对象的内部表示。
- 责任链（chain of responsibility）模式:很多对象由每一个对象对其下一个对象的引用而连接起来形成一条链。请求在这个链上传递,直到链上的某一个对象决定处理此请求。发出这个请求的客户端并不知道链上的哪一个对象最终处理这个请求,这使系统可以在不影响客户端的情况下动态地重新组织链和分配责任。
- 备忘录（memento）模式:在不破坏封装性的前提下,捕获一个对象的内部状态,并在该对象之外保存这个状态。这样以后就可将该对象恢复到原先保存的状态。
- 命令（command）模式:将请求及其参数封装成一个对象,作为命令发起者和接收者的中介,可以对这些请求排队或记录请求日志,以及支持可撤销操作。
- 状态（state）模式:允许一个"对象"在其内部状态改变的时候改变其行为,即不同的状态,不同的行为。
- 访问者（visitor）模式:表示一个作用于某对象结构中的各元素的操作。可以在不改变各元素的类的前提下定义作用于这些元素的新操作。
- 解释器（interpreter）模式:给定一个语言,定义它的文法的一种表示,并定义一个解释器,这个解释器使用该表示来解释语言中的句子。
- 中介者（mediator）模式:用一个中介对象来封装一系列的对象交互。
- 策略（strategy）模式:定义一组算法,将每个算法都封装起来,并且使它们之间可以互换。策略模式使这些算法在客户端调用它们的时候能够互不影响地变化。

1.3.2　典型设计模式实现

1. 工厂模式（简单工厂、工厂和抽象工厂）

工厂模式属于创建型模式,大致可以分为三类,简单工厂模式、工厂方法模式和抽象工厂模式。听上去差不多,都是工厂模式,下面将一个个介绍。

首先介绍简单工厂模式,它的主要特点是需要在工厂类中做判断,从而创造相应的产品。当增加新的产品时,就需要修改工厂类。有点抽象,举个例子就明白了。有一家生产处理器核的厂家,它只有一个工厂,能够生产两种型号的处理器核。客户需要什么样的处理器核,一定要事先地告诉生产工厂。下面给出一种实现方案。

代码如下:

```
class SingleCore     {
```

```
    public：
        virtual void Show() = 0;
};
//单核 A
class SingleCoreA：public SingleCore
{
    public：
        void Show() { cout<<"SingleCore A"<<endl; }
};
//单核 B
class SingleCoreB：public SingleCore
    public：
        void Show() { cout<<"SingleCore B"<<endl;}
};
//唯一的工厂,可以生产两种型号的处理器核,在内部判断
class Factory
{
    public：
        SingleCore * CreateSingleCore(enum CTYPE ctype)
        {
            if(ctype = = COREA) //工厂内部判断
                return new SingleCoreA(); //生产核 A
            else if(ctype = = COREB)
                return new SingleCoreB(); //生产核 B
            else
                return NULL;
        }
};
```

　　这样设计的主要缺点之前也提到过,就是要增加新的核类型时,就需要修改工厂类。这就违反了开放封闭原则:软件实体(类、模块、函数)可以扩展,但是不可修改。于是,工厂方法模式出现了。所谓工厂方法模式,是指定义一个用于创建对象的接口,让子类决定实例化哪一个类。Factory Method 使一个类的实例化延迟到其子类。

　　听起来很抽象,还是以刚才的例子解释。这家生产处理器核的产家赚了不少钱,于是决定再开设一个工厂专门用来生产 B 型号的单核,而原来的工厂专门用来生产 A 型号的单核。这时,客户要做的是找好工厂,比如要 A 型号的核,就找 A 工厂要;否则找 B 工厂要,不再需要告诉工厂具体要什么型号的处理器核了。下面给出一个实现方案。

　　代码如下:

```
    class SingleCore      {
        public：
```

```cpp
    virtual void Show() = 0;
};
//单核 A
class SingleCoreA: public SingleCore
{
  public:
    void Show() { cout<<"SingleCore A"<<endl; }
};
//单核 B
class SingleCoreB: public SingleCore
{
  public:
    void Show() { cout<<"SingleCore B"<<endl; }
};
class Factory
{
  public:
    virtual SingleCore * CreateSingleCore() = 0;
};
//生产 A 核的工厂
class FactoryA: public Factory
{
  public:
    SingleCoreA * CreateSingleCore() { return new SingleCoreA; }
};
//生产 B 核的工厂
class FactoryB: public Factory
{
  public:
    SingleCoreB * CreateSingleCore() { return new SingleCoreB; }
};
```

工厂方法模式也有缺点,每增加一种产品,就需要增加一个对象的工厂。如果这家公司发展迅速,推出了很多新的处理器核,那么就要开设相应的新工厂。在 C++实现中,就是要定义一个个的工厂类。显然,相比简单工厂模式,工厂方法模式需要更多的类定义。

既然有了简单工厂模式和工厂方法模式,为什么还要有抽象工厂模式呢?它到底有什么作用呢?还是举这个例子,这家公司的技术不断进步,不仅可以生产单核处理器,也能生产多核处理器。现在简单工厂模式和工厂方法模式都鞭长莫及。抽象工厂模式登场了。它的定义为提供一个创建一系列相关或相互依赖对象的接口,而无需指定它们具体的类。具体这样应用,这家公司还是开设两个工厂,一个专门用来生产 A 型号的单核多核处理器,而另一个工厂专门用来生产 B 型号的单核多核处理器,下面给出实现的代码。

代码如下:

```cpp
//单核
class SingleCore
{
  public:
    virtual void Show() = 0;
};
class SingleCoreA: public SingleCore
{
  public:
    void Show() { cout<<"Single Core A"<<endl; }
};
class SingleCoreB :public SingleCore
{
  public:
    void Show() { cout<<"Single Core B"<<endl; }
};
//多核
class MultiCore
{
  public:
    virtual void Show() = 0;
};
class MultiCoreA : public MultiCore
{
  public:
    void Show() { cout<<"Multi Core A"<<endl; }
};
class MultiCoreB : public MultiCore
{
  public:
    void Show() { cout<<"Multi Core B"<<endl; }
};
//工厂
class CoreFactory
{
  public:
    virtual SingleCore * CreateSingleCore() = 0;
```

```
    virtual MultiCore * CreateMultiCore() = 0;
};
```
//工厂 A,专门用来生产 A 型号的处理器
```
class FactoryA :public CoreFactory
{
  public:
    SingleCore * CreateSingleCore() { return new SingleCoreA(); }
    MultiCore * CreateMultiCore() { return new MultiCoreA(); }
};
```
//工厂 B,专门用来生产 B 型号的处理器
```
class FactoryB : public CoreFactory
{
  public:
    SingleCore * CreateSingleCore() { return new SingleCoreB(); }
    MultiCore * CreateMultiCore() { return new MultiCoreB(); }
};
```
至此,给出三种工厂模式的 UML 图,加深印象。

简单工厂模式的 UML 图,如图 1-14 所示。

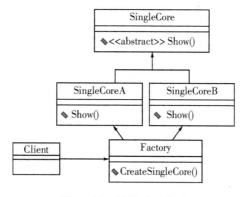

图 1-14　简单工厂模式

工厂方法的 UML 图,如图 1-15 所示。

抽象工厂模式的 UML 图,如图 1-16 所示。

2. 单例(单件)模式

单例的一般实现比较简单,下面是代码和 UML 图。由于构造函数是私有的,因此无法通过构造函数实例化,唯一的方法就是通过调用静态函数 GetInstance。

代码如下:

```
//Singleton.h
class Singleton
{
  public:
```

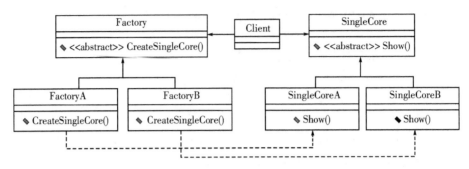

图 1-15 工厂方法

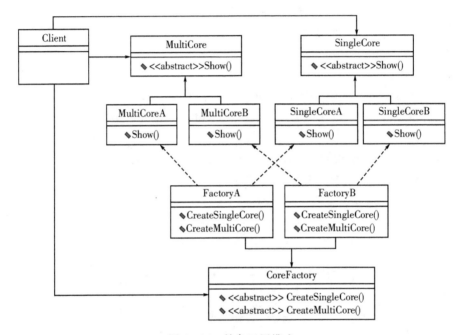

图 1-16 抽象工厂模式

```
    static Singleton * GetInstance();
    private:
    Singleton() {}
    static Singleton * singleton;
};
//Singleton.cpp
Singleton * Singleton::singleton = NULL;
Singleton * Singleton::GetInstance()
{
    if(singleton = = NULL)
        singleton = new Singleton();
    return singleton;
}
```

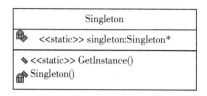

图 1-17 单例模式

这里只有一个类,如何实现 Singleton 类的子类呢？也就说 Singleton 有很多子类,在一种应用中,只选择其中的一个。最容易的就是在 GetInstance 函数中做判断,比如可以传递一个字符串,根据字符串的内容创建相应的子类实例。这也是 Design Pattern 书上的一种解法,书上给的代码不全。这里重新实现了一下,发现不是想象中的那么简单,最后实现的版本看上去很怪异。在 VS2008 下测试通过。

```cpp
//Singleton.h
#pragma once
#include <iostream>
using namespace std;
class Singleton
{
    public:
        static Singleton * GetInstance(const char * name);
            virtual void Show() {}
        protected: //必须为保护,如果是私有属性,子类无法访问父类的构造函数
            Singleton() {}
        private:
            static Singleton * singleton; //唯一实例的指针
};
//Singleton.cpp
#include "Singleton.h"
#include "SingletonA.h"
#include "SingletonB.h"
Singleton * Singleton::singleton = NULL;
Singleton * Singleton::GetInstance(const char * name)
{
    if(singleton == NULL)
    {
        if(strcmp(name,"SingletonA") == 0)
            singleton = new SingletonA();
        else if(strcmp(name,"SingletonB") == 0)
            singleton = new SingletonB();
        else
```

```
        singleton = new Singleton();
    }
    return singleton;
}
//SingletonA.h
#pragma once
#include "Singleton.h"
class SingletonA: public Singleton
{
    friend class Singleton; //必须为友元类,否则父类无法访问子类的构造函数
  public:
    void Show() { cout<<"SingletonA"<<endl; }
  private: //为保护属性,这样外界无法通过构造函数进行实例化
    SingletonA() {}
};
//SingletonB.h
#pragma once
#include "Singleton.h"
class SingletonB: public Singleton
{
    friend class Singleton; //必须为友元类,否则父类无法访问子类的构造函数
  public:
    void Show(){ cout<<"SingletonB"<<endl; }
  private:  //为保护属性,这样外界无法通过构造函数进行实例化
    SingletonB() {}
};
#include "Singleton.h"
int main()
{
    Singleton * st = Singleton::GetInstance("SingletonA");
    st->Show();
    return 0;
}
```

注意,父类为子类的友元,如果不是友元,函数 GetInstance 会报错,也就是无法调用 SingletonA 和 SIngletonB 的构造函数。父类中调用子类的构造函数,非常少见。当然把 SingletonA 和 SIngletonB 的属性设为 public,GetInstance 函数就不会报错了,但是这样外界就可以定义这些类的对象,违反了单例模式。

在父类中构建子类的对象,相当于是外界调用子类的构造函数,因此当子类构造函数的属性为私有或保护时,父类无法访问。为共有时,外界就可以访问子类的构造函数了,此时父类

当然也能访问了。只不过为了保证单例模式,所以子类的构造函数不能为共有,但是又希望在父类中构造子类的对象,即需要调用子类的构造函数,这里没有办法才出此下策:将父类声明为子类的友元类。

3. 适配器模式

定义:适配器模式将一个类的接口,转换成客户期望的另一个接口,使得原本由于接口不兼容而不能一起工作的那些类可以一起工作。它包括类适配器和对象适配器。对象适配器:使用对象的组合,以修改的接口包装被适配者。类适配器:使用多重继承,继承被适配者和目标类,当目标类接收到调用时,实际上操作的是被适配者的方法。该做法的优点是可以覆盖被适配者的行为。

对象适配器举例说明:在 STL 中就用到了适配器模式。STL 实现了一种数据结构,称为双端队列(deque),支持前后两段的插入与删除。STL 实现栈和队列时,没有从头开始定义它们,而是直接使用双端队列实现的。这里双端队列就扮演了适配器的角色。队列用到了它的后端插入,前端删除。而栈用到了它的后端插入,后端删除。假设栈和队列都是一种顺序容器,有两种操作:压入和弹出。下面给出相应的 UML 图。

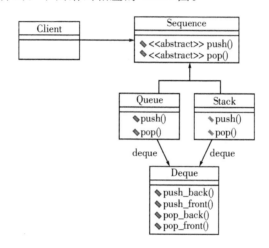

图 1-18　适配器模式

根据上面的 UML 图,很容易给出实现。

代码如下:

```
//双端队列
class Deque
{
  public：
    void push_back(int x) { cout<<"Deque push_back"<<endl; }
    void push_front(int x) { cout<<"Deque push_front"<<endl; }
    void pop_back() { cout<<"Deque pop_back"<<endl; }
    void pop_front() { cout<<"Deque pop_front"<<endl; }
};
//顺序容器
```

```cpp
class Sequence
{
  public：
    virtual void push( int x) = 0;
    virtual void pop() = 0;
};
//栈
class Stack：public Sequence
{
  public：
    void push( int x) { deque.push_back(x); }
    void pop() { deque.pop_back(); }
  private：
    Deque deque; //双端队列
};
//队列
class Queue：public Sequence
{
  public：
    void push( int x) { deque.push_back(x); }
    void pop() { deque.pop_front(); }
  private：
    Deque deque; //双端队列
};
```

使用方式如下：

```cpp
int main()
{
    Sequence * s1 = new Stack();
    Sequence * s2 = new Queue();
    s1->push(1); s1->pop();
    s2->push(1); s2->pop();
    delete s1; delete s2;
    return 0;
}
```

　　我们针对适配器再假设一个场景：我们有一只鸭子和一只火鸡，鸭子会嘎嘎叫，而火鸡会咯咯叫，鸭子飞得要远一点，而火鸡只能飞行一小段距离。火鸡和鸭子都会叫，但是它们的叫声不同，接口也不同，飞行的接口相同但是飞行的行为不同。

　　我们分别实现鸭子和火鸡的适配器，鸭子适配器关联了一个鸭子对象，继承自火鸡对象，这样我们可以覆盖火鸡的接口以适应鸭子的行为。同样，火鸡适配器关联了一个火鸡对象，继承自鸭子对象,这样我们就可以覆盖鸭子的接口以适应火鸡的行为。这样我们使用鸭子适配器就可以把我们的鸭子包装称一个火鸡,虽然这个火鸡的叫声和飞行距离跟实际的火鸡不同。

对象适配器类图如图 1-19 所示。

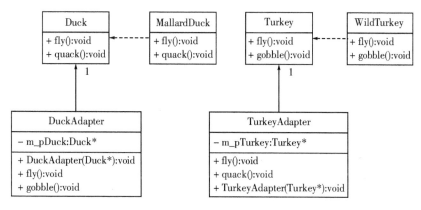

图 1-19　适配器模式示例

C++代码如下.

```cpp
# include <iostream>
using namespace std;

class Duck
{
  public：
    virtual void quack() = 0;
    virtual void fly() = 0;
};

class MallardDuck : public Duck
{
  public：
    void quack();
    void fly();
};

class Turkey
{
  public：
    virtual void gobble() = 0;
    virtual void fly() = 0;
};
```

```cpp
class WildTurkey : public Turkey
{
  public:
    void gobble();
    void fly();
};

class DuckAdapter : public Turkey
{
  public:
    DuckAdapter(Duck * pDuck);
    void gobble();
    void fly();
  private:
    Duck * m_pDuck;
};

class TurkeyAdapter : public Duck
{
  public:
    TurkeyAdapter(Turkey * pTurkey);
    void quack();
    void fly();
  private:
    Turkey * m_pTurkey;
};


void MallardDuck::quack()
{
    printf("Quack\n");
}
void MallardDuck::fly()
{
    printf("I'm flying\n");
}


void WildTurkey::gobble()
{
```

```
        printf("Gobble gobble\n");
}
void WildTurkey::fly()
{
        printf("I'm flying a short distance\n");
}


DuckAdapter::DuckAdapter(Duck * pDuck)
{
        m_pDuck = pDuck;
}


void DuckAdapter::gobble()
{
        m_pDuck - >quack();
}
void DuckAdapter::fly()
{
        m_pDuck - >fly();
}


TurkeyAdapter::TurkeyAdapter(Turkey * pTurkey)
{
        m_pTurkey = pTurkey;
}


void TurkeyAdapter::quack()
{
        m_pTurkey - >gobble();
}
void TurkeyAdapter::fly()
{
        m_pTurkey - >fly();
}


int main()
{
        MallardDuck mallardDuck;
        WildTurkey wildTurkey;
```

```
    DuckAdapter turkey(&mallardDuck);
    TurkeyAdapter duck(&wildTurkey);

    printf("Duck quack :");
    duck.quack();
    printf("Duck fly :");
    duck.fly();

    printf("Turkey gobble :");
    turkey.gobble();
    printf("Turkey fly :");
    turkey.fly();

    return 0;
}
```

类适配器类图,如图 1-20 所示。

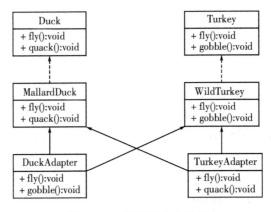

图 1-20　适配器模式示例

C++代码如下:

```
# include <iostream>
using namespace std;

class Duck
{
  public:
    virtual void quack() = 0;
    virtual void fly() = 0;
};
```

```
class MallardDuck : public Duck
{
  public:
    void quack();
    void fly();
};

class Turkey
{
  public:
    virtual void gobble() = 0;
    virtual void fly() = 0;
};

class WildTurkey : public Turkey
{
  public:
    void gobble();
    void fly();
};

class DuckAdapter : public MallardDuck , public WildTurkey
{
  public:
    void gobble();
    void fly();
};

class TurkeyAdapter : public MallardDuck , public WildTurkey
{
  public:
    void quack();
    void fly();
};


void MallardDuck::quack()
{
    printf("Quack\n");
```

```
}
void MallardDuck::fly()
{
    printf("I'm flying\n");
}

void WildTurkey::gobble()
{
    printf("Gobble gobble\n");
}
void WildTurkey::fly()
{
    printf("I'm flying a short distance\n");
}

void DuckAdapter::gobble()
{
    quack();
}
void DuckAdapter::fly()
{
    MallardDuck::fly();
}

void TurkeyAdapter::quack()
{
    gobble();
}
void TurkeyAdapter::fly()
{
    WildTurkey::fly();
}

int main()
{
    DuckAdapter turkey;
    TurkeyAdapter duck;

    printf("Duck quack :");
```

```
    duck.quack();
    printf("Duck fly :");
    duck.fly();

    printf("Turkey gobble :");
    turkey.gobble();
    printf("Turkey fly :");
    turkey.fly();

    return 0;
}
```

注:我们实现鸭子适配和火鸡适配的时候,可以通过覆盖被适配者的方法来修改适配器的行为。

运行结果如下:

Duck quack :Gobble gobble

Duck fly :I'm flying a short distance

Turkey gobble :Quack

Turkey fly :I'm flying

4. 代理模式

定义:为其他对象提供一种代理以控制对这个对象的访问。有四种常用的情况:(1)远程代理,(2)虚代理,(3)保护代理,(4)智能引用。本文主要介绍虚代理和智能引用两种情况。

考虑一个可以在文档中嵌入图形对象的文档编辑器。有些图形对象的创建开销很大。但是打开文档必须很迅速,因此我们在打开文档时应避免一次性创建所有开销很大的对象。这里就可以运用代理模式,在打开文档时,并不打开图形对象,而是打开图形对象的代理以替代真实的图形。待到真正需要打开图形时,仍由代理负责打开。下面给出代理模式的 UML 图。

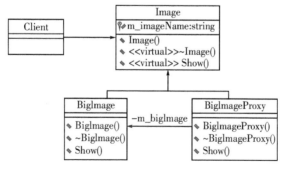

图 1-21　适配器模式示例

代码如下:

```
class Image
{
  public:
```

```cpp
        Image(string name): m_imageName(name) {}
        virtual ~Image() {}
        virtual void Show() {}
    protected:
        string m_imageName;
    };
    class BigImage: public Image
    {
      public:
        BigImage(string name):Image(name) {}
        ~BigImage() {}
        void Show() { cout<<"Show big image : "<<m_imageName<<endl; }
    };
    class BigImageProxy: public Image
    {
      private:
        BigImage * m_bigImage;
      public:
        BigImageProxy(string name):Image(name),m_bigImage(0) {}
        ~BigImageProxy() { delete m_bigImage; }
        void Show()
        {
            if(m_bigImage == NULL)
                m_bigImage = new BigImage(m_imageName);
            m_bigImage->Show();
        }
    };
```

客户调用：

```cpp
    int main()
    {
        Image * image = new BigImageProxy("proxy.jpg"); //代理
        image->Show(); //需要时由代理负责打开
        delete image;
        return 0;
    }
```

在这个例子属于虚代理的情况，下面给两个智能引用的例子。一个是 C＋＋中的 auto_ptr，另一个是 smart_ptr，可自己实现一下。首先给出 auto_ptr 的代码实现：

```cpp
    template<class T>
    class auto_ptr {
```

```
public：
    explicit auto_ptr(T * p = 0)：pointee(p) {}
    auto_ptr(auto_ptr<T>& rhs)：pointee(rhs.release()) {}
    ~auto_ptr() { delete pointee; }
    auto_ptr<T>& operator = (auto_ptr<T>& rhs)
    {
        if (this ! = &rhs) reset(rhs.release());
        return * this；
    }
    T& operator * () const { return * pointee; }
    T * operator - >() const { return pointee; }
    T * get() const { return pointee; }
    T * release()
    {
        T * oldPointee = pointee;
        pointee = 0；
        return oldPointee；
    }
    void reset(T * p = 0)
    {
        if (pointee ! = p) {
            delete pointee;
            pointee = p;
        }
    }
private：
    T * pointee；
};
```

阅读上面的代码，我们可以发现 auto_ptr 类就是一个代理，客户只需操作 auto_prt 的对象，而不需要与被代理的指针 pointee 打交道。auto_ptr 的好处在于为动态分配的对象提供异常安全。因为它用一个对象存储需要被自动释放的资源，然后依靠对象的析构函数来释放资源。这样客户就不需要关注资源的释放，由 auto_ptr 对象自动完成。实现中的一个关键就是重载了解引用操作符和箭头操作符，从而使得 auto_ptr 的使用与真实指针类似。

我们知道 C++中没有垃圾回收机制，可以通过智能指针来弥补，下面给出智能指针的一种实现，采用了引用计数的策略。

```
template <typename T>
class smart_ptr
{
    public：
```

```
smart_ptr(T * p = 0): pointee(p), count(new size_t(1)) { }
                    //初始的计数值为 1
smart_ptr(const smart_ptr &rhs): pointee(rhs.pointee), count(rhs.
count) { + + * count; } //拷贝构造函数,计数加 1
~smart_ptr() { decr_count(); } //析构,计数减 1,减到 0 时进行垃圾回收,
即释放空间
smart_ptr& operator = (const smart_ptr& rhs) //重载赋值操作符
{
    //给自身赋值也对,因为如果自身赋值,计数器先减 1,再加 1,并未发生改变
    + + * count;
    decr_count();
    pointee = rhs.pointee;
    count = rhs.count;
    return * this;
}
//重载箭头操作符和解引用操作符,未提供指针的检查
T * operator - >() { return pointee; }
const T * operator - >() const { return pointee; }
T &operator * () { return * pointee; }
const T &operator * () const { return * pointee; }
size_t get_refcount() { return * count; } //获得引用计数器值
private:
T * pointee;        //实际指针,被代理
size_t * count;      //引用计数器
void decr_count() //计数器减 1
{
    if( - - * count = = 0)
    {
        delete pointee;
        delete count;
    }
}
};
```

1.4　C++预备知识

1.4.1　C++的面向对象特征及实现

面向对象技术强调在软件开发过程中面向客观世界或问题域中的事物,采用人类在认识

客观世界的过程中普遍运用的思维方法,直观、自然地描述客观世界中的有关事物。面向对象技术的基本特征主要有抽象性、封装性、继承性和多态性。

C++作为一种面向对象程序设计语言,具有对象、类、消息等概念,同时支持面向对象技术的抽象性、封装性、继承性和多态性 。

1. C++对抽象性的支持

抽象(abstract)就是忽略事物中与当前目标无关的非本质特征,更充分地注意与当前目标有关的本质特征。从而找出事物的共性,并把具有共性的事物划为一类,得到一个抽象的概念。

C++的抽象性是指通过从特定的实例中抽取共同性质形成一般化概念的过程,它包括行为抽象和数据抽象两个方面。C++的行为抽象是指任何一个具有明确功能的操作,即使这个操作是由一系列更简单的操作来支持,使用者都可以将其视为单个实体;数据抽象性表现在定义了数据类型和对该类对象的操作,并规定了对象的值只能通过规定的操作进行定义和修改。在C++程序设计中对具体问题的分析和抽象是通过类的定义和应用来实现的。

以电子设备为例,对电子设备进行抽象。电子设备有价格等属性,这就是数据抽象。电子设备有工作、设置价格和获取价格等功能,这就是行为抽象。用C++语言描述就是

电子设备 EE

数据抽象: 　　int price;

行为抽象: 　　work();setprice( ); getprice( )

2. C++对封装性的支持

封装(encapsulation)就是把对象的属性和行为结合成一个独立的单位,并尽可能隐蔽对象的内部细节。C++面向对象的封装特性包含两层含义:

①将对象的全部属性和行为封装在对象的内部,形成一个不可分割的独立单位,对象的属性值只能由这个对象的行为来读取和修改;

②"信息隐蔽",即尽可能隐蔽对象的内部细节,对外形成一道屏障,只保留有限的对外接口与外部发生联系。

C++一般用类来实现封装性,并通过设置对数据的访问权限来控制对内部数据的访问。下面是上面提到的电子设备的具体封装形式及电子设备类:

```cpp
class EE
{
  protected:
    int price;
  public:
    void work();
    void setprice(int inip) {price = inip;};
    int getprice( void) {return price;};
    EE(void);
    ~EE(void);
};
```

3. C++对继承性的支持

继承(inheritance)是一种联结类与类的层次模型。继承性是指特殊类的对象拥有其一般类的属性和行为。继承意味着"自动地拥有",即特殊类中不必重新定义已在一般类中定义过的属性和行为,而它却自动地、隐含地拥有其一般类的属性与行为。继承允许和鼓励类的重用,提供了一种明确表述共性的方法。

C++允许从一个或多个已经定义的类中派生出新的类并继承其数据和操作,被继承的类称为基类或父类,派生出的新类称为派生类或子类。

4. C++对多态性的支持

多态性(polymorphism)是指类中同一函数名对应多个具有相似功能的不同函数,可以使用相同的调用方式来调用这些具有不同功能的同名函数。

C++中多态的实现通过以下三种机制来完成:

①函数重载:同一个函数名可以对应多个函数的实现。每种实现对应着一个函数体,这些函数的名字相同,但是函数的参数的类型不同,编译时通过形参来区分,实现编译时的多态。

②运算符重载:就是对已有的运算符重新进行定义,赋予其另一种功能,以适应不同的数据类型。运算符重载只是一种"语法修饰",是专用格式的函数重载,实现编译时的多态。

③虚函数:冠以关键字 virtual 的成员函数称为虚函数,虚函数与派生类相结合,使 C++能支持运行时多态性——实现在基类中定义派生类所拥有的通用"接口",而在派生类中定义具体的实现方法,即"一个接口,多种方法"。

```cpp
#include"iostream.h"
class Shape
{
  public:
    virtual void PrintShapeName() = 0;
};
class Point:public Shape
{
  public:
    virtual void PrintShapeName(){cout<<"Point"<<endl;}
};
class Circle:public Shape
{
  public:
    virtual void PrintShapeName(){cout<<"Circle"<<endl;}
};
class Cylinder:public Shape
{
  public:
    virtual void PrintShapeName(){cout<<"Cylinder"<<endl;}
```

```
};
void main()
{
    int i;
    Point aPoint;
    Circle aCircle;
    Cylinder aCylinder;
    Shape *pShape[3] = {&aPoint,&aCircle,&aCylinder};
    for(i = 0;i<3;i++) pShape[i]->PrintShapeName();
}
```

5.虚函数实现机制

编译器为每个包含虚函数的类产生一个静态函数指针数组,即虚函数表(vtbl),在这个类或它的基类中定义的每一个虚函数都有一个相应的函数指针,该指针指向它的实现。该类的每个实例包含一个不可见的数据成员,即虚函数指针(vptr),这个指针被构造函数自动初始化,指向类的虚表。当客户调用虚函数的时候,编译器产生代码指向 vptr,索引到虚表中,找到函数指针发出调用。

此虚表在类有了定义以后就由编译器分配了,它是与类(而不是对象)相关的静态的指针数组。类实例化为对象后,对象的虚表指针将指向此虚表。对象的虚表指针往往放在其他数据成员的前面,对象的 this 指针将指向此虚表指针。

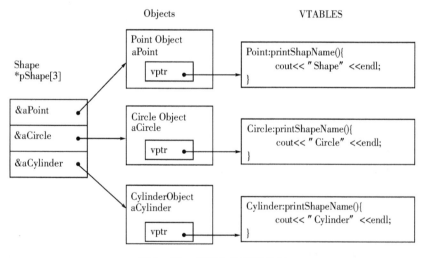

图 1-22　虚函数的实现机制

1.4.2　RTTI

使用基类指针指向子类对象实际上是一个类型转换,称为向上转换。向上转换是为了统一性,如上例:

```
Shape *pShape[3] = {&aPoint,&aCircle,&aCylinder};
```

把基类指针再转换为子类指针,称为向下转换。向下转换是为了差异性。

1989 年,由于异常处理的引入,C++必须具有运行时类型识别能力,于是导致了 RTTI 机制的诞生。RTTI 机制不仅满足了异常处理的需要,还解决了虚函数的难题。

运行时类型识别(Run-Time Type Identification,RTTI)是指,在只有指向基类的指针或引用时,确定所指对象的准确类型,以便进行所需要的操作。

一般情况下,虚函数机制并不需要一个类的确切类型,就可以对那种类型的对象实施正确行为。但是,虚函数仅能识别而不能反映出确切类型。

和很多其他语言一样,C++是一种静态类型语言。其数据类型是在编译期就确定的,不能在运行时更改。然而由于面向对象程序设计中多态性的要求,C++中的指针或引用(reference)本身的类型,可能与它实际代表(指向或引用)的类型并不一致。

但是,在很多情况下,虚拟函数无法克服本身的局限。每每涉及到处理异类容器和根基类层次(如 MFC)时,不可避免要对对象类型进行动态判断,将一个多态指针转换为其实际指向对象的类型,也就是动态类型的侦测。这就需要知道运行时的类型信息,于是就产生了运行时类型识别的需求。为了解决这种问题,多数类库设计者会把虚函数放在基类中,使运行时返回特定对象的类型信息。我们可能见过一些名字为 isA() 和 typeOf() 之类的成员函数,这些就是开发商定义的 RTTI 函数。

C++提供了两个关键字 typeid 和 dynamic_cast 以及一个 type_info 类来支持 RTTI。

1. typeid 运算符

它指出指针或引用指向的对象的实际派生类型。例如:typeid 可以用于作用于各种类型名,对象和内置基本数据类型的实例、指针或者引用,当作用于指针和引用时,将返回它实际指向对象的类型信息。typeid 的返回是 type_info 类型。type_info 类:这个类的确切定义是与编译器实现相关的。下面是《C++ Primer》中给出的定义:

```
class type_info {
  private:
    type_info(const type_info&);
    type_info& operator = ( const type_info& );
  public:
    virtual ~type_info();
    int operator = = ( const type_info& ) const;
    int operator! = ( const type_info& ) const;
    const char * name() const;
};
```

在使用 typeid 运算符之前,必须先包含头文件"typeinfo:#include<typeinfo>",type_info 类支持相等和不相等两个比较操作。

例如:

```
Fibonacci fib; //Fibonacci 类继承自 num_sequence 类
num_sequence * ps = &fib;
if( typeid( * ps) = = typeid(Fibonacci) )
//为真,可以添加相应代码
```

如果在上面 if 条件内加上:ps->gen_elems(64)//gen_elems 是 Fibonacci 类的成员函

数却会出现问题,虽然 ps 确实指向 Fibonacci 类,但是 ps 并不知道它指向的是什么东西。为了调用 Fibonacci 所定义的 gen_elems() 函数,我们必须告诉编译器,将 ps 的型别转换为 Fibonacci 指针,而 static_cast 运算符则可以担当起这个任务。

2. static_cast 运算符

表达式 static_cast<T>(v)之结果就是将表达式 v 转换为类型 T 的结果。如果 T 是一个引用类型,则结果为一个左值;否则,结果是一个右值。在一个 static_cast 表达式内不可定义新的类型。static_cast 运算符不会将表达式的常量性(constness)转换掉。

对上刚刚出现的问题,可以如下解决:

```
if( typeid( * ps) = = typeid(Fibonacci) )
{
        Fibonacci * pf = static_cast<Fibonacci * >(ps); //无条件转换
        pf ->gen_elems(64);
}
```

static_cast 存在着潜在的风险,因为编译器无法确认我们进行的转换操作是否完全正确。这也是为什么要把转换操作安排在"typeid 运算符的运算结果为真"的条件下的原因,但是 dynamic_cast 运算符就可以解决这个问题。

3. dynamic_cast 运算符

它允许在运行时刻进行类型转换,从而使程序能够在一个类层次结构安全地转换类型。dynamic_cast 提供了两种转换方式,把基类指针转换成派生类指针,或者把指向基类的左值转换成派生类的引用。

dynamic_cast 运算符会在执行期检查:

```
if ( Fibonacci * pf = static_cast<Fibonacci * >(ps) )
        pf ->gen_elems(64);
```

检验 ps 所指对象是否属于 Fibonacci 类:如果是,转化会发生;如果不是,返回 0,转换不会发生。

1.4.3 模板

模板提供了一种通用的方法来开发可重用的代码,即可以创建参数化的 C++类型。模板分为两种类型:函数模板(Function Template)和类模板(Class Template)。函数模板的用法同 C++预处理器的用法有一定的类似之处,它们都提供编译代码过程中的文本替换功能,但前者可以对类型进行一定的保护。类模板使你可以编写通用的、类型安全的类。

1. 函数模板

函数模板的一般形式如下:

```
Template <class 或者也可以用 typename T>
```

返回类型 函数名(形参表)

```
{//函数定义体 }
```

说明:template 是一个声明模板的关键字,表示声明一个模板关键字 class 不能省略,如果类型形参多余一个,每个形参前都要加 class <类型 形参表>可以包含基本数据类型可以包含类类型。

例如：

```
//Test.cpp
#include <iostream>
//声明一个函数模版，用来比较输入的两个相同数据类型的参数的大小，class 也可
// 以被 typename 代替，T 可以被任何字母或者数字代替
template <class T>
T min(T x,T y)
{ return(x<y)? x:y;}
void main( )
{
    int n1 = 2,n2 = 10;
    double d1 = 1.5,d2 = 5.6;
    cout<< "较小整数:"<<min(n1,n2)<<endl;
    cout<< "较小实数:"<<min(d1,d2)<<endl;
}
```

程序分析：main()函数中定义了两个整型变量 n1、n2，两个双精度类型变量 d1、d2，然后调用 min(n1, n2)；即实例化函数模板 T min(T x, T y)，其中 T 为 int 型，求出 n1、n2 中的最小值。同理调用 min(d1,d2)时，求出 d1、d2 中的最小值。

2. 类模板

定义一个类模板：

```
Template < class 或者也可以用 typename T >
class 类名{
    //类定义……
};
```

说明：其中，template 是声明各模板的关键字，表示声明一个模板，模板参数可以是一个，也可以是多个。

例如，定义一个类模板：

```
// ClassTemplate. h
template<typename T1,typename T2>
class myClass{
  private:
    T1 I;
    T2 J;
  public:
    myClass(T1 a, T2 b);//Constructor
    void show();
};
//这是构造函数，注意这些格式
```

```
template <typename T1,typename T2>
myClass<T1,T2>::myClass(T1 a,T2 b):I(a),J(b){}
//这是 void show();
template <typename T1,typename T2>
void myClass<T1,T2>::show()
{
    cout<<"I = "<<I<<", J = "<<J<<endl;
}
// Test.cpp
#include <iostream>

#include "ClassTemplate.h"
void main()
{
    myClass<int,int> class1(3,5);
    class1.show();
    myClass<int,char> class2(3,"a");
    class2.show();
    myClass<double,int> class3(2.9,10);
    class3.show();
}
```

1.4.4 动态链接库

DLL 是建立在客户/服务器通信的概念上,包含若干函数、类或资源的库文件,函数和数据被存储在一个 DLL(服务器)上并由一个或多个客户导出而使用,这些客户可以是应用程序或者是其他的 DLL。DLL 库不同于静态库,在静态库情况下,函数和数据被编译进一个二进制文件(通常扩展名为 * . LIB),Visual C++的编译器在处理程序代码时将从静态库中恢复这些函数和数据并把他们和应用程序中的其他模块组合在一起生成可执行文件。这个过程称为"静态链接",此时因为应用程序所需的全部内容都是从库中复制了出来,所以静态库本身并不需要与可执行文件一起发行。

在动态库的情况下,有两个文件:一个是引入库(. LIB)文件,一个是 DLL 文件。引入库文件包含被 DLL 导出的函数的名称和位置,DLL 包含实际的函数和数据。应用程序使用 LIB 文件链接到所需要使用的 DLL 文件,库中的函数和数据并不复制到可执行文件中,因此在应用程序的可执行文件中,存放的不是被调用的函数代码,而是 DLL 中所要调用的函数的内存地址。这样,当一个或多个应用程序运行时再把程序代码和被调用的函数代码链接起来,从而节省了内存资源。从上面的说明可以看出,. DLL 和. LIB 文件必须随应用程序一起发行,否则应用程序将会产生错误。

微软的 Visual C++支持三种 DLL,它们分别是 Non-MFC DLL(非 MFC 动态库)、Regular DLL(常规 DLL)、Extension DLL(扩展 DLL)。

（1）Non-MFC DLL

Non-MFC DLL 指的是不用 MFC 的类库结构，直接用 C 语言写的 DLL，其导出的函数是标准的 C 接口，能被非 MFC 或 MFC 编写的应用程序所调用。Regular DLL 和下述的 Extension Dll 一样，是用 MFC 类库编写的，它的一个明显的特点是在源文件里有一个继承 CWinApp 的类（注意：此类 DLL 虽然从 CWinApp 派生，但没有消息循环），被导出的函数是 C 函数、C++类或者 C++成员函数，调用常规 DLL 的应用程序不必是 MFC 应用程序，只要是能调用类 C 函数的应用程序就可以，它们可以是在 Visual C++、Dephi、Visual Basic、Borland C 等编译环境下利用 DLL 开发应用程序。

（2）Regular DLL

常规 DLL 又可细分成静态链接到 MFC 和动态链接到 MFC 上的。与常规 DLL 相比，使用扩展 DLL 用于导出增强 MFC 基础类的函数或子类，用这种类型的动态链接库，可以用来输出一个从 MFC 所继承下来的类。

（3）Extension DLL

扩展 DLL 是使用 MFC 的动态链接版本所创建的，并且它只被用 MFC 类库所编写的应用程序所调用。例如，你已经创建了一个从 MFC 的 CtoolBar 类的派生类用于创建一个新的工具栏，为了导出这个类，你必须把它放到一个 MFC 扩展的 DLL 中。扩展 DLL 和常规 DLL 不一样，它没有一个从 CWinApp 继承而来的类的对象，所以，开发人员必须在 DLL 中的 DllMain 函数添加初始化代码和结束代码。

1.5　Visual C++开发 COM 应用

用 Visual C++开发 COM 主要包括用 Win32 SDK 开发 COM，MFC 类库开发 COM 和使用 ATL 模板库开发 COM。使用 Win32 SDK 开发 COM，非常灵活，但是开发的效率比较低，需要编写大量的代码。使用 MFC 类库开发 COM 可以大大简化代码。ATL 主要侧重于 COM 应用的开发，适用于建立小型、快捷的 COM 组件。

1. Win32 SDK 开发 COM

Win32 SDK 是开发 Windows 应用程序的最基本的开发工具，功能最强大。由于只提供 C 语言的 API，所有的接口都是以 C 函数和结构的形式提供，所以开发的代码量相当大。Win32 对 OLE 提供了强有力的支持，在 Win32 SDK 中我们可以看到 COM 库的所有 API 函数，以及 COM 和 OLE 定义的标准接口，也提供了实现这些函数的静态链接库。头文件均按照 Microsoft C/C++语言标准语法对接口以及 COM 函数或者数据类型进行定义和说明，而且这些数据结构也与 MIDL 相兼容。

通过宏定义可以定义 COM 的接口，这样使程序的可读性好，但是的确掩盖了一些基本的定义。

2. MFC 类库开发 COM

使用 MFC 提供的 COM 支持开发 COM 应用可以说在使用 COM SDK 基础上提高了自动化程度，缩短了开发时间。MFC 采用面向对象的方式将 COM 的基本功能封装在若干 MFC 的 C++类中，开发者通过继承这些类得到 COM 支持功能。为了使派生类方便地获得

COM 对象的各种特性,MFC 中有许多预定义宏,这些宏的功能主要是实现 COM 接口的定义和对象的注册等通常在 COM 对象中要用到的功能。开发者可以使用这些宏来定制 COM 对象的特性。

另外,在 MFC 中还提供对 Automation 和 ActiveX Control 的支持,对于这两个方面,Visual C++也提供了相应的 AppWizard 和 ClassWizard 支持,这种可视化的工具更加方便了 COM 应用的开发。

3. 使用 ATL 模板库开发 COM

ATL(Active Template Library)是 Visual C++提供的一套基于模板的 C++类库,利用这些模板类,可以建立小巧、快速的 COM 组件程序。所以说,ATL 主要是针对 COM 应用开发的,它内部的模板类实现了 COM 的一些基本特征,比如一些基本 COM 接口 IUnknown、IClassFactory、IDispatch 等,也支持 COM 的一些高级特性,如双接口(dual interface)、连接点(connection point)、ActiveX 控件等,并且 ATL 建立的 COM 对象支持套间线程和自由线程两种模型。

ATL 实现 COM 接口的方式与 MFC 的方式有所不同,MFC 使用嵌套类的方式实现 COM 接口,用接口映射表提供多接口支持;ATL 使用多重继承的方式实现 COM 接口。虽然 MFC 和 ATL 实现接口的原理不一致,但两者的支持形式又非常相似:MFC 采用接口映射表,定义了一组宏;ATL 采用了 COM 映射表,也定义了一组形式上很类似的宏。

ATL 提供了两个基本模板类:CComObjectRootEx 和 CComCoClass,每一个标准的 COM 对象都必须继承于这两个模板类。CComObjectRootEx 模板类实现了 IUnknown 成员方法,包括对引用计数的处理以及对接口请求的处理,它也支持对象被聚合的情形;CComCoClass 模板类为对象定义了缺省的类厂,并且支持聚合模型。

小 结

COM 作为 Microsoft 公司的提出的组件模型标准,发挥着重要的作用。在国内市场上的软件产品绝大多数是 Windows 平台下的,而 COM 是许多 Windows 关键技术的基础,如:OLE、ActiveX、DirectX 以及 Windows Media 等等。因此,对程序开发人员来说,它是不可或缺的一项技术。除此之外,COM 在网络中也发挥着重要的作用,不但提高了网络编程的速度,同时也增加了更多的灵活性。本章从软件组件出发,简单介绍了微软组件技术的发展以及 COM 的分类与结构,同时从设计模式入手,讨论了几种常见的设计模式与实现。

第 2 章　COM 的技术基础

2.1　基础知识

2.1.1　方法与结果

大多数 COM 库函数的返回值以及一些接口成员函数的返回值类型均为 HRESULT。HRESULT 是一种简单的数据类型,是一个 32 位整数,通常被定义为 DWORD 或 long 类型。HRESULT 的 32 位被分成四个域:类别码(第 30~31 位)、自定义标志位(第 29 位)、操作码(第 16~28 位)、操作结果码(第 0~15 位),如图 2-1 所示。

图 2-1　HRESULT 数据类型

HRESULT 四个域说明如下:

①类别码:类别反映了函数调用结果的基本情况,用 2 个 bit 表示,其定义如下:

00——表示函数调用成功;

01——包含了一些信息;

10——警告;

31——错误。

②自定义标志位:反映结果是否为自定义类,如果为 1 则是,为 0 则不是。

③操作码:标识了结果操作来源,在 Windows 平台,其定义如下:

```
# define FACILITY_ WINDOWS        8
# define FACILITY_STORAGE         3
# define FACILITY_RPC             1
# define FACILITY_SSPI            9
# define FACILITY_WIN32           7
# define FACILITY_CONTROL         10
# define FACILITY_NULL            0
# define FACILITY_INTERNET        12
# define FACILITY_ITF             4
# define FACILITY_DISPATCH        2
```

＃define FACILITY_CERT　　　　11

④操作结果码：HRESULT 低 16 位为操作结果码，用于反映操作的状态。

在 WinError.h 中可以找到 COM 库函数和 OLE 函数的返回值的定义，返回值类型非常多，其中最经常用到的一些返回值如下所示。

名称	说明	值
S_OK	操作成功	0x00000000
E_UNEXPECTED	意外的失败	0x8000FFFF
E_NOTIMPL	未实现	0x80004001
E_OUTOFMEMORY	未能分配所需的内存	0x8007000E
E_INVALIDARG	一个或多个参数无效	0x80070057
E_NOINTERFACE	不支持此接口	0x80004002
E_POINTER	无效指针	0x80004003
E_HANDLE	无效句柄	0x80070006
E_ABORT	操作已中止	0x80004004
E_FAIL	未指定的失败	0x80004005
E_ACCESSDENIED	一般的访问被拒绝错误	0x80070005

可以看出，函数调用成功或失败的返回值都不止 S_OK 或 E_FAIL 一个，如果要判断一个函数调用成功或失败，就不能简单地检查返回值是否等于 S_OK 或 E_FAIL，最好是使用 SUCCEEDED 和 FAILED 宏来对 HRESULT 类型的结果值作成功或失败的判断，这些宏定义在 Winerror.h 中。例如：

```
hr = pI->QueryInterface(…);
if(SUCCEEDED(hr))          //若 pI->QueryInterface 调用成功
{
    …
}
pI->Release();
```

大多数的 COM 方法返回结构化的 HRESULT 类型值，只有很少数量的方法使用 HRESULT 来返回简单的整数值，这类方法经常是成功的。如果将这类整数值传给宏 SUCCESS，该宏将总是返回 TRUE。常用的例子是 IUnknown::Release 方法，它减少一次对象的引用计数并返回当前的引用计数。

2.1.2　全球唯一标识符

GUID，即 Globally Unique Identifier（全球唯一标识符），也称作 UUID（Universally Unique Identifier）。GUID 是一个通过特定算法产生的二进制长度为 128 位的数字标识符，用于指示产品的唯一性。GUID 主要用于在拥有多个节点、多台计算机的网络或系统中，分配必须具有唯一性的标识符。

在 Windows 平台上，GUID 广泛应用于微软的产品中，用于标识如注册表项、类及接口标识、数据库、系统目录等对象。

1. GUID 格式

GUID 的格式为"xxxxxxxx－xxxx－xxxx－xxxx－xxxxxxxxxxxx",其中每个 x 是 0~9 或 a~f 范围内的一个 32 位十六进制数。例如:6F9619FF－8B86－D011－B42D－00C04FC964FF 即为有效的 GUID 值。

2. GUID 特点

①GUID 在空间上和时间上具有唯一性,保证同一时间不同地方产生的数字不同。

②世界上的任何两台计算机都不会生成重复的 GUID 值。

③需要 GUID 的时候,可以完全由算法自动生成,不需要一个权威机构来管理。

④GUID 的长度固定,并且相对而言较短小,非常适合于排序、标识和存储。

3. GUID 产生

Visual C | ＋ 6 包含了一些实用程序,用户可以利用它们来生成 GUID。UUIDGEN 是一个命令行程序,而 GUIDGEN 则是一个图形化的实用程序,两者都能使用,但要保证总是只使用其中的一个实用程序来生成新的 GUID,决不可以混用不同程序生成的 GUID。也可以使用 Windows API:HRESULT CoCreateGuid (GUID ＊ pguid)产生。

4. GUID 结构

因为只有很少的编译器支持 128 位整数,COM 定义了一个结构来表示 GUID 的 128 位值:

```
typedef struct _GUID {
    DWORD     Data1;
    WORD      Data2;
    WORD      Data3;
    BYTE      Data4[8];
} GUID;
```

5. GUID 使用

COM GUID 以 DCE RPC 中用到的 UUID 为基础。当 GUID 用来命名接口时,它被称为接口 ID(Interface Identifier, IID),COM 的实现也使用 GUID 来标识,这时它被称为类 ID (Class Identifier,CLSID)。

COM 采用如下定义:

```
Typedef GUID IID;typedef GUID CLSID;//为接口和实现类 ID 提供了别称
```

由于一个 GUID 值占用了 16 个字节,因此一般不用值传递 GUID 参数,而大量使用的是按引用传递。COM 为 GUID 类型定义了常量引用别称,以使得传送 GUID 类型参数更高效:

```
#define REFIID const IID&
#define REFCLSID const CLSID&
```

2.1.3　接口定义语言

COM 最终的目标是建立二进制级的组件模型,COM 规范只定义了接口的特征,它没有规定编译器,也没有约束语言的使用。我们不仅需要编译器独立性,还需要语言的独立性。

类似于为了解决链接器兼容性问题时为每一种可能的链接器都提供一个模块定义文件的方式一样,也可以把 C++定义的接口翻译到其他的编程语言中。因为 COM 接口的二进制本质上就是一组 vptr/vtbl 虚表指针和虚表,所以,很多语言都可以做到。

COM 提供了这样一种语言,它只用到基本的 C 语法,同时加入了一些能消除歧义的特征,用来描述接口,称为接口定义语言 IDL(Interface Definition Language)。

COM IDL 以 OSF(OpenSoftware Foundation,开放软件基金会)的 DCE RPC(Distributed Computing Environment RPC)IDL 为基础。DCE IDL 使得我们可以以语言无关的方式来描述远程调用,IDL 编译器也能够产生相应的网络代码。COM IDL 在 DCE IDL 的基础上加入了一些与 COM 相关的扩展,比如继承性、多态性等。

它的意义在于以语言中性的方式准确地描述接口的类型,并且在 IDL 与其他语言之间建立映射,从而作为客户端与服务器端的接口描述标准,使得各方在遵循 IDL 标准的基础上,自由地选择编程语言。

```
import "unknwn.idl"; //类似于 include,引入其他的 IDL 文档
[

    object, // 表明该接口是一个 COM 接口而不是一个 RPC 接口
    uuid(F4FCD218 - BC2D - 458E - BDAC - EF8A8A878C60),//全球唯一标识符
] // [ ] 表示属性
interface Imath : IUnknown //Interface 关键字表明接口定义的开始
{

    HRESULT Add([in]long Op1,[in]long Op2,[out,retval]long * pVal);
};
```

MIDL.exe 是 Win32 SDK 提供的工具,实现从 IDL 到 C/C++的映射。它能编译 IDL 文档以产生以下代码:

*.h	接口说明的头文件(C/C++)
*_p.c	实现了接口的代理和存根
*_i.c	定义了 IDL 中的 GUID、IID
dlldata.c	代理存根的入口函数以及其他数据结构(DllGetClassObject 等函数)
*.tlb	类型库文件.可以供 Visual Basic、Java 等编译器使用

使用 MIDL 编译器把以上 IDL 映射到 C++:

```
# include "unknwn.h"
class Imath:public IUnknown {
  public :
    virtual BOOL __stdcall Add(long,long,long * ) = 0;
}
```

2.2　COM 接口

COM 把接口与实现分离开主要基于升级,把对象内部的工作细节对客户隐藏起来,使得实现类内部的数据成员的数量、类型以及内部的方法都可以发生变化,而客户程序无需重新编

译。客户在运行时询问对象,以便发现对象的扩展功能(是否实现了其他的接口?)。其次是编译器的独立性,使 COM 组件具有二进制一级的兼容性,基本上与计算机编程语言无关。

    本章通过演示一个真正的 COM 组件(简单的数学组件,提供基本算术运算和一些高级功能如阶乘等),来讲述 COM 接口与对象的关系,以及为了实现 COM 所涉及到的其他细节。

2.2.1 接口的结构与描述

    COM 规范规定:接口是包含了一组函数的数据结构,通过这组数据结构,客户可以调用组件对象的功能。如图下所示:

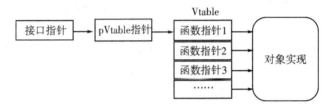

图 2-2 接口的结构

    客户程序使用一个指向接口数据结构的指针来调用接口成员函数。接口指针实际上指向第二个指针,这第二个指针指向一组函数指针(称为接口函数表,通常也称为虚函数表 vtable,指向 vtable 的指针也成为虚表指针 pVtable)虚表中每一项为一个 4 字节的函数指针,指向函数的实现。

    对于上述组件,我们要实现有两个接口的提供基本计算功能的简单的数学组件,两个接口功能用 C++描述如下:

```
class ISimpleMath{
  public:
    virtual void Add( long Op1,long Op2, long * pVal) = 0;
    virtual void Subtract( long Op1,long Op2, long * pVal) = 0;
    virtual void Multiply( long Op1,long Op2, long * pVal) = 0;
    virtual void Divide(long Op1,long Op2, long * pVal) = 0;
};
class IAdvancedMath{
  public:
    virtual void Factorial( short sOp, long * pVal) = 0;
    virtual void Fibonacci( short sOp, long * pVal) = 0;
};
```

2.2.2 IUnknown 接口

    COM 规范规定所有的 COM 组件都需要实现一个被称为 IUnknown 的标准 COM 接口,关于 IUnknown 接口,简单探讨如下:

1. IUnknown 接口定义

IUnknown 的定义如下:

```
class IUnknown
{
  public：
    virtual HRESULT _stdcall QueryInterface([in] REFIID iid, [out] void * *
                                            ppv) = 0；
    virtual ULONG _stdcall AddRef(void) = 0；
    virtual ULONG _stdcall Release(void) = 0；
}
```

IUnknown 接口包括三个成员函数,其中 QueryInterface 用于对查询 COM 对象的其他接口, AddRef 和 Release 用于引用计数。它是唯一不从其他 COM 接口派生的接口,是所有 COM 接口的根源,所有其他 COM 接口都必须直接或间接地从 IUnknown 接口派生。

IUnknown 接口的 IDL 定义:(见 SDK 的 include 目录下的 unknwn.idl)

```
[ local,
  object,
  uuid(00000000 - 0000 - 0000 - C000 - 000000000046)// UUID 号
]
interface IUnknown
{    HRESULT QueryInterface(
        [in] REFIID riid,
        [out, iid_is(riid)] void * * ppvObject)；
    ULONG AddRef()；
    ULONG Release()；
}
```

我们可以使用 IDL 语言表示一个接口从另一个接口派生,如下所示:

```
import "unknwn.idl"; //类似于 include,引入其他的 IDL 文档
[
    object,
    uuid(F4FCD218 - BC2D - 458E - BDAC - EF8A8A878C60),
]
interface ISimpleMath : IUnknown
{
    HRESULT Add([in]long Op1, [in]long Op2,[out,retval]long * pVal)；
};
```

则我们的简单数学组件,可使用图 2 - 3 来表示。

2. 接口查询规则

按照 COM 规范,COM 对象可以支持多接口,这是 COM 对象的升级、更新,体现 COM 生命力的地方。客户程序在运行时对 COM 对象的接口进行询问,如果它实现了该接口,则客户可以调用它的服务。在 COM 规范中,是通过使用 IUnknown 的成员函数 QueryInterface 实现的。

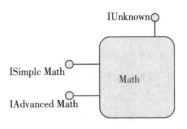

图 2-3　简单数学组件

HRESULT CMath::QueryInterface(const IID& iid, void＊＊ppv);

QueryInterface 使用接口的 GUID 而不是字符串逻辑名称来区分接口。当客户创建了 COM 对象之后,创建函数会给客户返回一个接口指针,由于所有的接口都派生自 IUnknown, 它们都有 QueryInterface 成员函数,客户可以使用它来查询对象支持的其他接口。查询时,客户指定接口的 IID 号 iid,查询函数把查询结果保存在接口指针＊ppv 中。

例如:

HRESULT hr;

IUnknown＊pIUnknown = static_cast<ISimpleMath＊>(new CMath);

　　　pIUnknown->AddRef();

ISimpleMath＊pIS = NULL;

hr = pIUnknown->QueryInterface(IID_ISimpleMath,(void＊＊)&pIS);

在接口指针之间进行来回跳转时,为了避免产生矛盾,因此 COM 规范给出了以下规则:

①IUnknown 接口的唯一性。对同一个对象的不同接口指针,查询得到的 IUnknown 接口必须完全相同。每个对象的 IUnknown 接口指针是唯一的,以此对两个接口指针,可通过判断其查询到的 IUnknown 接口是否相等来判断它们是否为同一个对象。

反之,如果查询的不是 IUnknown 接口,而是其他的接口,则通过不同的途径得到的接口指针允许不一样。因为有些接口指针是动态生成的,不用时可以把接口指针释放掉。

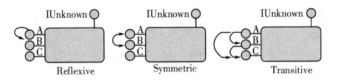

图 2-4　接口查询规则

② 接口对称性。从一个接口指针查询得到第二个接口,那么从这第二个接口指针再查询第一个必定成功。意味着客户不必关心先获得哪个接口指针,两种不同类型的接口指针可以以任意的次序获得。

③ 接口传递性。从第一个接口查询得到第二个接口,从第二个接口查询得到第三个接口,那么从第一个接口一定可以查询到第三个接口。意味着客户不必以任何特定的顺序来获得某个接口。如果任何两个接口之间不能直接转换,那么也不能通过第三方来完成。或者说,我们总是能够简单地从一个接口出发一步到位地到达其他的接口。

④ 接口自反性。接口查询其自身总是成功的。这实际是传递性的一个特例,对应于起点和终点相同的情形。

⑤接口查询时间无关性。如果某个时刻可以查询到某一接口指针,则以后在任何时候都可以。

以上几条意味着所有的接口处于平等的地位(IUnknown 除外),一个对象的所有接口构成一个双向连接图,如图 2-5 所示。

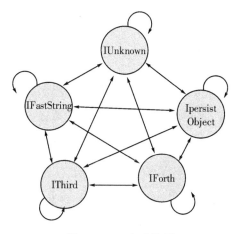

图 2-5　双向连接图

3. 引用计数规则

COM 对象可能实现了多个接口,对每个接口客户可能拥有多个指针。COM 提供了一种机制管理资源,使得客户可以以直观的方式使用接口指针。

COM 对象通过引用计数来决定是否继续生存下去。每个 COM 对象都记录了一个“引用计数”的数值,该数值的含义为有多少个有效指针在引用该 COM 对象。当客户得到了一个指向该对象的接口指针时,引用计数增 1;当客户用完了该指针后,引用计数减 1。当计数减到 0 时,COM 对象就把自己从内存中清除掉。IUnknown 的 AddRef 和 Release 成员函数分别进行引用计数的增 1 和减 1 操作。

当 COM 对象支持多接口时,客户对每个接口有多个指针时,以上引用计数的工作方式可以顺利进行。往往使用 COM 对象类的成员变量就可以实现引用计数。

(1)引用计数使用规则 1

返回接口指针的函数(QueryInterface,CreateInstance),在返回之前调用了 AddRef;使用完接口指针后,要调用 Release;将一个接口指针赋另外一个接口指针时,要调用 AddRef。

　　hr = pIUnknown - >QueryInterface(IID_ISimpleMath,(void * *)&pISimpleMath);

　　//使用接口的方法

　　pISimpleMath - >Release();

(2)引用计数实现和使用规则 2

①输出参数规则。任何在输出参数中或返回值返回的接口指针的函数必须调用 AddRef。HRESULT QueryInterface(REFIID riid,(void * *)ppv)。

②输入参数规则。无需调用 AddRef 和 Release。

③输入输出参数规则。输入的接口指针必须调用 Release,返回的指针必须调用 AddRef。

④局部变量规则。无需调用 AddRef 和 Release。

⑤全局变量规则。将全局变量中的指针传给函数前必须调用 AddRef。

⑥不确定时的规则。应调用 AddRef 和 Release。

注意：在整个生存期内，AddRef 与 Release 一定要配对，否则若漏掉 AddRef，程序出错，而漏掉 Release，对象将永不释放。

2.2.3　IUnknown 接口的实现

COM 接口只是描述了它所代表的功能，实现这些功能的是 COM 对象。COM 规范并没有规定对象应该如何实现，只要接口指针能够访问到对象对接口的具体实现即可。这里我们使用 C++语言来实现 COM 对象。当然，使用 C++语言也有不同的方法来实现 COM 对象，只要通过接口指针能够访问到对象的的方法和属性（私有数据）即可。实际上，使用 C++还有别的办法也能实现 COM 对象。比如，MFC 使用的嵌套类的办法，使用模板类的方法等等，我们将在后续章节接触到这些方法。首先我们使用从接口类派生实现类的办法来实现 COM 对象，则数学组件实现类的代码如下：

```
class CMath : public ISimpleMath , public IAdvancdMath
{
  public :
    CMath();  ~CMath(); //构造函数,析构函数
    // IUnknown 成员函数（在这里要实现,所以再次申明）
    virtual HRESULT __stdcall QueryInterface(const IID& iid, void * * ppv) ;
    virtual ULONG__stdcall AddRef() ;
    virtual ULONG__stdcall Release() ;
    // ISimpleMath 成员函数
    virtual void _stdcall Add(long Op1,long Op2,long * pVal)
    {
        * pVal = Op1 + Op2;
        cout<<Op1<<" + "<<Op2<<" = "<<  * pVal<<endl;
    }
    // IAdvancedMath 成员函数
    virtual void _stdcall Factorial(long Op1,long  * pVal);
    {
        int t = 1;
        for( int i = 1;i< = Op1;i + + ) t *  = i;
        * pVal = t;
        cout<<Op1<<" ! "<<" = "<<  * pVal<<endl;
    }
    private :
    int m_Ref ; //用作引用计数
};
```

COM 对象的首要任务是要实现在 IUnknown 中定义的纯虚函数，CMath 增加了一个成

员变量作为引用计数。

```
CMath::CMath()
{
    m_Ref = 0;//引用计数赋初值
}
ULONG CMath::AddRef()
{
    m_Ref + + ; //增加计数
    return (ULONG) m_Ref;
}
ULONG CMath::Release()
{
    m_Ref - - ; //减少计数
    if (m_Ref = = 0 )
    {
        delete this; //减到 0 时,删除自身
        return 0;
    }
    return (ULONG) m_Ref;
}
```

接口查询实现代码如下:

```
HRESULT CMath::QueryInterface(const IID& iid, void * * ppv){
    if ( iid = = IID_IUnknown )
    {   * ppv = static_cast <ISimpleMath * > (this) ;
        ((ISimpleMath * )( * ppv)) - >AddRef() ;
    } else if ( iid = = IID_ISimpleMath )
    {   * ppv = static_cast <ISimpleMath * >( this) ;
        ((ISimpleMath * )( * ppv)) - >AddRef() ;
    } else if ( iid = = IID_IAdvancedMath )
    {   * ppv = static_cast <IAdvancedMath * >( this) ;
        ((IAdvancedMath * )( * ppv)) - >AddRef() ;
    }
    else
    {   * ppv = NULL;
        return E_NOINTERFACE ;
    }
    return S_OK;
}
```

注意我们没有使用

```
if ( iid = = IID_IUnknown )
{  * ppv = static_cast < IUnknown * > (this) ;
    …}
```

是因为这种转换存在二义性，无法通过编译。当客户请求 IUnknown 接口时，我们直接返回 IDictionary 接口，因为 ISimpleMath 接口虚表的前三个函数正是 IUnknown 的前三个函数，而且这样处理也满足接口查询的原则。（当然转换成 IAdvancedMath 接口也是可以的。）

2.2.4　客户测试程序的实现

编写客户程序如下，测试该 IUnknown 接口的两大功能是否能正确使用。在这里，使用 new 创建组件对象，在下一节将演示真正的 COM 组件的创建。

```
int main(int argc, char * argv[])
{
    HRESULT hr;
    IUnknown * pIUnknown = static_cast<ISimpleMath * > (new CMath) ;
    pIUnknown - >AddRef() ;
    ISimpleMath * pIS = NULL ;
    hr = pIUnknown - >QueryInterface(IID_ISimpleMath,(void * * )
    &pISimpleMath) ;
    if (SUCCEEDED(hr))
    {
        cout<<"Client:: Succeeded getting ISimpleMath."<<endl ;
        long kk ;
        pIS - >Add(2,3,&kk) ;
        pIS - >Release() ;
    }
    cout<<"Client::Get another IAdvancedMath"<<endl ;
    IAdvancedMath * pIA = NULL ;
    hr = pIUnknown - >QueryInterface(IID_IAdvancedMath,(void * * )&pIA) ;
    if (SUCCEEDED(hr))
    {
        cout<<"Client:: Succeeded getting IAdvancedMath."<<endl ;
        long mm ;
        pIA - >Factorial(5,&mm) ;
        pIA - >Release() ;
    }
    cout<<"Client: Release interface IUnknown"<<endl ;
    pIUnknown - >Release() ;
    return 0 ;
}
```

2.3　COM 对象

　　COM 对象往往以一个 DLL 为载体,当然,有时也以一个 EXE 程序为载体。客户程序和 COM 对象可能位于不同的进程,甚至不同的机器上,我们需要一种中介机制在双方搭起桥梁。当 COM 对象的数目、接口的数目、COM 客户的数目很大时,其必要性就尤其突出。

　　注册表是 Windows 操作系统的中心数据仓库,当组件程序安装到机器上以后,必须把它的信息注册到注册表中,客户才能从表中找到组件程序并对其进行操作。注册表可以看作是组件与客户的中介,是 COM 实现位置透明性的关键。

2.3.1　注册表

　　Windows 注册表是一个树状的层次结构,根节点下包含了:

　　　　键(key)和值(value)

　　　　　　子键和值

　　这样,层层递进,形成树状层次结构。COM 只使用了注册表的一个分支:HKEY_CLASSES_ROOT。在此键下,可以看到有一个 CLSID 键。

1. CLSID 子键

　　注册表 CLSID 是一个具有如下格式的串:

　　　　{xxxxxxxx－xxxx－xxxx－xxxx－xxxxxxxxxxxx}

　　对于多数 CLSID 键,它有一个子键 InprocServer32。此子键的默认值是 DLL 类型组件模块的路径和文件名称,如下图所示:

图 2-6　注册表

2. 注册表的其他细节

　　HKEY_CLASSES_ROOT 关键字包括以下 6 类信息:

　　①文件扩展名——已经注册的文件的扩展名。

　　②ProgID——字符串化的组件名字(Program IDentifier)。

　　③AppID——在此键下的子键的作用是将某个 AppID(应用 ID)映射成某个远程服务器名称。分布式 COM(DCOM)将用到此键。

　　④CLSID——COM 对象的唯一标识符 CLSID。

⑤Interface(接口)——此键用于将 IID 映射成与某个接口相关的信息。这些信息主要用于在跨越进程边界使用接口时的情况。

⑥TypeLib(类型库)——类型库所保存的是关于接口成员函数所用参数的信息,另外还有其他一些信息。此键可以将一个 LIBID 映射成存储类型库的文件名称。

3. COM 组件的注册操作

在 Windows 环境下,所有组件必须先注册后使用。组件模块都带有自注册信息,但进程内组件和进程外组件的自注册过程有所不同。对于进程内组件,因为它只是一个动态链接库,本身不能直接运行,所以必须被某个进程调用才能获得控制;而进程外组件,因为它本身是一个可执行的程序,所以它可以直接执行,在执行过程中完成自身的注册操作。

(1)进程内组件的注册

Windows 系统提供了一个注册进程内组件的工具 RegSvr32. exe,只要进程内组件提供了入口函数,RegSvr32. exe 就会调用入口函数完成注册工作或注销工作。

注册:RegSvr32. exe c:\MyMathDll. dll

注销:RegSvr32. exe \u c:\MyMathDll. dll

组件负责提供的入口函数名字分别为 DllRegisterServer 和 DllUnRegisterServer 分别完成注册和注销任务。DllRegisterServer 和 DllUnRegisterServer 要由组件程序实现,其中要使用 Windows 提供的操作注册表的 API 如 RegCreateKey 和 RegSetValue 等函数。

(2)进程外组件的注册

对于进程外组件,可直接运行组件程序,加参数完成组件的注册,如:

注册命令:myExeCom /RegServer

注销命令:myExeCom /UnRegServer

2.3.2　COM 库

COM 除了定义了组件程序和客户程序交互地规范以外,它也提供了 COM 的实现部分,即 COM 库。COM 库也充当了组件程序和客户程序之间的桥梁,尤其是在组件对象的创建过程中,以及在对象管理、内存管理和一些标准化操作方面。COM 库是 Microsoft 提供的在 Windows 平台上的 COM 的实现,主要的可执行程序为 rpcss. exe(SCM, Service Control Manager,服务控制管理器)、ole32. dll 和 oleaut32. dll,包括几十个函数。这里简单介绍一下 COM 库的几个重要操作:

(1) COM 库的初始化

在使用 COM 库中的其他函数(除 CoGetMalloc 外,此函数用于任务内存分配)之前,进程必须先调用 CoInitialize 来初始化 COM 库。当进程不再需要使用 COM 库函数时,必须调用 CoUninitialize。这两个函数的定义如下:

　　◎ HRESULT CoInitialize(Imalloc * pMalloc);//初始化 COM 库

参数 pMalloc 用于指定一个内存分配器,它是一个 Imalloc 指针接口,可由应用程序指定内存分配原则。一般设为 NULL,则 COM 库将使用缺省提供的内存分配器。

函数的返回值有三种可能:

① S_OK:表明初始化成功。

② S_FALSE:表明初始化虽然成功,但这次调用不是本进程中首次调用初始化函数。

③ E_UNEXPECTED：初始化过程中发生错误，应用程序不能使用 COM 库。

　　◎ Void ColUninitialize();//释放 COM 库

（2）内存管理

COM 库在客户程序和组件程序之间建立桥梁的过程中，不可避免地要用到系统资源，尤其是申请内存。这些内存不一定是 COM 库本身所使用的，也可能是它替组件程序或者客户程序申请并提交出来的。另一种情况是，因为客户程序通过接口指针对组件程序进行操作，虽然这种调用可能是直接进行的，但组件程序申请的内存有可能要由客户程序来释放，所以，在 COM 库和组件程序、客户程序之间要有统一的内存管理办法。

由于 C++语言中直接指针操作的引入，在程序中可以很方便地使用 new 和 delete 操作符进行内存的分配和释放操作，但由于 COM 是建立在二进制的基础上的，并不一定使用 C++语言编写程序，因此要对其使用一致的内存的管理器。

COM 库提供了这样的内存管理器，也提供了内存管理器的标准，应用程序可以按照 COM 规范指定的标准建立自定义的内存管理器，以取代 COM 库的缺省内存管理器。COM 提供的内存管理器标准，实际上是一个 COM 接口 IMalloc：

```
class IMalloc:public IUnknown
{
    void * Alloc(ULONG cb) = 0;//内存分配
    void * Realloc(void * pv,ULONG cb) = 0;//重新分配
    void Free(void * pv) = 0;//释放内存
    ULONG GetSize(void * pv) = 0;//返回被申请内存的大小,以字节为单位计算,
    //参数 pv 为通过 Malloc 或 Realloc 成员函数返回得到的内存指针
    int DidAlloc(void * pv) = 0;//用于确定指针 pv 是否由该内存管理器所分
                               //配,1 为是,0 表示不是
    void HeapMinimize() = 0;//使堆内存尽可能减小,以便把没有用到的内存交换
    //给操作系统,供其他进程使用,可在系统性能优化时调用
};
```

初始化函数的唯一参数就是一个 IMalloc 接口，参数为 NULL，则系统使用缺省的内存管理器，也可使用字符自定义的内存管理函数，并把接口指针传给初始化函数，这样，COM 库就会使用自定义的内存管理器。但从调用到终止过程中，必须保证 IMalloc 接口指针一直有效，否则将发生不可预测的错误。

在初始化成功后，不管是使用缺省还是自定义内存管理器，应用程序都可以使用 COM 库进行内存分配或释放。为此，COM 提供了两种操作方法。

①直接使用 IMalloc 接口指针。首先，在客户程序或组件程序中，调用 COM 库函数：

　　HRESULT CoGetMalloc(DWORD dwMemContext,IMalloc * * ppMalloc);

只要函数的返回值为 S_OK，则参数 ppMalloc 就指向 COM 库的内存管理器接口指针，以后在应用程序中就可调用此成员函数进行内存操作了，当 IMalloc 接口指针使用完毕后，应该调用 Release 成员函数释放其控制权。

　　…

　　hr = CoGetMalloc(…);

```
    if(hr! = S_OK)
        return failure
    psz = pIMalloc - >Alloc(length);
    pIMalloc - >Release();
    ...
```

　　如果这段程序位于组件对象的成员函数中,那么它可以把申请的内存指针 psz 传到客户程序中,客户程序在用完这段内存之后,可以用同样的方法获得 Iaalloc 指针,并调用其 Free 成员函数释放 psz 所指的内存。因此,通过 IMalloc 接口指针和 CoGetMalloc 函数实现了内存的统一管理。

　　② COM 库封装了三个 API 函数,可用于内存分配和释放。

```
    void * CoTaskMemAlloc(ULONG cb); // 对应 Alloc
    void COTaskMemFrcc(void * pv); //对应 Free
    void CoTaskMemRealloc(void * pv, Unlong cb);//对应 Realloc
```

使用此函数可简化以上代码:

```
    ...
    psz = CoTaskMemAlloc(length);
    ...
```

　　函数 CoGetMalloc 的第一个参数 dwMemContext。因为 CoGetMalloc 函数可以用来获取 COM 库的内存管理器,而 COM 库包括两种内存管理器:一种就是在初始化时指定的内存管理器或者缺省的内存管理器,也称为作业分配器,这种管理器在本进程内有效,要获取该管理器,在 dwMemContext 参数中指定为 MEMCTX_TASK;另一种是跨进程的共享分配器,由 OLE 系统提供,要获取这种管理器,dwMemContext 参数指定为 MEMCTX_SHARED。使用共享管理器的便利是,可在一个进程内分配内存并传给第二个进程,在第二个进程中使用此内存甚至释放掉此内存。

　　最后,用一个简单的例子看一下 COM 程序如何从一个给定的 CLSID 值找到相应的 ProgID 值。

```
    ...
    hResult = ::ProgIDFromCLSID(CLSID_CMath,&pwProgID);
```

　　调用此函数后,因为 COM 库为输出变量 pwProgID 分配了内存空间,所以应用程序在用完 pwProgID 变量后,一定要进行下面的操作来释放 pwProgID 占用的内存。

```
    if(hResult! = S_ok){
    ...}
    wcstombs(pszProgID,pwProgID,128);
    CoTaskMemFree(pwProgID);
```

此例子说明了在 COM 库中分配内存,而在调用程序中释放内存的一种情况。

　　(3)创建 COM 对象

　　COM 组件最终是要向客户提供服务的,因此创建组件的实例对象是最重要的功能,也是用得最频繁的 COM 调用。

　　CoCreateInstance 是创建组件最简单也是使用最多的一种方法。此函数需要一个组件标识符 CLSID 参数,在此基础上创建相应组件的一个实例,并返回此组件实例的某个接口指针。
该函数的定义如下:

```
Extern ˝C˝__stdcall HRESULT CoCreateInstance
    (REFCLSID rclsid,            //将要创建的 COM 对象的 ID
    LPUNKNOWN pUnkOuter,         //用于被聚合的情形
    DWORD dwClsContext,          //指定组件的类别,进程内或进程外
    REFIID riid,                 //COM 接口的 ID 比如 IID_ISimpleMath
    void * * ppv                 //用来保存 COM 接口指针
    );
```

在使用 CoCreateInstance 函数时,客户只需知道要创建组件的 CLSID 和要查询接口的
IID,而不用关心组件的实现代码位于何处,COM 来完成组件的定位和创建。以下是它内部实
现的一个代码:

```
HRESULT CoCreateInstance(REFCLSID rclsid, LPUNKNOWN pUnkOuter,
DWORD dwClsContext, REFIID riid, LPVOID FAR * ppv)
{
    IClassFactory * pCF; HRESULT hr;
    Hr = CoGetClassObject
        (clsid,dwClsContext,NULL,IID_IClassFactory,(void * * )&pCF);
    if(FAILED)(hr)) return hr;
    hr = pCF - >CreateInstance(pUnkOuter,iid,(void * * )&ppv);
    pCF - >Release();
    Return hr;
}
```

该程序首先得到类厂对象,再通过类厂创建组件从而得到 IUnknown 指针。关于类厂见
下节内容。

2.3.3　类厂

COM 库提供的 CoCreateInstance 函数可以简单地直接创建组件,但它却没有给客户提供
一种能够控制组件创建过程的方法。当 CoCreateInstance 完成后,组件实际上已经建立好了,
在建立好一个组件之后,想要控制将组件装载到内存中何处或检查客户是否有权限来创建该
组件已不可能了。为控制组件的创建过程,组件实际上是由一个称为类工厂的组件创建的,准
确地说应该叫“对象厂”(因为是用来创建对象的),有的文献称为“类对象”(class object)。
COM 库通过类厂来创建 COM 对象,对应每个 COM 类,有一个类厂专门用于该 COM 类的对
象的创建工作,而且,类厂本身也是一个 COM 对象。(当然,类厂不再需要别的类厂来创
建了。)

采用类对象/类工厂,客户可用同样的方法创建不同类型的组件对象:进程内、进程外、远
程,从而实现位置透明性,以保持高效率,给客户程序灵活性。

1.类厂的定义与实现

类厂支持一个特殊的接口 IClassFactory,它也派生自 IUnknown,定义如下:

```
IClassFactory: public IUnknown
{ public:
    virtual HRESULT _stdcall CreateInstance(IUnknown * pUnkOuter, REFIID
    riid, void * * ppv) = 0;
    // pUnkOuter 用于对象被聚合的情形,一般把它设为 NULL。riid 指 COM 对象创
    //建完后,客户应该得到的初始接口 IID,比如 IID_ISimpleMath,IID_
    //IAdvancedMath 等。ppv 用来保存接口指针
    virtual HRESULT _stdcall LockServer( BOOL fLock) = 0;
}; //LockServer 用来控制 DLL 组件的卸载
```

数学组件类厂定义如下:

```
class CMathFactory : public IClassFactory
{    public:
    CMathFactory ();
    ~CMathFactory ();
    //IUnknown 成员
    HRESULT __stdcall QueryInterface(const IID& iid, void * * ppv);
    //查询接口,它对 IUnknown 接口和 IClassFactory 接口提供支持并返回其指针
    ULONG __stdcall AddRef(); ULONG __stdcall Release();
    //AddRef,Release 成员函数实现引用计数操作,m_Ref 是其引用计数变量。
    //以上三个函数的实现方法与一般的 COM 对象完全类似,略去
    //IClassFactory 成员
    HRESULT __stdcall CreateInstance(IUnknown * , const IID& iid, void * *
    ppv);
    // CreateInstance 是接口类最重要的成员函数
    HRESULT __stdcall LockServer(BOOL);//组件生存期控制
  private:
    ULONG m_Ref;//类厂接口的引用计数
};
HRESULT CMathFactory::CreateInstance(IUnknown * pUnknownOuter, const IID&
iid, void * * ppv)
{    CMath * pObj;
    HRESULT hr;
     * ppv = NULL;
    // 确保 pUnknownOuter 在这里是空指针
    if (NULL ! = pUnknownOuter) return CLASS_E_NOAGGREGATION;
    pObj = new CMath(); // 创建 COM 对象
    if (NULL = = pObj) return hr;
    hr = pObj - >QueryInterface(iid, ppv); //返回 COM 对象的初始接口
    if (hr ! = S_OK) delete pObj;
```

```
        return hr；
    }
```

2. 类厂的创建

类对象与大多数 COM 对象不同,它不是通过调用 CoCreateInstance 或 IClassFactory：：CreateInstance 创建,COM 规范规定它总是通过调用 CoGetClassObject 创建。在调用 CoGetClassObject 之后,客户代码不必关心它要创建的是哪种对象,进程内、进程外的差别由类对象管理。

```
        extern "C" HRESULT __stdcall DllGetClassObject(const CLSID& clsid, const IID&
        iid, void * * ppv) //iid 一般为 IID_ICLassFactory. ppv 用来保存类厂接口指针
    {    if  (clsid = = CLSID_ISimpleMath ) {
            CMathFactory * pFactory = new CMath；
            if (pFactory = = NULL) { return E_OUTOFMEMORY ；}
            HRESULT result = pFactory->QueryInterface(iid, ppv)；
            return result；}
        else return CLASS_E_CLASSNOTAVAILABLE；
    }
```

首先确认 clsid 是我们要创建的数学对象的 ID,然后创建类厂对象,调用类厂对象的 QueryInterface 成员函数返回类厂接口指针。整个过程与类厂创建 COM 对象并返回 COM 接口的过程完全一致。

然而客户仍然不直接调用 DllGetClassObject 引出函数来获得类厂接口指针。COM 规定,客户使用如下的 COM 库函数：

```
        Extern "C"__stdcall HRESULT CoGetClassObject(
            REFCLSID rclsid,       //将要创建的 COM 对象的 ID
            DWORD dwClsContext,    //指定组件的类别,进程内或进程外
            LPVOID pvReserved,     //用于 DCOM,指定远程对象的服务器信息,此时为 NULL
            REFIID riid,           //类厂接口的 ID,一般为 IID_ICLassFactory
            void * * ppv           //用来保存类厂的接口指针
        )；
```

CoGetClassObject 从注册表中查找组件 clsid 程序的路径名(COM 组件注册时最主要的任务之一就是注册路径名),然后加载组件到内存,再调用组件程序的引出函数 DllGetClassObject 以创建类厂接口对象并返回指针。在调用 DllGetClassObject 时,CoGetClassObject 直接把 clsid、riid 和 ppv 三个参数传进去。

3. 类厂对组件生存期的控制

COM 对象的引用计数是对 COM 对象的生存期的控制。组件指 DLL 或 EXE,系 COM 对象的载体。客户有可能在一个载体内创建同一种 COM 对象类的多个对象,每个对象及其接口指针的引用计数机制来对该对象进行生存期的控制。而组件的生存期,是指组件何时可以从内存中卸载的时期。当然,组件的生存期要比单个 COM 对象的生存期要长。以下的讨论,我们假设组件中只有一种 COM 对象,而对于有多种 COM 对象的情形,完全可以类似地

处理。

　　一般情况下,客户只是在创建 COM 对象的时候要用到类厂接口指针,创建完后就把类厂对象丢弃了。为了效率等原因,客户可能需要控制组件程序的生存期。因为如果组件程序被释放后,客户可能在将来还要重新加载,而且此时由于类厂对象也随着组件程序一起被销毁,客户再使用此接口指针会出错。因此,如果客户能控制其生存期,并可以在将来继续使用类厂接口指针,以便创建新的 COM 对象,这种情况下可能会提高程序的工作效率。类厂接口的 LockServer 函数正是为了这个目的而设置的。

　　在组件程序中定义一个全局变量,当程序

```
ULONG g_LockNumber = 0;
HRESULT CMath::LockServer(BOOL bLock)
{    if (bLock) g_LockNumber + + ;
     else g_LockNumber - - ;
     return NOERROR;
}
```

为了准确地判断组件程序能否卸载,还需要引入一个全局变量以记录 COM 对象的个数。

```
ULONG g_DictionaryNumber = 0;
```

　　在 CMath 的构造函数和析构函数中分别进行增 1 和减 1 操作。这样当锁计数器和组件对象个数计数器都为零是组件程序就可以安全卸载了。

4. 组件程序的装载和卸载

　　客户程序是在运行时和组件程序建立连接的,而且一旦连接起来之后,客户程序和组件程序的通信是直接进行的,并不需要 COM 库的参与,但组件程序的装载是在客户创建第一个组件对象时进行的,组件程序的卸载是在最后一个组件对象被释放之后进行的,这两个动作并不是由客户程序直接完成的,而是在 COM 库中完成的。

　　(1)进程内组件的装载

　　客户程序调用 COM 库的 CoCreateInstance 或者 CoGetClassObject 函数创建 COM 对象,在 CoGetClassObject 函数中,COM 库根据系统注册表中的信息,找到类标识符 CLSID 对应的程序的全路径,然后调用 LoadLibrary 函数(实际上是 CoLoadLibrary 函数),并调用组件程序中的 DllGetClassObject 引出函数,DllGetClassObject 函数创建相应的类厂对象,并返回类厂对象的 IClassFactory 接口,至此 CoGetClassObject 函数的任务完成,然后客户程序或者 CoCreateInstance 函数继续调用类厂对象 CreateInstance 成员函数,由它负责 COM 对象的创建工作。

　　(2)进程外组件的装载

　　进程外组件与进程内的装载有所不同。在 COM 库的 CoGetClassObject 函数中,当它发现组件程序是 EXE 文件时,COM 库创建一个进程启动组件程序,并带上"/Embedding"命令行参数,然后等待组件程序;而组件程序在启动之后,当它检查到"/Embedding"后,就会创建类厂对象,然后调用 CoRegisterClassObject 函数把类厂对象注册到 COM 中,当 COM 库检测到组件对象的类厂之后,CoGetClassObject 函数就把类厂对象返回。由于类厂与客户程序运行在不同的进程中,所以客户程序得到的是类厂的代理对象。一旦客户程序或 COM 库得到了类厂对象,它就可以通过类厂对象完成组件对象的创建工作。

　　进程内与进程外对象的不同创建过程仅仅影响了 CoClassObject 函数的实现过程，对于客户程序来说是完全透明的。因此，在客户程序中，可以把所有的 COM 对象都按照进程内对象来处理和理解。

　　（3）进程内组件的卸载

　　只有当组件程序满足组件中对象数为 0，类厂的锁计数为 0 时，它才能被释放。当满足这两个条件时，DllCanUnloadNow 引出函数返回 TRUE。COM 提供了一个函数 CoFreeUnusedLibraries，它会检测当前进程中的所有组件程序，当发现某个组件程序的 DllCanUnloadNow 函数返回 TRUE 时，就调用 FreeLibrary 函数把该组件程序从内存中卸出。卸出的任务应该由客户出来完成。客户程序可以随时调用 CoFreeUnusedLibraries 函数，但通常的做法是，在程序的空闲处理过程中调用 CoFreeUnusedLibraries 函数，这样做既可以避免程序中处处考虑对 CoFreeUnusedLibraries 函数的调用，又可以使不再使用的组件程序得到即时清除。

　　（4）进程外组件的卸载

　　进程外组件的卸载比较简单，因为组件程序运行在单独的进程中，一旦其退出的条件满足，它只要从进程的主控函数返回即可。在 Windows 系统中，进程的主控函数为 WinMain。在进程运行时调用 CoRegisterClassObject 函数，在进程终止时调用 CoRevokeClassObject 函数。在进程的整个运行过程中，类厂的引用计数始终大于 0，因此单凭类厂对象的引用计数无法控制进程的生存周期，因此引入了类厂对象的加锁和减锁。进程外组件的卸载与进程内卸载的条件相同。

　　实际要复杂一些，因为进程外组件在运行过程中可以创建自己的对象，或者包含用户界面的程序在运行过程中，用户手工关闭了进程，那么进程对这些动作要做一些复杂的处理。在组件程序运行的过程中，用户对其进行了操作，便可增加一个"用户控制"标记 flag，如果标记为 FALSE，则可以按简单的方法直接退出程序；如果为 TRUE，则表明用户参与了控制，组件不能马上退出，但应调用 CoRevokeClassObject 函数以便与 CoRegisterClassObject 函数相呼应。

　　在不满足进程退出条件时，要关闭进程，可采取两种方法：一种方法是把应用程序隐藏起来，并把 flag 标记设置为 FALSE，然后组件程序继续运行直到卸载条件满足为止；另一种方法是可以调用 CoDisconnectObject 函数，强迫脱离对象与客户之间的关系，并强行终止进程，比较粗暴，不提倡。

5. 通过类厂创建对象

　　一旦客户得到了类厂接口指针，就可以使用该指针调用其 CreateInstance 成员函数来创建 COM 对象，并得到该 COM 对象的接口指针。

2.3.4　COM 组件与客户程序的交互过程

　　COM 库常用的三个 API 函数：CoGetClassObject，CoCreateInstance 和 CoCreateInstanceEx。后两个函数实现功能一样都是创建 COM 对象实例，只不过后者可一次获取多个接口指针。如下为客户程序调用 COM 库创建组件对象的顺序图：

　　①CoCreateInstance 调用 CoGetClassObject；

　　② CoGetClassObject 根据注册表找到 Dll 的路径并加载到内存中；

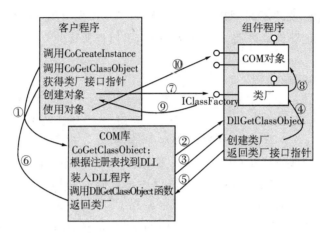

图 2-7 COM 库创建组件对象的顺序图

③ CoGetClassObject 调用组件程序的引出函数 DllGetClassObject；

④ DllGetClassObject 函数创建类厂；

⑤ DllGetClassObject 函数把类厂接口指针返回给 CoGetClassObject 函数；

⑥CoGetClassObject 函数把类厂接口指针返回给 CoCreateInstance 函数；

⑦CoCreateInstance 函数得到类厂接口指针后，调用类厂的 CreateInstance 函数；

⑧类厂创建 COM 对象；

⑨类厂把 COM 对象的接口返回给 CoCreateInstance 函数，CoCreateInstance 函数返回；

⑩客户可以通过接口使用 COM 对象提供的服务。

2.4 COM 组件的实现

2.4.1 类厂的实现

数学组件的类厂的定义如下：

```
class CMathFactory : public IClassFactory
{
  protected:
    ULONG m_Ref;

  public:
    CMathFactory ();
    ～CMathFactory ();

    HRESULT __stdcall QueryInterface(const IID& iid, void * * ppv);
    ULONG __stdcall AddRef();
    ULONG __stdcall Release();
```

```
        HRESULT __stdcall CreateInstance(IUnknown * , const IID& iid, void * * ppv);
        HRESULT __stdcall LockServer(BOOL);
    };
```

其实现如下：

```
    extern ULONG g_LockNumber;
    extern ULONG g_MathNumber;

    CMathFactory::CMathFactory()
    {
        m_Ref = 0;
    }


    CMathFactory::~CMathFactory()
    {
    }


    HRESULT CMathFactory::QueryInterface(const IID& iid, void * * ppv)
    {
        if ( iid = = IID_IUnknown )
        {
            * ppv = (IUnknown * ) this ;
            ((IUnknown * )( * ppv)) - >AddRef() ;
        } else if ( iid = = IID_IClassFactory)
        {
            * ppv = (IClassFactory * ) this ;
            ((IClassFactory * )( * ppv)) - >AddRef() ;
        }
        else
        {
            * ppv = NULL;
            return E_NOINTERFACE ;
        }
        return S_OK;
    }


    ULONG CMathFactory::AddRef()
    {
        m_Ref + + ;
        return (ULONG) m_Ref;
```

```
    }

ULONG CMathFactory::Release()
{
    m_Ref - - ;
    if (m_Ref = = 0 ) {
        delete this;
        return 0;
    }
    return (ULONG) m_Ref;
}

HRESULT CMathFactory::CreateInstance(lUnknown * pUnknownOuter, const IID&
iid, void * * ppv)
{
    CMath * pObj;
    HRESULT hr;

    * ppv = NULL;
    hr = E_OUTOFMEMORY;
    if (NULL ! = pUnknownOuter)
    return CLASS_E_NOAGGREGATION;

    pObj = new CMath();
    if (NULL = = pObj)
    return hr;

    hr = pObj - >QueryInterface(iid, ppv);

    if (hr ! = S_OK) {
        g_MathNumber - - ;
        delete pObj;
    }

    return hr;
}

HRESULT CMathFactory::LockServer(BOOL bLock)
{
```

```
    if (bLock)
        g_LockNumber + + ;
    else
        g_LockNumber - - ;

    return NOERROR;
}
```

2.4.2　对象的实现

对象的实现相对简单,只需要记得 g_MathNumber 的使用,这里只给出与上节不同的地方:

```
CMath::CMath()
{
    m_Ref = 0;
    g_MathNumber + + ;
}
ULONG CMath::Release()
{
    m_Ref - - ;
    if (m_Ref = = 0 ) {
        g_MathNumber - - ;
        delete this;
        return 0;
    }
    return (ULONG) m_Ref;
}
```

2.4.3　引出函数的实现

作为进程内组件,必须引出 COM 所要求的两个基本函数 DllGetClassObject 和 DllCanUnloadNow 函数, DllGetClassObject 函数实现了类厂对象的构造, DllCanUnloadNow 函数完成组件是否允许卸载内存的判断。同时,为了完成组件的自注册过程,需要手工编写组件的注册 DllRegisterServer 和注销 DllUnregisterServe 两个全局函数。

```
    extern "C" HRESULT __stdcall DllGetClassObject(const CLSID& clsid, const IID&
    iid, void * * ppv)
    {
        if (clsid = = CLSID_Math ) {

            CMathFactory * pFactory = new CMathFactory;
```

```
        if (pFactory = = NULL) {
            return E_OUTOFMEMORY ;
        }

        HRESULT result = pFactory->QueryInterface(iid, ppv);

        return result;
    } else {
        return CLASS_E_CLASSNOTAVAILABLE;
    }
}


extern "C" HRESULT __stdcall DllCanUnloadNow(void)
{
    if ((g_MathNumber = = 0) && (g_LockNumber = = 0))
        return S_OK;
    else
        return S_FALSE;
}


extern "C" HRESULT __stdcall DllRegisterServer()
{
    char szModule[1024];
    DWORD dwResult = ::GetModuleFileName((HMODULE)g_hModule, szModule, 1024);
    if (dwResult = = 0)
        return SELFREG_E_CLASS;
    return RegisterServer(CLSID_Math,szModule,"Math.Object","
                        Math Component",NULL);
}
extern "C" HRESULT __stdcall DllUnregisterServer()
{
    return UnregisterServer(CLSID_Math,"Math.Object",NULL);
}
```

2.4.4 客户程序的实现

```
int main(int argc, char * argv[])
{
    IUnknown *pUnknown;
    ISimpleMath *pS;
```

```
IAdvancedMath * pA;
HRESULT hResult;

if (CoInitialize(NULL) ! = S_OK) {
    cout<<"Initialize COM library failed! \n");
    return - 1;
}


hResult = CoCreateInstance(MathCLSID, NULL,
    CLSCTX_INPROC_SERVER, IID_IUnknown, (void * *)&pUnknown);
if (hResult ! = S_OK) {
    printf("Create object failed! \n");
    return - 2;
}


hResult = pUnknown->QueryInterface(IID_ ISimpleMath, (void * *)&pS);
if (hResult ! = S_OK) {
    pUnknown->Release();
    printf("QueryInterface ISimpleMath failed! \n");
}
cout<<"Client:: Succeeded getting ISimpleMath."<<endl;
long kk;
pS->Add(2,3,&kk);
pS->Release();
cout<<"Client::Get another IAdvancedMath"<<endl;
hr = pIUnknown->QueryInterface(IID_IAdvancedMath,(void * *)&pA);
if (SUCCEEDED(hr))
{
    cout<<"Client:: Succeeded getting IAdvancedMath."<<endl;
    long mm;
    pA->Factorial(5,&mm);
    pA->Release();
}
cout<<"Client: Release interface IUnknown"<<endl;
pIUnknown->Release();
CoUninitialize();//释放 COM 库
return 0;
}
```

小结

本章通过演示一个真正的 COM 组件(简单的数学组件,提供基本算术运算和一些高级功能如阶乘等)来讲述 COM 接口与对象的关系,以及为了实现 COM 所涉及到的其他细节。要求学生掌握 COM 接口和对象的实现方法、引出函数、类厂、常用 COM 库函数、类厂的实现、COM 组件的注册和注销操作,理解接口与实现相分离、接口的内存模型、IUnknown 接口、接口查询、引用计数、COM 库和类厂的交互、类厂的作用、类厂对组件生存期的控制、进程内组件和客户的协作过程等。

第3章 COM 的高级特性

前一章已经讲述了COM的基本规范以及COM实现的细节,现在就可以编写真正的组件了。我们可以把大的系统分解成一些小的组件对象,每个组件对象按照COM规范来实现。再编写一个或多个客户程序调用这些组件,组件之间或组件与客户之间通过COM接口进行通信,简单的程序这样做就可以了。

3.1 COM 重用模型

面向对象系统的三个最基本的特性分别是:封装、多态、重用。对COM组件来说,封装性体现在对所有对象状态信息的访问只能通过接口来访问;多态性主要体现在接口成员函数、单个接口和一组接口三个层次上;重用性是指当一个程序单元能够对其他的程序单元提供功能服务时,尽可能地重用原先程序单元的代码,既可以在源代码一级重用,也可以在可执行代码一级重用。C++语言地重用性位于源代码一级;而COM是建立在二进制一级上地标准,因此重用性也必然建立在二进制一级。具体包括包容(containment)和聚合(aggregation)两种重用模型。这两种重用机制非常相似,其本质也都是在一个组件中对另外一个组件的使用。即假设有一个COM对象A,实现一个新对象B,要求重用对象A的功能,而不是重新实现原来已有的功能。

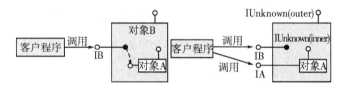

图 3-1 对象的包容和聚合示意图(左图为包容,右图为聚合)

3.1.1 包容和聚合

在包容机制中,外部组件除了实现自己的接口外,还包含了指向内部组件所有接口的指针,使内部组件接口相对于外部组件的客户是不可见的,只有通过外部组件提供的接口才能间接完成对内部组件接口的调用,并以此实现对已有组件的重用。由于包容机制为内部组件接口提供了外部接口实现,因此可以通过在外部接口添加适当的代码以完成与被重用组件所提供服务类似的功能,这有些类似于对C++类虚函数的重载。

聚合机制的本质其实就是包容,只不过是其一个特例而已。采用聚合机制的组件并没有实现用于转发给内部组件接口的接口,而是直接将客户发出的对内部组件接口的请求直接传递给内部组件的接口,使其直接暴露于外部组件的客户。但是客户在请求到此接口指针并对其接口进行调用时,仍不会意识到被重用组件的存在。由于外部组件对内部组件的重用只是通过传递对接口的请求而将被请求接口暴露于客户,因此只能实现与被重用组件所提供服务完全一样的重用功能。与包容不同,并不是所有的组件都能够支持聚合,至于在重用时是采取包容机制还是聚合机制,关键在于要实现的功能与待重用的组件所提供服务是类似的还是完全一致的。

包容和聚合是 COM 对象的两种重用模型,它们相互并不矛盾,因此可以在一个对象中同时使用两种模型,有的接口通过包容实现,有的接口通过聚合实现。

3.1.2　包容的实现

1. 模型

假定我们已经实现了一个 COM 对象,不妨称为对象 A,它实现了接口 ISomeInterface,不久,我们需要实现一个新的 COM 对象,称为对象 B,它既要实现对象 A 所支持的 ISomeInterface,(两者的功能基本一致),也要实现其他的功能 IOtherInterface。我们应该考虑在对象 B 中重用对象 A 的功能,这只需在对象 B 中添加上新的功能即可。

直观的设想:对象 B 在实现 ISomeInterface 时调用对象 A 的 ISomeInterface 的成员函数。对象 A 只是一个普通的 COM 对象,但是,它也可以给另一个 COM 对象 B 提供服务。对象 B 在为客户提供服务的同时,自己也是对象 A 的客户。对象 B 既是服务器,也是客户。这种重用方式就是包容。对象 B 包容对象 A,对象 A 被对象 B 包容。包容的示意图如下:

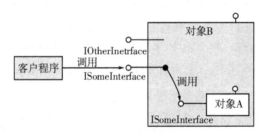

图 3-2　包容的示意图

包容模型在实际使用过程中可以非常灵活,对象 B 的成员函数在调用对象 A 的接口成员之前或者调用返回之后也可以进行其他一些操作。因此,对象 B 的 ISomeInterface 接口提供的功能可以超出对象 A 的接口功能,返回结果也可以不一致。

对象 A 和对象 B 可以只是一个服务器与客户的关系。对象 A 的创建和释放完全在对象 B 内部进行。对象 B 构造时,同时创建对象 A 的接口指针,以便于对象 B 的成员函数中使用;当对象 B 被释放时,它先释放对象 A,这样可以完成对象 B 对对象 A 的嵌套使用,形成包容。要对其优化,便可在对象 B 需要时创建对象 A,在不需要时释放对象 A。

2. 实现

假定内部 A 对象实现了接口 ISomeInterface,外部对象 B 实现了 IOtherInterface 接口。接口的定义如下:

```
class ISomeInterface:public IUnknown
{ public:
    virtual HRESULT _stdcall SomeFunction() = 0;
```

```
    }
class IOtherInterface:public IUnknown
{ public:
    virtual HRESULT _stdcall OtherFunction() = 0;
    }
```

　　客户程序、内部对象 A、外部对象 B 三者之中，客户并不知道 B 包容了 A，它仍然和以前一样的方法来调用 B，而 A 也不知道自己被 B 包容，仍然和以前一样为所有的客户提供服务。而 B 则要处理对象 A 的创建、调用、释放工作。因此这种模型也称为嵌套的客户/服务器模型。对象 B 的定义如下：

```
class CB : public ISomeInterface , public IOtherInterface
{
  public :
    CB();
    ~CB();
  public :
    HRESULT __stdcall QueryInterface(const IID& iid, void * * ppv) ;
    ULONG __stdcall AddRef() ;
    ULONG __stdcall Release() ;
    HRESULT __stdcall SomeFunction(); // ISomeInterface 的成员函数
    HRESULT __stdcall OtherFunction(); // IOtherInterface 的成员函数
    HRESULT __stdcall Init(); //包容过程的初始化函数
  private:
    ISomeInterface * m_pSomeInterface;
    //B 对象包含一个指向 ISomeInterface 接口的指针
    ...
    };
```

　　因为对象 B 包容对象 A，所以在对象 B 的成员函数中要调用对象 A 的接口成员函数，因此在对象 B 的定义中加了数据成员 m_pSomeInteface，记录对象 A 的接口指针。对 CB 的部分代码实现说明如下：

　　a. 内部对象是在外部对象的 Init 函数中创建的：

```
HRESULT CB::Init()
{
    HRESULT result = ::CoCreateInstance(CLSID_ComponentA,NULL,
    CLSCTX_INPROC_SERVER,ID_ISomeInterface,(void * * )&m_pSomeInterface);
    if (FAILED(result)) return E_FAIL;
    else return S_OK;
}
//在 Init 成员函数中，对象 B 创建了对象 A，如果成功，数据成员 m_pSomeInterface
//记录了对象 A 的 ISomeInterface 接口指针
```

b.内部对象在外部对象的析构函数中通过调用自己的 Release 成员释放：

```
CB::~CB()
{    if(m_pSomeInterface! = NULL) m_pSomeInterface->Release();
     //当对象 B 被析构时通过调用对象 A 的 Release 成员释放对象 A
     ...
}
```

c.外部对象的 Init 函数可以在外部对象的类厂接口的 CreateInstance 中调用,即创建外部对象的同时也创建内部对象：

```
HRESULT CBFactory::CreateInstance(IUnknown * pUnknownOuter,const IID& iid, void
* * ppv)
{    CB * pObj;
     HRESULT hr;
      * ppv = NULL;
     hr = E_OUTOFMEMORY;
     if (NULL ! = pUnknownOuter) return CLASS_E_NOAGGREGATION;
     pObj = new CB();
     if (NULL = = pObj) return hr;
     hr = pObj->Init(); //调用 Init 函数,创建对象 A,得到对象 A 的接口指针,
                        //保存在成员变量中
     if(FAILED(hr)) delete pObj;
     hr = pObj->QueryInterface(iid, ppv); //返回对象 B 的接口指针给客户
     if(FAILED(hr)) delete pObj;
     return hr;
}
```

d.通过外部接口可以使用内部接口提供的方法 SomeFunction：

```
HRESULT _stdcall CB::SomeFunction()
{   return m_pSomeInterface->SomeFunction();
//对象 B 实现接口 ISomeInterface 的 SomeFunction 成员函数时,只是调用了对象 A
//的相应的成员函数。重用的概念在此体现出来。当然,对象 B 在调用对象 A 的成
//员函数 SomeFunction 时,完全可以对其进行修改
}
```

e. 外部对象的 QueryInterface 函数实现：

```
HRESULT CB::QueryInterface(REFIID riid, void * * ppv)
{
        if(riid = = IID_IUnknown)
        {
            * ppv = (IOtherInterface * )this;
        }else if(riid = = IID_ISomeInterface) * ppv = (ISomeInterface * )this;
        else if(riid = = IID_IOtherInterface) * ppv = (IOtherInterface * )this;
```

```
        else { * ppv = NULL; return E_NOINTERFACE; }
        AddRef();
        return S_OK;
    }
```

外部对象不将直接的(内部的)接口指针交给客户,不违反 COM 接口规范。

3.1.3　聚合的实现

在包容模型中,客户从来没有得到内部对象的指针,所有的操作都是由外部对象的接口间接进行的。而聚合才体现了真正意义上的重用,对于上例,如果对象 B 要提供的 ISomeInterface 接口的功能在对象 A 中已经完全实现,不需任何修改,就可以采用聚合模型。

在聚合模型中,对象 B 并不实现 ISomeInterface 接口,它只实现 IOtherInterface 接口,但是它也能提供 ISomeInterface 接口的功能。当客户请求 ISomeInterface 接口时,对象 B 把对象 A 的 ISomeInterface 接口暴露给客户。

客户真正得到了内部对象的指针,虽然与对象 A 直接交互,但是客户感觉不到。对象 B 借助对象 A 向客户提供 ISomeInterface 接口服务,对象 A 的生存期受对象 B 控制。

实现聚合的关键在于对象 B 的 QueryInterface 函数,当客户请求 ISomeInterface 接口时,把对象 A 的 ISomeInterface 接口指针传递给客户。(对比在包容模型中,客户不能请求到内部接口指针。)

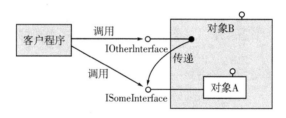

图 3-3　聚合模型

1. 内部对象接口指针

当客户得到对象 A 的 ISomeInterface 接口指针时,再调用 QueryInterface 函数时,问题出现了:根据 COM 规范,客户从对象 B 的任一个接口可以获得其他任何 B 支持的接口。所以客户从 ISomeInterface 查询 IOtherInterface 接口和 IUnknown 接口时应该得到对象 B 的 IOtherInterface 接口和其 IUnknown 接口。然而事实上,客户得到的 ISomeInterface 接口指针指向的是对象 A,而不是对象 B,而客户对此一无所知! 正常情况下,对象 A 根本就不知道什么 IOtherInterface,和对象 B! 所以使用 ISomeInterface 接口指针查询不到 IOtherInterface 接口,查询 IUnknown 接口也只能返回对象 A 的 IUnknown 接口,而不是对象 B 的。所以,如果不作处理,程序很快就会崩溃。

因此,在聚合的情况下,当客户通过内部接口请求内部 COM 对象所不支持的接口或外部对象的 IUnknown 接口时,内部对象必须把控制权交给外部对象。因此应如下设计外部对象:

2. 外部对象的定义

```
    class CB : public IOtherInterface //并不实现 ISomeInterface 接口
    { protected：
        ULONG m_Ref；
      public：
        CB()；
        ～CB()；
        HRESULT __stdcall QueryInterface(const IID& iid，void * * ppv)；
        ULONG __stdcall AddRef()；
        ULONG __stdcall Release()；//IUnknown 成员
        HRESULT __stdcall OtherFunction( )；//IOtherInterface 成员
        HRESULT Init()；//初始化函数,用于构造内部对象
      private ：
        IUnknown * m_pUnknownInner；
        //内部对象 A 的 IUnknown 接口指针
        ISomeInterface * m_pSomeInterface；
        //内部对象 A 的 ISomeInterface 接口指针
    }；
```

　　客户得到 ISomeInterface 指针,但是它并不知道对象 A 的存在,它以为所有的服务都是对象 B 提供的。这种透明性是由外部对象的 QueryInterface 实现的,因为客户通过此函数获取 ISomeInterface 指针：

```
    HRESULT CB：：QueryInterface(const IID& iid，void * * ppv)
    {    if ( iid = = IID_IUnknown )
    {   * ppv = (IUnknown * ) this ；
         ((IUnknown * )( * ppv))－＞AddRef() ；
    } else if ( iid = = IID_OtherInterface )
    {   * ppv = (IOtherInterface * ) this ；
         ((IOtherInterface * )( * ppv))－＞AddRef() ；
    } else if ( iid = = IID_SomeInterface )
    {   return m_pUnknownInner－＞QueryInterface(iid, ppv) ；
    // 虽然对象 B 不实现接口 ISomeInterface,但是它仍然支持对 ISomeInterface
    //接口的查询,只是它把查询工作转交给内部对象的 QueryInterface 去完成,
    //然后转交给客户,客户就可以调用对象 A 提供的服务了。(注意为什么不用
    //m_pSomeInterface？ 它是对象 B 构造了对象 A 之后保存的对对象 A 的引用。)
    //对象 B 通过它以获得内部对象的接口指针
    } else { * ppv = NULL；
         return E_NOINTERFACE ；}
    return S_OK；
    }
```

假如客户获得了两个接口指针：IOtherInterface 和 ISomeInterface,通过这两个接口指针,客户看到了完全不同的世界:

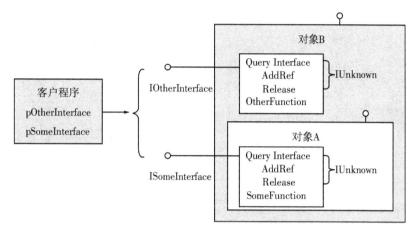

图 3-4　客户看到的接口示意图

客户分别通过这两个指针查询 IUnknown 接口指针分别指向对象 B 和对象 A。另外,从 ISomeInterface 接口查询不到 IOtherInterface 接口,这与 COM 规范相矛盾。聚合模型必须解决这两个接口的查询问题,才能到达透明性,否则客户的操作无法正常进行。

因此内部对象 A 可以实现两个 IUnknown 接口:委托 IUnknown 接口和非委托 IUnknown 接口来解决这个问题。

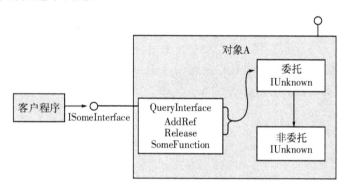

图 3-5　支持被聚合的(内部)对象在非聚合方式下的接口示意图

3. 内部对象的委托和非委托 IUnknown 接口

按照通常使用方式实现的 IUnknown 接口为非委托接口。非委托接口的实现方式与普通的 IUnknown 接口完全一致,但是名字不一样,前面加上了 Nondelegating 前缀。事实上它的名字是无关紧要的,因为无论是客户还是外部对象都不会直接调用它,即都不会试图获取内部对象的 INondelegating 接口。而外部对象则通过虚表间接调用,对于非委托 IUnknown 接口的操作都是通过委托 IUnknown 接口来进行的。

所谓委托 IUnknown 接口就是我们通常的 IUnknown 接口,只不过在对象被聚合的情形下,相对于新加的一个 INondelegatingUnknown 而言,只这样称呼它而已。它的函数的实现方式却是与通常不同,什么都不做,"委托"而已。

当对象被正常使用的时候,委托 IUnknown 把调用传递给非委托的 IUnknown;当对象被聚合使用时,委托 IUnknown 把调用传递到外部对象的 IUnknown 接口,并且这时外部对象通过非委托 IUnknown 接口对内部对象进行控制。

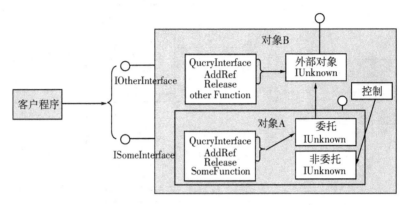

图 3-6　支持被聚合的(内部)对象在聚合方式下的接口示意图

非委托 IUnknown 接口定义如下:

```
class INondelegatingUnknown
{  public:
    virtual HRESULT __stdcall NondelegationQueryInterface(const IID& iid,
    void * * ppv) = 0;
    virtual ULONG __stdcall NondelegatingAddRef() = 0;
    virtual ULONG __stdcall NondelegationRelease() = 0;
};
```

而内部对象 A 通过继承 ISomeInterface 间接继承 IUnknown,以下是它的定义:

```
class CA : public ISomeInterface, public INondelegatingUnknown
{  protected:
    ULONG m_Ref;
  public:
    ~CA();
    CA(IUnknown * pUnknownOuter); //构造函数中带有一个接口指针
  public : // 委托 IUnknown
    virtual HRESULT __stdcall QueryInterface(const IID& iid, void * * ppv);
    virtual ULONG __stdcall AddRef();
    virtual ULONG __stdcall Release();
    // 非委托 IUnknown
    virtual HRESULT __stdcall NondelegationQueryInterface(const IID& iid,
    void * * ppv);
    virtual ULONG __stdcall NondelegatingAddRef();
    virtual ULONG __stdcall NondelegationRelease();
    virtual HRESULT __stdcall SomeFunction( ); //ISomeFunction
```

```
private：
IUnknown  * m_pUnknownOuter;
// pointer to outer IUnknown 将被构造函数的参数所赋值,指向外部对象的
//IUnknown 接口
};
```

非委托 IUnknown 名字虽然不同,但是实现方法与通常的 IUnknown 接口的是否方法完全相同。因此,当其不被聚合时也可以正常使用。内部对象非委托 IUnknown 接口的实现如下:

```
HRESULT CA：：NondelegationQueryInterface(const IID& iid, void * * ppv)
{  if ( iid = = IID_IUnknown )
    {  * ppv = (INondelegatingUnknown * ) this ;
        ((IUnknown * )( * ppv))->AddRef() ;
        //NondelegationQueryInterface 函数把对 IID_IUnknown 接口的查询返回
        //非委托 IUnknown 接口。这个非委托的 IUnknown 接口将在内部对象的类
        //厂的 CreateInstance 函数返回给外部对象,外部对象通过此指针控制内
        //部对象
    } else if ( iid = = IID_SomeInterface )
{  * ppv = (ISomeInterface * ) this ;
    ((ISomeInterface * )( * ppv))->AddRef() ;}
    else
    {
        * ppv = NULL;
        return E_NOINTERFACE ;}
    return S_OK;
}
ULONG CA：：NondelegatingAddRef()
{  m_Ref + + ;
    return (ULONG) m_Ref; }
ULONG CA：：NondelegationRelease ()
{  m_Ref - - ;
    if (m_Ref = = 0 )
    {  g_CompANumber - - ;
        delete this;
        return 0; }
    return (ULONG) m_Ref; }
```

委托 IUnknown 本身并不进行任何操作,它通过 m_pUnknownOuter 成员变量判断是否被聚合:聚合时,m_pUnknownOuter 指向外部的 IUnknown 接口,则委托 IUnknown 把调用传给 m_pUnknownOuter;不聚合时, m_pUnknownOuter 为 NULL,委托 IUnknown 把调用传递给非委托 IUnknown 的相应函数。内部对象委托 IUnknown 接口的实现如下:

```
ULONG CA::AddRef ()
{   if ( m_pUnknownOuter ! = NULL )
        return m_pUnknownOuter ->AddRef();
    else   return NondelegatingAddRef();}
ULONG CA::Release ()
{   if ( m_pUnknownOuter ! = NULL )
    return m_pUnknownOuter ->Release ();
    else   return NondelegationRelease();}
HRESULT CA::QueryInterface(const IID& iid, void * * ppv)
{   if ( m_pUnknownOuter ! = NULL )
        return m_pUnknownOuter ->QueryInterface(iid, ppv);
    else return NondelegationQueryInterface(iid, ppv);}
```

4. 外部对象和内部对象的创建过程

外部对象类厂在构造了 CB 之后,调用 Init 函数,类厂的 CreateInstance 函数与包容模型相同。但 CB::Init 函数不同:

```
HRESULT CBFactory::CreateInstance(IUnknown * pUnknownOuter,
                    const IID& iid, void * * ppv)
{
    CB * pObj; HRESULT hr; * ppv = NULL;
    if (NULL ! = pUnknownOuter) return CLASS_E_NOAGGREGATION;
    pObj = new CB ();
    if (pObj = = NULL)return E_OUTOFMEMORY;
    pObj ->AddRef();
    hr = pObj ->Init();
    if (FAILED(hr) ) { g_CompBNumber - - ; delete pObj;
        return E_FAIL; }
    hr = pObj ->QueryInterface(iid, ppv);
    pObj ->Release();
    return hr;
}
HRESULT CB::Init()
{   IUnknown * pUnknownOuter = (IUnknown * )this;
    HRESULT result =
    ::CoCreateInstance
    (CLSID_CompA, //外部对象创建内部对象
    pUnknownOuter,//调用 CoCreateInstance 函数创建对象 A 时,把自身的
                //IUnknown 指针传了进去,通知内部对象 A 被外部对象 B 聚合
    CLSCTX_INPROC_SERVER,
    IID_IUnknown, //要求得到内部对象的 IUnknown,内部对象给了非委托的那个
```

```
(void * *)& m_pUnknownInner);//CoCreateInstance 函数返回后得到了
                              //m_pUnkownInner 指针,指向对象 A 的非委
                              //托 IUnknown
    if (FAILED(result))return E_FAIL;
    else   return S_OK;
}
```

外部对象 B 调用的 CoCreateInstance 函数将调用内部对象 A 的类厂的 CreateInstance 函数：

```
HRESULT CAFactory::CreateInstance
(IUnknown * pUnknownOuter, const IID& iid, void * * ppv)
{   HRESULT hr;
    // 要求外部对象传入 IID_IUnknown 接口来聚合自己
    if (( pUnknownOuter ! = NULL ) && ( iid ! = IID_IUnknown ))
        return CLASS_E_NOAGGREGATION;
     * ppv = NULL;hr = E_OUTOFMEMORY;
    CA * pObj = new CA (pUnknownOuter);//new 内部对象,同时传入外部对象 B 的
                                       //指针
    if (NULL = = pObj)return hr;
    hr = pObj ->NondelegationQueryInterface(iid, ppv);//ppv 将返回内部对
    //象的非委托 IUnknown 接口,见前文。注意不是使用 QueryInterface 方法
    if (hr ! = S_OK){g_CompANumber - -; delete pObj;}
    return hr; }
```

而内部对象的构造函数：

```
CA::CA (IUnknown * pUnknownOuter)
{    m_Ref = 0;g_CompANumber + + ;
     m_pUnknownOuter = pUnknownOuter;}
```

在外部对象新建内部对象时,内部对象保留了外部对象的指针。

5. 外部对象获取内部对象接口指针

在上述的过程中我们隐含了一个假设,那就是对象 A 确实实现了 ISomeInterface 接口,否则聚合就没有意义。然而实际上,COM 对象是在运行时刻链接起来的,在此之前我们并不能真正确定内部对象一定有我们希望聚合之从而重用的 ISomeInterface 接口。所以外部对象在创建内部对象的时候,指定返回内部对象的 IUnknown 接口,当然,这个接口内部对象是一定支持的,然后通过这个接口在查询 ISomeInterface 接口是否存在。如果查询成功,则可以聚合,否则内部对象创建失败。因此,外部对象的 Init 函数实际上是下述实现：

```
HRESULT CB::Init()
{    IUnknown * pUnknownOuter = (IUnknown * )this;
     HRESULT result = ::CoCreateInstance(CLSID_CompA, pUnknownOuter, CLSCTX
     _INPROC_SERVER, IID_IUnknown, (void * *)& m_pUnknownInner);
     if (FAILED(result))return E_FAIL;
     result = m_pUnknownInner ->QueryInterface(IID_SomeInterface, (void
```

```
  * * )&m_pSomeInterface);
//外部对象得到的是内部对象的非委托接口
if (FAILED(result)){m_pUnknownInner - >Release();
    return E_FAIL;}
pUnknownOuter - >Release();
    return S_OK;
}
```

6. 使用聚合的例子

```
int main(int argc, char * argv[])
{   IUnknown * pUnknown;
    ISomeInterface * pSomeInterface;
    IOtherInterface * pOtherInterface;
    HRESULT hResult; GUID compBCLSID;
    if (CoInitialize(NULL) ! = S_OK) return - 1;
    hResult = .;CLSIDFromProgID(L"CompB.Object", &compBCLSID);
    if (FAILED(hResult)) {CoUninitialize();return - 2;}
    hResult = CoCreateInstance(compBCLSID, NULL, CLSCTX_INPROC_SERVER, IID
    _IUnknown, (void * *)&pUnknown);//客户创建外部对象请求到其 IUnknown
                                //接口
    if (FAILED(hResult)) {CoUninitialize();return - 2;}
    hResult = pUnknown - >QueryInterface(IID_SomeInterface, (void * *)
            &pSomeInterface);
    pUnknown - >Release();
    if (FAILED(hResult)) {CoUninitialize();return - 3;}
    pSomeInterface - >SomeFunction();
    hResult = pSomeInterface - >QueryInterface (IID_OtherInterface,
                                (void * *)&pOtherInterface);
    pSomeInterface - >Release();
    if (FAILED(hResult)) {CoUninitialize();return - 4;}
    pOtherInterface - >OtherFunction();
    pOtherInterface - >Release();
    CoUninitialize();
    return 0;}
```

3.1.4 COM 组件的 MFC 实现

前面使用继承的方式实现接口,使用多重继承的方式实现多个接口。在这种方式下,接口的查询 QueryInterface 函数的实现非常地直接且直观。在多重继承方式下,接口类是基类,IUnknown 接口是最上层的基类,对象类是接口类的派生的子类。在内存中,子类比基类"大",因为子类除了包含基类的成员以外,还包含自己的成员。子类的一个实例中包含有基类的一个"subobject"的子对象。如果这个基类还有基类,这个子对象中还含有一个更上层的子对象。

因此,QueryInterface 函数的本质是使用 statice_cast 操作符在子类的对象中加上基类的偏移从而得到基类的子对象。转换到不同的基类时,要加上不同的偏移。所以 QueryInterface 实际上是在不同的基类和不同的偏移中工作。

MFC 对 COM 的支持可以从两个方面进行讨论:单个 COM 对象的实现和类厂的支持。CCmdTarget 类提供了 COM 对象实现的所有支持,它用接口映射表机制可实现任意多个接口,并且 CCmdTarget 实现的 IUnknown 很好地支持了对象被聚合的情形。COleObjectFactory 类实现了通用的类厂,它从 CCmdTarget 类派生,并且与 CCmdTarget 类协作,利用 COM 对象提供的 CLSID 和运行时刻类型信息完成对象的创建工作。

1. CCmdTarget 类的 IUnknown 实现

MFC 组件不直接从 IUnknown 继承,MFC 的 COM 类从 CCmdTarget 继承。可以把 CCmdTarget 类想象为 MFC 的 IUnknown,CCmdTarget 不仅包含了一些重要而且基本的 COM 功能,它还提供了在 MFC 中每个窗口类都必须的关键框架。MFC 采用嵌套类技术实现 COM 对象和接口的机制,能更好地反应两者之间的关系:COM 接口只提供接口服务,而 COM 对象则保存其状态信息。

对于 COM,CCmdTarget 给 COM 对象提供了一个现成的 IUnknown 实现的基类。下面的代码是从 MFC 的头文件中摘录的代码:

```
class CCmdTarget : public CObject
{
    ...
  public：
    long m_dwRef;//引用计数
    LPUNKNOWN m_pOuterUnknown; // 指向外部对象
    DWORD m_xInnerUnknown; // 指向实现非委托的 Unknown 的 COM 子对象
    ...
  public：
    // 非委托
    DWORD InternalQueryInterface(const void＊, LPVOID＊ ppvObj);
    DWORD InternalAddRef();
    DWORD InternalRelease();
    // 委托
    DWORD ExternalQueryInterface(const void＊, LPVOID＊ ppvObj);
    DWORD ExternalAddRef();
    DWORD ExternalRelease();
    ...
}
```

CCmdTarget 类实现的两个 IUnknown 接口,称为内部 IUnknown 和外部 IUnknown,它们分别对应聚合模型中的非委托 IUnknown 和委托 IUnknown。m_dwRef 数据成员是对象的引用计数,所有的 COM 对象共享用一个引用计数器。内部 IUnknown 的两个成员函数 InternalAddRef 和 InternalRelease()负责维护此引用计数。当对象没有被聚合时,外部 IUnknown 的成员函数 ExtemalXXX 调用内部 IUnknown 的成员函数 IntemalXXX;当对象被聚合时,外部 IUnknown 的成员函数 ExtemalXXX 调用外部控制 IUnknown 即 m_pOuterUnknown的相应成员函数。

2. 声明嵌套类

在使用 MFC 创建 COM 组件时,实际上是在创建一个外部封装类,该类为每一个组件支持的接口维护一个嵌套类。为了帮助声明嵌套类,MFC 提供了 BEGIN_INTERFACE_PART 和 END_INTERFACE_PART 两个宏。

下面是 BEGIN_INTERFACE_PART 的定义,该宏有两个参数,给嵌套类指定的名称和派生嵌套类的接口类:

```
#define BEGIN_INTERFACE_PART(localClass, baseClass) \
class X##localClass : public baseClass \
{ \
public: \
STDMETHOD_(ULONG, AddRef)(); \
STDMETHOD_(ULONG, Release)(); \
STDMETHOD(QueryInterface)(REFIID iid, LPVOID * ppvObj); \
```

下面是 END_INTERFACE_PART 宏的定义,该宏结束类的声明,声明了该类的一个实例,并且将嵌套类声明为外部类的友类,这使得任何内部类都可以自由地存取外部的数据成员和方法:

```
#define END_INTERFACE_PART(localClass) \
} m_x##localClass; \
friend class X##localClass; \
```

在 BEGIN_INTERFACE_PART 和 END_INTERFACE_PART 之间,我们需要放置接口类的除了 IUnknown 的三个方法之外的所有方法。

3. 实现 QueryInterface 的方法

MFC COM 类的 QueryInterface 实现像消息映射一样,依赖于映射表格。MFC 中存在许多不同的映射,有连接映射、调度映射、事件接收器映射、消息映射和接口映射等等。一般来说,不管是哪种类型的映射,都可以看作是 MFC 基于某种唯一标识符来查找某块执行代码的方法。比如在消息映射中,MFC 使用消息 ID 来查找属于某个 MFC 子类的处理函数。这个表格主要由以下几个宏构成:DECLARE_INTERFACE_MAP、BEGIN_INTERFACE_MAP、END_INTERFACE_MAP 和 INTERFACE_PART。MFC IUnknown 接口是接口表格的第一个接口进行类型转换得到的。

宏 INTERFACE_PART 主要用来填充表格,说明 COM 类支持的接口,该宏有三个参数,组件类的名称、接口 IID 和负责实现该接口的嵌套类的名字。定义如下:

```
#define INTERFACE_PART(theClass, iid, localClass) \
{ &iid, offsetof(theClass, m_x##localClass) }, \
```

4. MFC COM 类工厂

MFC 使用宏 DECLARE_DYNCREATE 和 IMPLEMENT_DYNCREATE 给 COM 提供了动态创建的能力。这个宏并不是专门为 COM 或者 OLE 提供的，MFC 中的很多功能都依赖于类的动态创建的特性。

MFC 使用宏 DECLARE_OLECREATE 和 IMPLEMENT_OLECREATE 宏为 COM 提供了类工厂的实现，但是这两个宏依赖上面提到的提供动态创建能力的宏。这两个宏的定义如下：

```
#define DECLARE_OLECREATE(class_name) \
public: \
static AFX_DATA COleObjectFactory factory; \
static AFX_DATA const GUID guid; \
#define IMPLEMENT_OLECREATE(class_name, external_name, l, w1, w2, b1, b2, \
b3, b4, b5, b6, b7, b8) \
AFX_DATADEF COleObjectFactory class_name::factory(class_name::guid, \
RUNTIME_CLASS(class_name), FALSE, _T(external_name)); \
AFX_COMDAT const AFX_DATADEF GUID class_name::guid = \
{ l, w1, w2, { b1, b2, b3, b4, b5, b6, b7, b8 } }; \
```

5. 进行组件生命期的管理

为了对组件的生命期进行管理，需要对组件中的 COM 对象进行计数。MFC 是通过两个函数 AfxOleLockApp() 和 AfxOleUnlockApp() 来完成计数工作的。一般在 COM 的构造函数中调用 AfxOleLockApp() 增加组件的全局对象的引用计数，在析构函数中减少组件的全局对象的引用计数。

MFC 将全局对象的引用计数和服务器所计数合二为一，也就是说对于类厂的 LockServer 调用，也是简单地调用上述两个函数。

6. 为嵌套类实现 IUnknown 接口

每个嵌套类都从一个接口类继承，而该接口类从 IUnknown 继承，必须实现嵌套类中的所有的函数，包括 IUnknown 的方法，否则无法实例化类。

在实现的时刻，必须把嵌套类的 IUnknown 接口重定向到外部类所支持的 IUnknown 接口上。下面是一个嵌套类的实现：

```
STDMETHODIMP_(ULONG) COuterCls::XInterCls::AddRef()
{
    METHOD_PROLOGUE(COuterCls,CInterCls)
    return pThis->ExternalAddRef();
}
STDMETHODIMP_(ULONG) COuterCls::XInterCls::Release()
{
    METHOD_PROLOGUE(COuterCls,CInterCls)
    return pThis->ExternalRelease();
```

```
    }
    STDMETHODIMP COuterCls::XCInterCls::QueryInterface(REFIID riid,void * * ppv)
    {
        METHOD_PROLOGUE(COuterCls,CInterCls)
        return pThis->ExternalQueryInterface(&riid,ppv);
    }
```

可以发现,每个方法的第一行都使用一个宏 METHOD_PROLOGUE,下一行把对 IUnknown 方法的调用转发到 pThis 变量,pThis 从哪而来呢?

pThis 变量是 COuterCls 对象的指针,该指针是根据 this 指针计算出来的,this 指针是 COuterCls 内部的类 XCInterCls 的变量 m_xCInterCls 的指针,而不是指向 COuterCls 实例本身。而 pThis 变量是 COuterCls 对象的指针,有了该指针,把方法调用重定向到 COuterCls 从 CCmdTarget 继承而来的 IUnknown 方法就很简单了。

pThis 的声明和计算是宏 METHOD_PROLOGUE 的结果。其定义如下:

```
    #define METHOD_PROLOGUE(theClass, localClass) \
    theClass* pThis = \
    ((theClass*)((BYTE*)this - offsetof(theClass, m_x##localClass))); \
    AFX_MANAGE_STATE(pThis->m_pModuleState) \
    pThis; //
```

可以看出,从当前的 this 指针的值减去嵌套类的成员在外部类中的偏移地址即可得到 pThis,从而就可以得到 COuterCls 对象的指针。因此,有了 pThis 指针,可以自由地存取外部类的方法和数据。

7. 其余的事情

MFC 为组件的注册和解除注册提供了相应的实现,主要是通过调用函数 COleObjectFactory::UpdateRegistryAll() 来完成函数 DllRegisterServer() 的。该函数在内部查询组件内部的每个类工厂的 CLSID 并创建合适的注册表入口,没有比这更简单的了。解除组件的注册可以使用 COleObjectFactory::UnregisterAll() 函数来轻松实现 DllUnregisterServer。MFC 还通过函数 AfxDllGetClassObject() 轻松实现了 DllGetClassObject 入口,利用 AfxDllCanUnloadNow() 函数实现了 DllCanUnloadNow 入口。

3.2　COM 跨进程特性

COM 所提供的服务组件对象在实现时有两种进程模型:进程内对象和进程外对象。如果是进程内对象,则它在客户进程空间中运行;如果是进程外对象,则它运行在同一机器上的另一个进程空间或者在远程机器的进程空间中。我们通常也按下面的方式对组件对象服务程序进行区分:

①进程内服务程序:服务程序被加载到客户的进程空间,在 Windows 环境下,通常服务程序的代码以动态连接库(DLL)的形式实现。

②本地服务程序:服务程序与客户程序运行在同一台机器上,服务程序是一个独立的应用程序,通常它是一个 EXE 文件。

③远程服务程序:服务程序运行在与客户不同的机器上,它既可以是一个 DLL 模块,也可以是一个 EXE 文件。如果远程服务程序是以 DLL 形式实现的话,则远程机器会创建一个代理进程。

虽然 COM 对象有不同的进程模型,但这种区别对于客户程序来说是透明的,因此客户程序在使用组件对象时可以不管这种区别的存在,只要遵照 COM 规范即可。然而,在实现COM 对象时,还是应该慎重选择进程模型。进程内模型的优点是效率高,但组件不稳定会引起客户进程崩溃,因此组件可能会危及客户;进程外模型的优点是稳定性好,组件进程不会危及客户程序,一个组件进程可以为多个客户进程提供服务,但进程外组件开销大,而且调用效率相对低一些。

3.2.1　进程外组件

COM 客户程序创建了一个进程外组件程序,那么创建成功之后,就得到一个接口指针,然后调用成员函数。但因为不同空间,因此间接调用而对客户程序调用就像调用本地进程内的函数一样,这就是 COM 的透明性。

图 3-7　进程外组件与客户程序之间的通信过程

因此,进程外组件与客户进程之间使用 RPC 进行通讯。在客户进程与组件对象之间是代理对象和存根对象。代理和存根直接使用 RPC。这里的 RPC 是经过了扩展的 RPC,称为ORPC。在 ORPC 中,调用请求和返回结果要经过列集和散集的过程,其定义如后文所述。

3.2.2　列集

列集是指客户进程可以透明地调用另一进程中的对象成员函数的一种参数处理机制。在调用过程中如果涉及到数值或指针的传递,则列集过程如下:

①数值:比如一个 32 位整数,把 4 个字节的数据顺序装入到字节流中即可。

②地址:一个进程中的地址对另一个进程没有意义。因此,列集时是把地址中的数据取出来封装到数据包中,散集时,在客户进程中分配一块内存数据包中的数据拷贝到内存中,然后返回内存地址。

③接口指针:实际上列集更重要的工作在于获取对象的接口指针。客户程序的一个有效接口指针代表客户进程到组件进程的一个连接。列集一个接口指针远比一个一般的指针要复杂。接口指针列集的结果是把它变为一个可以被传输的字节流,字节流的内容唯一地标识了对象和对象所处的环境(即套间(Apartment)见后,现在可以理解为运行环境)。

列集过程分为两种:标准列集和自定义列集。由于列集要使用到底层的传输协议,而这些代码往往对所有的对象而言是类似的,所以 COM 提供了标准列集法,凡是没有特别指明的,都是使用这种方法。为了效率等因素,对象可以选择自己控制底层的通信,这时称为自定义列集法。标准列集法是自定义列集法的一个特例。两者粒度不同,标准列集法以接口为基础,自定义列集法以对象为基础。IMashal 接口是使用自定义列集或标准列集的标志。

```
class IMarshal ; public IUnknown
{
    HRESULT GetUnmarshalClass(…) = 0;
    //获取自定义代理的 CLSID, 由 CoMashalInterface 调用
    HRESULT GetMarshalSizeMax(…) = 0;
    //获取自定义对象引用的大小 由 CoGetMarshalSizeMax 调用
    HRESULT MarshalInterface(…) = 0;
    //对接口进行列集,写入流中 由 CoMarshalInterface 调用
    HRESULT UnmarshalInterface(…) = 0;
    //从流中散集出接口来 由 CoUnmarshalInterface 调用
    HRESULT DisconnectObject(…) = 0;
    //关闭连接 由 CoDisconnectObject 调用
    HRESULT ReleaseMarshalData(…) = 0;
    //释放列集数据 由 CoReleaseMarshalData 调用
};
```

3.2.3　标准列集

标准列集方式下的接口指针列集过程是由 COM 库函数 CoMarshalInterface 完成的:

```
HRESULT CoMarshalInterface(
    IStream ∗ pStm, //列集数据的存放位置,是一个流.底层介质可以是磁盘,内
                    //存,或自定义的介质
    REFIID riid, //列集指针的类型
    IUnknown ∗ pUnk, //列集指针,当然它应该是 riid 类型的
    DWORD dwDestContext, //目标环境
    void ∗ long pvDestContext, //保留
    DWORD mshlflags //常规列集还是表格列集(写到一个全局的接口表中,可以被
                    //多次散集)
);
```

散集过程由函数 CoUnmarshalInterface 完成:

```
HRESULT CoUnmarshalInterface(
    IStream ∗ pStm, //包含有列集内容的流
    REFIID riid, // 散集指针类型
    void ∗ ∗ ppvObj //存放散集指针的位置
);
```

一般而言,除非在进程内(而且套间类型相吻合),散集的接口不是原来的接口本身,而是一个代理。

1. 总体结构

如果一个对象没有实现 IMarshal 接口,那么它的引用都是按照标准列集方式进行的。COM 使用 ORPC (Object Remote Procedure Call)来进行远程的通信。COM 对 MS RPC 进行了扩充,以支持面向对象的调用,称为 ORPC。ORPC 使用标准的 RPC 数据包,附加上专用于 COM 的信息,如接口指针标识符。在 ORPC 数据包经过列集后的数据按照 NDR 格式保存(网络数据表示法 Network Data Representation)(CORBA 使用 CDR Common Data Representation,Web 服务使用 XML)。

标准列集的通讯机制如下图:

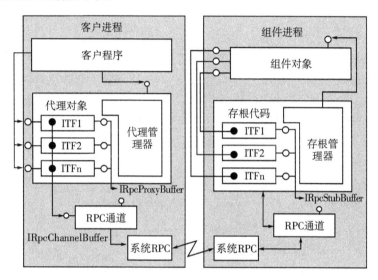

图 3-8　标准列集过程

2. 存根

当 CoMarshalInterface 第一次确定对象希望使用标准列集时,就创建一个特殊的 COM 对象:"存根管理器"(Stub Manager)。存根管理器与 COM 对象一一对应,被对象标识符 OID 标识(见接口的列集数据图),并且拥有一个对 COM 对象的引用,可以理解为一个进程内的客户。

存根管理器并不知道如何处理 ORPC 请求。它针对每个 COM 接口管理一个"接口存根"对象(interface stub)。接口存根是用 IPID 来标识的。接口存根知道关于这个接口的所有细节,它知道如何把 ORPC 请求消息中出现的所有[in]参数都散集出来,并且调用实际对象中的方法,然后把 HRESULT 结果和所有[out]参数列集到 ORPC 相应消息中去。接口存根也有一个对 COM 对象的引用。

接口存根实现 IRpcStubBuffer 接口如下:

```
class IRpcStubBuffer : public IUnknown
{
    HRESULT  Connect(IUnknown * pUnkServer) = 0;
    //把接口存根与目标COM对象联系起来
    void  Disconnect() = 0; //释放对象
```

```
HRESULT   Invoke(RPCOLEMESSAGE * pMessage,
    IRpcChannelBuffer * pChannel) = 0;
//当 ORPC 请求到达对象一方时,COM 库会调用 Invoke 方法, * pMessage 包含所
//有经过列集的[in]参数,也要利用 RPC 通道把处理结果发送回去
IRPCStubBuffer *   IsIIDSupported(REFIID iid) = 0;
ULONG   CountRefs() = 0;
HRESULT   DebugServerQueryInterface(void * * ppv) = 0;
void   DebugServerRelease(void * pv) = 0;
};
```

3. 代理

当 CoUnmarshalInterface 把一个标准列集得到的对象引用散集出来的时候,它会创建一个"代理管理器"(proxy manager)。和存根管理器一样,也不懂 COM 接口的任何知识,也要针对每一个接口创建一个"接口代理"对象(Interface proxy),并且把这些对象都聚合在其内部,让客户感觉所有的接口都是从这个代理管理器上实现的。代理管理器实现了 IUnknown 的三个函数,并且对 AddRef 和 Release 进行了优化处理,使得这些操作非到最后,只是增减本地的一个引用计数,这样以减少网络开销。

接口代理把客户的调用请求转换成为 ORPC 请求消息(列集[in]参数),并且把 ORPC 相应消息中的[out]消息和 HRESULT 散集出来,返回给客户进程。

每个接口代理实现 IRpcProxyBuffer 接口:

```
class IRpcProxyBuffer : public IUnknown
{   HRESULT Connect(IRpcChannelBuffer * pRpcChannelBuffer) = 0;
    void    Disconnect() = 0;
};
```

接口代理管理器通过这个接口把接口代理与 RPC 通道连接起来,Connect 方法把 RPC 通道保存起来。接口代理接到方法请求后,通过 IRpcChannelBuffer 接口的 GetBuffer 和 SendReceive 方法处理远程方法调用。

4. 接口列集器

接口代理和接口存根分别由代理管理器和存根管理器创建,它们共享同一个 CLSID。包含两个分叉实现的实体称为接口列集器(Interface marshaler)。接口列集器的类厂没有实现接口 IClassFactory(有一个成员函数 CreateInstance,以创建对应的 COM 对象),相反,它实现了接口 IPSFactoryBuffer。

```
[ uuid(D5F569D0 - 593B - 101A - B569 - 08002B2DBF7A),local,object ]
interface IPSFactoryBuffer : IUnknown
{   HRESULT CreateProxy(
    [in] IUnknown * pUnkOuter,                // 代理管理器指针
    [in] REFIID riid,                         // 请求的远程接口指针的 IID
    [out] IRpcProxyBuffer * * ppProxy,        // 输出接口代理指针
    [out] void * * ppv );                     // 远程接口指针
```

```
HRESULT CreateStub
( [in] REFIID riid,                      // 请求的远程接口指针 IID
[in] IUnknown * pUnkServer,              // 实际对象指针
[out] IRpcStubBuffer * * ppStub ); } // 输出接口存根指针
```

接口列集器的 CLSID 存放在注册表中。

5. ORPC 通道

为了使用 ORPC 通道,COM 提供了一个通道(channel)对象,通道对象封装了 ORPC 的功能,它实现了接口 IRpcChannelBuffer。

```
typedef struct tagRPCOLEMESSAGE
{    void * reserved1;
     unsigned long dataRepresentation;      // endian/ebcdic 编码方式
     void * Buffer; // 载荷
     ULONG cbBuffer; //载荷长度
     ULONG iMethod; // 方法
     void * reserved2[5];
     ULONG rpcFlags; } RPCOLEMESSAGE;      //ORPC 消息的表示
class IRpcChannelBuffer : public IUnknown //ORPC 通道
{    HRESULT GetBuffer(RPCOLEMESSAGE * pMessage, REFIID riid) = 0;
                                          //分配缓冲区
     HRESULT SendReceive(RPCOLEMESSAGE pMessage,ULONG * pStatus) = 0;
                                          //发送 ORPC 请求并接收相应
     HRESULT FreeBuffer(RPCOLEMESSAGE pMessage) = 0;//释放缓冲
     HRESULT GetDestCtx(DWORD * pdwDestCtx, void * * ppvDestCtx) = 0;
     HRESULT IsConnected() = 0;
};
```

6. 标准列集的实现

COM 已经提供了缺省的代理对象、存根管理器以及 RPC 通道。我们只需实现每一个接口的代理/存根组件。参数和返回值的数据类型是关键。

①首先使用 IDL 语言描述接口,编写 IDL 文件,产生 dictionary.idl。

②MIDL.exe 是 Win32SDK 提供的工具,它能编译 IDL 文档以产生代码,使用命令行:midl dictionary.idl 则产生下面的文件:

dictionary.h——包含接口说明的头文件,可用于 C 或者 C++语言;

dictionary_p.c——该 C 文件实现了接口 IDictionary 的代理和存根;

dictionary_i.c——该 C 文件定义了 IDL 文件中用到的所有全局描述符 GUID,包括接口描述符;

dlldata.c——该 C 文件包含代理/存根程序的入口函数以及代理类厂所需要的数据结构等(DllGetClassObject 等函数)。

③准备一个 DEF 文件。

```
LIBRARYMyLib
DESCRIPTION´IDictionary Interface Proxy/Stub DLL´
EXPORTS
        DllGetClassObject@1 PRIVATE
        DllCanUnloadNow@2 PRIVATE
        GetProxyDllInfo @3 PRIVATE
        DllRegisterServer @4 PRIVATE
        DllUnregisterServer@5 PRIVATE
```

④创建一个空的 win32 dll 工程 加入以上 5 个文件。

⑤环境设置过程如下：project → settings → C/C＋＋ → preprocessor definitions → REGISTER_PROXY_DLL。

⑥project→settings→Link→object/library modules→uuid. lib rpcrt4. lib。

以上④,⑤,⑥也可以编写一个 MAKE 文件在编译选项中加入 REGISTER_PROXY_ DLL 连接选项中加入 rpcrt4. lib、uuid. lib 来完成。

⑦编译,注册。(代理与存根都是 DLL,不要与进程外对象混淆)

在实际的编程工作中往往并不这样进行处理。因为集成开发环境已经提供了对 IDL 文件的编译支持。IDE 可以启动 MIDL 对 IDL 进行编译,不需手工编写 makefile,并且可以把代理存根和可执行代码编译在一起。

3.2.4　自定义列集

为了性能的原因,我们有可能使用自定义列集。接口指针经过自定义列集后的数据流结构如下图：

MEOW	签名符号
FLAGS	标准/自定义列集方式
IID	被列集的接口IID
CLSID	自定义代理的CLSID
cb	自定义列集数据的字节数
data	自定义列集数据

图 3-9　数据流结构

一个对象如果实现了 IMarshal,则表明它希望使用自定义列集法。IMashal 接口是使用自定义列集或标准列集的标志：

```
class IMarshal : public IUnknown
{
    HRESULT GetUnmarshalClass(…) = 0;
    //获取自定义代理的 CLSID, 由 CoMashalInterface 调用
    HRESULT GetMarshalSizeMax(…) = 0;
    //获取自定义对象引用的大小 由 CoGetMarshalSizeMax 调用
```

```
HRESULT MarshalInterface(…) = 0;
//对接口进行列集,写入流中 由 CoMarshalInterface 调用
HRESULT UnmarshalInterface(…) = 0;
//从流中散集出接口来 由 CoUnmarshalInterface 调用
HRESULT DisconnectObject(…) = 0;
//关闭连接 由 CoDisconnectObject 调用
HRESULT ReleaseMarshalData(…) = 0;
//释放列集数据 由 CoReleaseMarshalData 调用
};
```

列集过程(第一次)发生在对象进程中:首先向对象查询是否实现了 IMarshal 接口,如果实现了,则调用其 GetUnmarshalClass 成员函数获取代理对象的 CLSID;如果对象没有实现 IMarshal 接口,则指定使用 COM 提供的缺省代理对象,其 CLSID 为 CLSID_StdMarshal,这是标准列集的过程。

①调用 GetMarshalSizeMax 函数确定列集数据包最大可能的大小值,并分配一定的空间。

②调用 MarshalInterface 成员函数建立列集数据包。

③散集过程(第一次)发生在客户进程中:从 stream 中读出 proxy 的 CLSID。

④根据 CLSID 创建一个 proxy。

⑤获取 proxy 的 IMarshal 接口指针。

⑥调用 IMarshal::UnmarshalInterface,把 stream 中的数据传给 proxy,proxy 根据这些数据建立起它与对象之间的连接,并返回客户请求的接口指针。

3.3　COM 多线程模型

COM 并没有定义新的进程和线程模型,而是直接使用了 Win32 的线程(至少目前还是这样,还没有谁在 Unix/Linux 下开发出 COM 库来)。所以,在 COM 中对多线程的同步操作,都是使用操作系统提供的同步原语(比如 Windows 下的临界区)来实现的。

3.3.1　线程与进程

进程是并发程序出现后出现的一个重要概念,它是指程序在一个数据集合上运行的过程,是系统进行资源分配和调度运行的一个独立单位,有时也称为活动、路径或任务。其资源包括进程的地址空间,打开的文件和 I/O 等。

线程是进程中的一个实体,是进程上下文(context)中执行的代码序列,是被系统调度的基本单元。WIN32 的线程可以分为两种,UI 线程和工作线程。UI 线程是一种与一个窗口绑定的线程,其特点是包含一个窗口、一个消息循环和一个窗口过程,由于消息循环的存在导致了其天生就具有一种同步机制:任何发送到该线程的消息都会被消息循环同步,不会有任何两个或以上的消息同时被窗口过程处理,所有消息都会被消息循环串行化;工作线程则可以认为是一个函数在一个线程上的一次运行,这种线程不具备任何自带的同步机制,如果要对两个工作者线程实施某种同步则只能使用 WIN32 的同步对象如 CriticalSection 或者 Event 等等。

在操作系统中引入进程的目的是为了使多个程序并发执行,以改善资源利用率及提高系统的吞吐量;而引入线程则是为了减少程序并发执行时所付出的时空开销,使操作系统具有更好的并发性。多线程是指一个进程启动后有一个主线程。此线程有可能是工作线程,也有可能是 UI 线程。无论哪种情形下,主线程都可以再创建新的线程。新线程有可能是 UI 线程,也有可能是工作线程。而且主线程可以创建多个 UI 或工作线程。新创建的线程可以再创建更多的别的线程。多线程是效率、性能与复杂性的权衡。

3.3.2　套间

COM 接口的函数的实现方式,是否有先后的逻辑次序,是否可以被并发地访问等特性与实际的功能紧密相关。其最为关键的问题在于变量的使用上,是否使用静态变量,是否使用动态分配的变量,变量的有效范围(函数体内,对象范围内,或者是在载体范围内)等。不同的 COM 对象有不同的线程特性。使用这些变量的接口可以被多次引用,对象可能被多次创建。对于不同的线程特性的 COM 对象,客户必须使用相应的使用方法和保护措施。

为了能够透明地使用一个对象而使得用户(指客户进程)不必关心对象是否感知到线程,COM 把对象的并发性作为一个实现细节封装起来,客户无需知道这些细节,以简化对于不同线程特性的 COM 对象的调用过程。为此,COM 提出了一个规范的抽象的概念 Apartment(套间,单元),以前称为执行环境(execution context)。

线程模型是一种数学模型,专门针对多线程编程而提供的算法,但也仅是算法,不是实现。COM 提供的线程模型共有三种:Single-Threaded Apartment(STA 单线程套间)、Multithreaded Apartment(MTA 多线程套间)和 Neutral Apartment/Thread Neutral Apartment/Neutral Threaded Apartment(NA/TNA/NTA 中立线程套间,由 COM＋提供)。虽然它们的名字都含有套间这个词,这只是 COM 运行时期库(注意,不是 COM 规范,以下简称 COM)使用套间技术来实现前面的三种线程模型,应注意套间和线程模型不是同一个概念。COM 提供的套间共有三种,分别一一对应。而线程模型的存在就是线程规则的不同导致的,而所谓的线程规则就只有两个:代码是线程安全的或不安全的,即代码访问公共数据时会或不会发生访问冲突。由于线程模型只是个概念上的模型,虽然可以违背它,但不能获得 COM 提供的自动同步调用及兼容等好处了。

1. 套间与 COM 对象

套间定义了一组 COM 对象的逻辑组合,这些对象共享同一组并发性和重入特性。每个对象都属于某一个套间,对象所属的套间是这个对象的实体属性的一部分。不同套间的 COM 对象的线程特性有可能不同。

2. 套间与进程

每一个使用 COM 的客户进程都有一个或多个套间。一个套间只能包含在一个进程中。每个套间中的 COM 对象都有同样的线程特性。一个进程内部可能有不同线程特性的 COM 对象。

3. 套间与线程

当一个线程要使用一个 COM 对象时,必须先进入一个套间。当线程进入套间时,COM 把这个关于套间的信息保存在线程局部存储(Thread Local Storage,TLS)中,直至线程退出套间为止。任一时刻,一个线程只能在一个套间中运行。当然,它可以从某套间中退出,再进入另一个套间。

线程可以在套间中创建对象并访问之,也可以访问其他线程在此套间中创建的对象。总言之,线程只有在对象所处的的套间中才能访问对象。

一个套间中的线程无法直接访问另一个套间中的对象,尽管都处于同一个进程内。线程能够访问到对象所占用的内存。如果线程不进入对象所处的套间,将无法访问它。(即:线程不能进入其他线程创建的 STA,只能进入别的线程创建的 MTA。在这种意义上,STA 是一次性的,创建即进入,退出即销毁。)

4. STA 和 MTA

STA 在任一时刻只允许一个线程运行。MTA 可以允许多个线程在其中同时运行。一个进程中最多只能有一个 MTA,但可以有多个 STA。

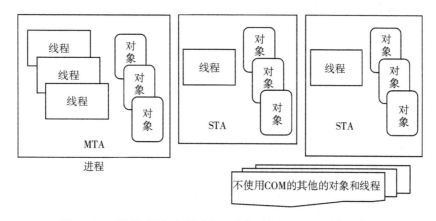

图 3－10　进程、STA 套间、MTA 套间、线程、COM 对象示意图

(1)STA 的特点

驻留在 STA 中的对象不会被并发地访问,而且只有一个特定的线程可以访问(即也不允许多个线程串行地访问)。因此,对象的实现者可以方便安全地把各个方法调用过程中的中间状态保存在线程局部存储区中。或者说对象的数据成员是线程安全的。但 STA 中如果有多个对象,对这些对象的调用也必须串行化地执行。因此,一个使用 STA 的可以并发访问的服务器,只好创建多个线程,每个线程创建一个套间,每个套间有一个或多个对象,这样就容易造成线程过多。

(2)MTA 的特点

MTA 中的对象可以被此套间的多个线程同时访问。因此对象的数据成员缺乏保护。对象的实现者必须给以安全性保护。当 MTA 中有多个对象时,或者是调用次数频繁时,COM 可以动态地申请线程. 特点同 STA 相反。

3.3.3　客户的套间

客户调用 CreateProcess 或 CreateThread,操作系统会创建一个线程。新创建的线程没有与它相关联的套间。在使用 COM 之前,新线程必须调用下列三个 API 函数之一,以便进入套间:

```
HRESULT CoInitializeEx(void * pvReserved, DWORD dwFlags);
HRESULT CoInitialize(void * pvReserved);
//等价于 CoInitializeEx(0, COINIT_APARTMENTTHREADED);
HRESULT OleInitialize(void * pvReserved);
//用于支持 OLE 的情形,pvReserved 被保留必须为 0
```

CoInitializeEx 是最底层的 API,它运行调用线程进入哪种类型的套间。指定 COINIT_MULTITHREADED 标志将进入 MTA;指定 COINIT_APARTMENTTHREADED 标志将进入 STA。例如:

```
HRESULT hr = CoInitializeEx(0, COINIT_MULTITHREADED);
```

进程中第一次调用此函数的线程将创建一个 MTA,它在退出之前如果再次调用,将不起作用。其他线程如果调用此函数,将加入此 MTA 中。进程中所有要加入 MTA 的线程都在此 MTA 中。要退出的线程调用

```
void CoUninitialize(void);
```

线程要新建并进入 STA,它应调用

```
HRESULT hr = CoInitializeEx(0, COINIT_APARTMENTTHREADED);
```

此套间为此线程所私有,其他线程无法加入。同样,它若再次调用将不起作用,而 CoUninitialize(void)将使它退出套间。

3.3.4　对象的套间

以上主要讨论的是客户的套间,但是对象所处的套间并不是由客户所决定的。从原理上,对象只把自己的接口方法暴露给客户,并不会把所有的一切都暴露出来。对象的并发性特性可能与客户所希望的并不一致。从实现上,对象可能根本与客户不在同一个进程甚至同一台台机器上。无论以上哪种情况,对象都驻留在一个不同于客户的套间中,而客户会接收到一个指向代理(proxy)的指针。

代理也是一个 COM 对象。代理等价与另一个套间中的某个对象。代理与它所代表的对象暴露了同样的一组接口,然而代理在实现这些接口时,只是把调用传递给对象,从而保证对象的方法总是在它所在的套间内运行。而代理本身,当然是处于客户线程所在的套间的。

对象在哪种类型的套间类运行,是由对象的实现者决定的。进程外的服务器(EXE)通过调用 CoInitializeEx,并指定适当的参数,来确定其套间类型。而进程内服务器,因为在对象被创建之前,客户已经调用了 CoInitializeEx 了,从而决定了客户线程的套间类型。我们要用其他的方法来指定对象的套间类型。

客户是在注册表中注明它的线程模型的:

```
[HKCR\CLSID\{96556310 - D779 - 11d0 - 8C4F - 0080C73925BA}\InprocServer32]
ThreadingModel = "Free"
```

进程内组件每个对象都有自己的线程模型。(即线程模型与对象相关,它既不是组件,也不是接口)。目前,COM 允许每个对象有四种可能的 ThreadingModel 值:

both	既可以在 MTA 运行,也可在 STA 运行
free	只能在 MTA 运行
apartment	只能在 STA 运行

NULL　　　　只能在客户进程的主 STA 中运行

主 STA 是进程中的第一个 STA,第二个 STA 中创建这种对象将得到对象的代理。有时它被标称为单线程模型。

如果客户的套间与 COM 对象的套间兼容,那么所有针对该对象的进程内激活请求都将直接在客户的套间中构造对象的实例。否则,将导致 COM 另起一个套间,并在其中构造对象,然后返回一个代理给客户,而这一切对客户是透明的。由此,调用 COM 对象时,不仅仅在跨进程时需要进行列集,在跨套间时也有进行列集过程。

客户 STA,对象 ThreadingModel＝free,COM 创建一个 MTA,对象在 MTA 中。

客户 MTA,对象 ThreadingModel＝Apartment,COM 创建一个 STA,对象在 STA 中。

以上两种,客户都将得到代理。

任意的客户调用"SingleThread"的对象时,如果客户正好是主 STA,那么可以直接访问;否则,COM 将创建一个新的 STA 作为主 STA,客户仍然得到代理。

单线程对象与 apartment 对象的区别:在第二个 STA 中创建一个单线程对象只能得到代理,而创建 apartment 对象将得到一个新的实例。

3.3.5　套间与通讯协议

COM 使用 ORPC 作为远程通讯的基础协议,在通过 ORPC 调用 COM 对象时,不仅仅在跨进程时需要进行列集,在跨套间时也有进行列集过程。不同套间下,COM 对象对客户的响应方式也不同。

1. MTA 内对象的工作方式

当服务器进程中,第一个 COM 套间被初始化时,COM 就启动 RPC 运行库,使得进程变为一个 RPC 服务器。对于 MTA,服务器将使用 ncalrpc 协议(详见 MSDN 文档),并且启动 RPC 线程池。线程池中分配一个监听线程监听到本机的连接请求、RPC 请求等。当任何一个事件发生时,就会为这个请求分配一个工作线程为之提供服务。服务完成以后,工作线程又回到睡眠状态。RPC 服务器会根据工作的繁忙程度动态地调度线程。

工作线程从 ORPC 消息中提取 OID 和 IPID,从而找到存根管理器和接口存根,工作线程进入对象所在的 MTA 套间,并且在接口存根上调用 IRpcStubBuffer::Invoke 方法,后续的工作线程也可以并发地访问该对象。如果是进程内服务器,则将绕过 RPC 线程池,直接由客户线程临时进入 MTA 中。

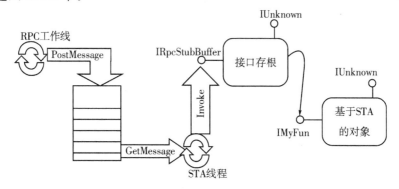

图 3－11　STA 套间的调用过程

2. STA 内对象的工作方式

由于 STA 中不能容纳其他的线程进入,当来自远程主机上的 ORPC 请求到达时,工作线程无法直接进入对象所处的 STA,RPC 将使用 PostMessage 函数把一个消息发送到 STA 线程的消息队列中。

当一个线程使用 CoInitialize 进入到一个 STA 中时,COM 使用 CreateWindowEx 创建了一个不可见的窗口,这个窗口创建了一个由 COM 事先注册的窗口类的实例。这个窗口类的窗口函数检查预定义的窗口消息,并且通过调用接口存根上的 IRpcStubBuffer::Invoke 方法来响应对应的 ORPC 请求。对于本机的服务器,则将绕过 RPC 线程池,由客户线程直接调用 PostMessage 函数。

小结

本章从复用和跨进程特性论述了 COM 的高级特性,COM 利用包容和聚合实现了组件的复用。本章不仅介绍了组件进程和客户进程的内存模型,还对接口调用过程中的列集(marshaling)处理过程作了详细的论述,并且给出了实现自定义接口的标准列集程序的过程。要求学生掌握包容、聚合、列集、标准列集、代理、存根等基本概念,理解包容和聚合的实现、COM 的两种可重用性模式适用情形、代理和存根的作用、客户使用进程外组件的过程。

第 4 章　自动化对象

在前面的例子中,COM 客户与组件之间的通信都是通过 COM 接口直接完成的。在这一章中将介绍客户控制组件的另外一种方法,即自动化(以前称作是 OLE 自动化)。许多应用程序如 Microsoft Word 和 Microsoft Excel 以及一些解释性的语言如 Visual Basic 和 Java 都使用了这一方法。

4.1　自动化对象基础

自动化技术即以前提到的 OLE 自动化。虽然自动化技术建立在 COM 基础上,但自动化要比 COM 应用广泛得多。一方面,自动化继承了 COM 的很多优点,比如语言无关、进程透明等特性;另一方面,自动化简化了 COM 的一些底层细节,比如属性和方法的处理、一组专用于自动化的数据类型等。自动化也是 OLE 的基础,所以可以把自动化看做 COM 和 OLE 中间的一项技术。自动化的核心是 IDispatch 接口,每一个自动化对象都必须实现 IDispatch 接口。自动化技术并不复杂,它实际上是 COM 的一个特例。

COM 的语言无关性在使用一些弱类型的高级语言时很受限制,而自动化为这些高级语言提供了另一条程序相互通信的直观且友好的途径。自动化技术的发展与 Visual Basic 和 VBA 有直接的关系。首先,VBA(或 VBScript)已经发展成为大多数 Microsoft 应用程序扩展的标准;其次,Microsoft Visual Basic 开发工具的成功应用也推动了自动化对象的发展。自动化技术为 Visual Basic 与其他语言的协作开发提供了一条捷径。

通过自动化编程接口,不同应用程序之间的通信可以在 VBA 或者 VBScript 层次上进行,甚至根本不需要知道列集和 RPC 调用的概念。自动化是位于上层(应用层)的组件技术,它可以面对最终用户,比如宏语言编程。

自动化对象的 IDispatch 接口可以作为 OLE 的标准接口,由于 OLE 已经提供了标准的接口代理和存根组件,所以自动化对象既可以运行在 DLL 组件中,也可以运行在 EXE 组件中。如果在分布式环境下,那么自动化对象可以被远程客户创建或连接。

方法(method)和属性(property)是自动化对象的两个基本特性。方法是指自动化对象所提供的功能服务;而属性是指自动化对象的数据特征。从本质上讲,属性是一个值,它既可以被设置,也可以被获取。方法要比属性灵活得多,它们可以具有零个或多个参数,它们既可以设置也可以获取对象数据,最常见的是完成某些动作。自动化对象的属性和方法都有符号化的名字,客户程序通过名字就可以访问到自动化对象的属性或者方法。

4.1.1　类型库

COM 不仅追求 C++编译器的中立,而且追求语言的独立性。因此它使用 IDL 语言来描述接口,然后在 IDL 到具体的语言之间建立映射。但是一些数据类型在有些语言中难以表达。比如复杂的结构类型、指针类型、函数指针等等在一些弱类型的高级语言（比如 Java、Visual Basic 等等）中并没有得到支持，IDL 到这些语言的映射不能顺利地进行。客户通过接口调用对象时，在编译时刻需要接口的准确的描述，这个描述正是来自于 MIDL 对 IDL 编译后产生的头文件，而 Java、Visual Basic 等无法使用这种基于 C/C++ 的头文件，COM 的语言无关性受到很多的限制。

因此，MicroSoft 使用类型库来解决这个问题。类型库文件是一个二进制文件，后缀为 .tlb。用 MIDL 工具编译 IDL 文件可以产生类型库文件。在实际的开发过程中不一定要手工使用 MIDL 工具，IDE 对其进行了集成。编译完成以后，可以选择把它随组件库一起分发。类型库以机器可读的方式描述了组件与外界交互的必要信息，如 COM 对象的 CLSID，它支持的接口的 IID，接口的成员函数的签名等等，本质上它等价于描述接口的 C/C++ 头文件。

一个类型库可以包含多个 COM 对象，这些 COM 对象可以实现多个接口，而且一般而言实现了 IDispatch 接口（不是必须）。为了标识这些类型库，也使用 GUID 来作为它的唯一标识 LIBID，并且也在注册表中注册，注册位置是 HKEY—CLASSES_ROOT\TypeLib，注册内容主要指明类型库所描述的对象的载体（DLL 文件等）的位置。

Java、Visual Basic 等语言的开发者不需要直接面对类型库，相反，它是由编译器环境（Visual Basic 虚拟机，Java 虚拟机）来解释它，这样它使得开发者在开发期能够浏览接口的相关信息。以 Visual Basic 为例，通过 Reference 添加对类型库的引用后，使用 Object Browser 就可以查看 COM 接口了，另一个工具 OLE/COM Object Viewer 使用更加方便，而开发人员只需要使用宿主语言简单的语法，非常方便地使用 COM。

当然，如果愿意，C++ 编译器也可以利用类型库。Visual C++ IDE 中的 ClassWizard 和 C++ BuilderIDE，Delphi 中的 importType Library 命令都可以读入组件的类型库，并利用其中的信息产生 C++ 代码。客户程序利用这些代码可以使用 COM 组件。

并不是只有 IDE 的开发者才知道怎样解析类型库。为了操作类型库，Windows 提供了一些 API（LoadTypeLib 和 LoadRegTypeLib 等）和 COM 接口（ITypeLib 和 ITypeInfo 等）。

①LoadTypeLib 可以根据指定的文件名装载类型库，并返回 ITypeLib 接口。

②使用 LoadRegTypeLib 可以根据类型库的 LIBID 查找注册表，找到类型库文件，返回 ITypeLib 接口。

③ITypeLib 接口代表了类型库本身，使用其 GetTypeInfoofGuid 根据接口的 IID 或者使用 GetTypeInfo 根据接口在类型库中的索引号可以返回 ITypeInfo 接口。

④ITypeInfo 接口则代表了接口的全部信息，包括有哪些方法，方法的签名等等。如果接口是 IDispatch 接口，则还可以使用 GetIDsofNames 函数来根据方法的名字得到其分发 ID，并使用 Invoke 函数通过方法的分发 ID 来执行这个方法。

因此，为了在编译时刻了解接口的信息，客户程序要么得到 COM 组件的 IDL 文件（使用头类型定义头文件，在代码中通知编译器接口的类型，如 C++），要么得到它的类型库文件（代码中没有准确的信息，由 IDE 环境从类型库中读取接口类型信息，如 Visual Basic），才能顺利地构造客户应用程序，从而使用 COM 对象。

4.1.2 IDispatch 接口

无论是通过头文件，还是通过类型库，我们在开发客户程序时都有关于接口的先验知识。

这些先验信息帮助我们顺利地编译客户程序,这种方式我们有时称为静态调用,或者早绑定(early binding)。

但是,还存在这样的情况:有的语言在开发过程中并没有经过编译阶段,而是直接以源代码的形式被配置发布,在运行时才被解释运行。比如以 HTML 为基础的脚本语言（如 VBScript,JavaScript 等）,它们在浏览器或 Web 服务器的环境中执行,脚本代码以纯文本的形式嵌入在 HTML 文件中。为了丰富脚本的功能,它们也可以创建 COM 对象,执行特殊的功能,比如访问数据库等等。比如:

```
var obj = new ActiveXObject("my.AutoObj");
alert(obj.Hello());
```

在脚本引擎中,目前还不能使用类型库或其他的先验知识来描述接口的信息,这意味着对象自身要帮助脚本解释器,将文本形式的脚本代码翻译为有意义的方法调用,这种方式我们称为动态调用,或者晚绑定(late binding)。

为了支持晚绑定,COM 定义了一个接口,用来表达这种翻译机制,这个接口就是 IDispatch,分发接口有时称为自动化接口,实现了此接口的对象称为自动化对象。如图 4-1 所示。

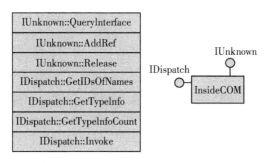

图 4-1 分发接口

自动化接口的定义如下:

```
class IDispatch:public IUnknown
{   public: HRESULT GetTypeInfoCount( unsigned int FAR * pctinfo );
        //如果对象提供类型支持,则返回1,否则返回0。客户在获取类型信息之前先
        //使用此函数进行判断
        HRESULT GetTypeInfo( unsigned int iTInfo, LCID lcid, ITypeInfo FAR * FAR
        * ppTInfo );
        // 一般给 iTInfo 赋值 0,返回指向对象类型信息的 ITypeInfo 接口指针,通过
        //ITypeInfo 接口可以访问该自动化接口的所有类型信息
        HRESULT GetIDsOfNames( REFIID riid, OLECHAR FAR * FAR * rgszNames,
        unsigned int cNames, LCID lcid, DISPID FAR * rgDispId );
        // 返回指定名字的方法或属性的分发 ID。IDispatch 使用分发 ID 管理接口的
        //属性和方法,rgszNames 指定属性或方法的名字,rgDispId 返回其分发 ID
        HRESULT Invoke( DISPID dispIdMember, REFIID riid, LCID lcid, WORD wFlags,
        DISPPARAMS FAR * pDispParams, VARIANT FAR * pVarResult, EXCEPINFO FAR *
```

```
pExcepInfo, unsigned int FAR * puArgErr );
};
```

//是命令的翻译器。客户程序通过 invoke 函数访问方法或属性。客户给定分

//发 ID dispIdMember 、输入参数 pDispParams 。invoke 返回输出参数

//pDispParams 。自动化对象所有的方法和属性的调用都通过 invoke 函数来

//实现。使得运行时刻动态绑定属性和方法并进行参数类型检查成为可能

当一个脚本引擎首次尝试访问一个对象时,它使用 QueryInterface 向对象请求 IDispatch 接口。如果请求失败,则不能使用此对象;如果成功,则继续调用 GetIDsofName 方法,得到方法或属性的分发 ID 号。通过此 ID 号,调用 Invoke 方法,就可以调用想要调用的方法。

分发接口与普通接口的区别在于,接口的逻辑功能是如何被调用的。普通的 COM 接口是以该方法的静态的先验知识为基础,而分发接口是以该方法的预期的文字表示为基础。如果调用者正确地猜测出方法的原型,那么此调用可以被顺利地分发,否则不能。

假设有一个自动化对象 CMath,它只实现了分发接口,进行加减乘除的工作,这些具体的工作由内部函数来完成,并没有向外界提供接口。这些计算功能由 Invoke 函数根据分发 ID 来调用特定的函数。

```
[uuid(C2895C1F - 020E - 4C1F - 8A65 - F59094DFBD97)]
dispinterface DMath //dispinterface 关键字说明这是一个分发接口
{    properties:
    methods:
    [id(0)] long Add(long Op1,long Op2); //0,1,2,3 分别是分发 ID
    [id(1)] long Substract(long Op1,long Op2);
    [id(2)] long Multiply(long Op1,long Op2);
    [id(3)] long Divide(long Op1,long Op2);
}
```

此对象的虚表及其分发表示意图如下:

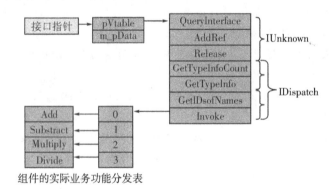

图 4-2   对象的虚表及其分发表示意图

自动化对象可以只实现分发接口:

```
class CMath:public IDispatch
{    ...
```

```
        public：//来自 IUnknown 的三个函数
        virtual HRESULT __stdcall QueryInterface(…);
        virtual ULONG__stdcall AddRef();
        virtual ULONG__stdcall Release()；
        // 来自 IDispatch 的四个函数
        HRESULT GetTypeInfoCount( …);
        HRESULT GetTypeInfo( …);
        HRESULT GetIDsOfNames(…);
        HRESULT Invoke( …… );
    };//此 COM 对象只能通过分发接口给外界提供服务。虽然这样做显得别扭,有舍近
```

　　//求远之嫌,但是,原理上是可行的

更常用地,我们把具体的计算功能也作为接口直接暴露出去,我们从 IDispatch 派生一个接口 IMath,如下：

```
    [   object,
        uuid(2756E11C - A606 - 482F - 969C - 14153E1D1609),
        dual//说明是一个双接口
    ]
    interface IMath：IDispatch
    {   properties：
        methods：
        [id(0)] HRESULT Add //0,1,2,3 分别是分发 ID
            ([in] long Op1,[in] long Op2,[out,retval] long * pResult);
        [id(1)] HRESULT Substract
            ([in] long Op1,[in] long Op2,[out,retval] long * pResult);
        [id(2)] HRESULT Multiply
            ([in] long Op1,[in] long Op2,[out,retval] long * pResult);
        [id(3)] HRESULT Divide
            ([in] long Op1,[in] long Op2,[out,retval] long * pResult);
    }
```

自动化对象实现双接口：

```
    class CMath：public IMath
    {   …
        public：//来自 IUnknown 的三个函数
        virtual HRESULT __stdcall QueryInterface(…)；
        virtual ULONG__stdcall AddRef()；
        virtual ULONG__stdcall Release()；
        // 来自 IDispatch 的四个函数
        HRESULT GetTypeInfoCount( … )；
        HRESULT GetTypeInfo( … )；
```

```
HRESULT GetIDsOfNames(…);
HRESULT Invoke( … );
// 来自 IMath 的四个函数
HRESULT Add(long Op1, long Op2, long * pResult);
HRESULT Substract(long Op1, long Op2, long * pResult);
HRESULT Multiply(long Op1, long Op2, long * pResult);
HRESULT Divide(long Op1, long Op2, long * pResult);
```

};//此 COM 对象同时通过分发接口给外界提供分发调用服务;通过 IMath 接口直接
//通过虚表来提供普通的服务

实现双接口的自动化对象的虚表和分发表示意图如下:

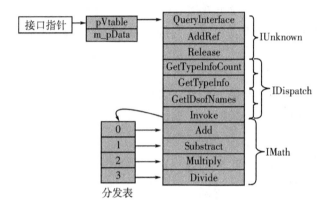

图4-3　实现双接口的自动化对象的虚表和分发表示意图

4.1.3　自动化兼容的数据类型

1. BSTR(Basic String)

BSTR 是"Basic String"的简称,是微软在 COM/OLE 中定义的标准字符串数据类型。使用以 Null 结尾的简单字符串在 COM 对象间传递不太方便。因此,标准 BSTR 是一个有长度前缀和 Null 结束符的 OLECHAR 数组。BSTR 的前 4 字节是一个表示字符串长度的前缀。BSTR 长度域的值是字符串的字节数,并且不包括 0 结束符。

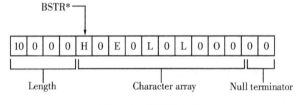

图 4-4　BSTR 结构

在对 BSTR 进行读取操作的时候,可以把 BSTR 看做 OLECHAR 数组,在对 BSTR 进行修改(包括创建和释放时),必须使用 BSTR 的专用函数,主要要保证对字符长度前缀的正确修改,不要直接读取 BSTR 的长度域,应该使用 BSTR 处理函数计算长度。例如:

```
BSTR b1;
```

```
b1 = SysAllocString(L"Testing BSTRs");
wprintf(L"% s\n",b1);
wprintf(L"% d bytes\n", SysStringByteLen(b1));
wprintf(L"% d characters\n", SysStringLen(b1));
SysFreeString(b1);
```

2. VARIANT 结构

VARIANT 是一种表示可变数据类型的结构,由其 vt 域指定数据类型(可以是 union 域中的各种变量类型之一),由 union 域中的变量来确定数据的值。下面是结构的定义:

```
typedef struct FARSTRUCT tagVARIANT VARIANT;
typedef struct FARSTRUCT tagVARIANT VARIANTARG;
typedef struct tagVARIANT {
    VARTYPE vt;
    unsigned short wReserved1;
    unsigned short wReserved2;
    unsigned short wReserved3;
    union {
        unsigned char      bVal;              // VT_UI1
        short              iVal;              // VT_I2
        long               lVal;              // VT_I4
        float              fltVal;            // VT_R4
        double             dblVal;            // VT_R8
        VARIANT_BOOL       boolVal;           // VT_BOOL
        SCODE              scode;             // VT_ERROR
        CY                 cyVal;             // VT_CY
        DATE               date;              // VT_DATE
        BSTR               bstrVal;           // VT_BSTR
        IUnknown           FAR * punkVal;     // VT_UNKNOWN
        IDispatch          FAR * pdispVal;    // VT_DISPATCH
        SAFEARRAY          FAR * parray;      // VT_ARRAY | *
        unsigned char      FAR * pbVal;       // VT_BYREF|VT_UI1
        short              FAR * piVal;       // VT_BYREF|VT_I2
        long               FAR * plVal;       // VT_BYREF|VT_I4
        float              FAR * pfltVal;     // VT_BYREF|VT_R4
        double             FAR * pdblVal;     // VT_BYREF|VT_R8
        VARIANT_BOOL       FAR * pboolVal;    // VT_BYREF|VT_BOOL
        SCODE              FAR * pscode;      // VT_BYREF|VT_ERROR
        CY                 FAR * pcyVal;      // VT_BYREF|VT_CY
        DATE               FAR * pdate;       // VT_BYREF|VT_DATE
        BSTR               FAR * pbstrVal;    // VT_BYREF|VT_BSTR
```

```
        IUnknown FAR *      FAR * ppunkVal;    // VT_BYREF|VT_UNKNOWN
        IDispatch FAR *     FAR * ppdispVal;   // VT_BYREF|VT_DISPATCH
        SAFEARRAY FAR *     FAR * pparray;     // VT_ARRAY| *
        VARIANT             FAR * pvarVal;     // VT_BYREF|VT_VARIANT
        void                FAR * byref;       // Generic ByRef
    };
};
```

VARIANT 变量必须先用 VariantInit 函数来初始化：

```
void VariantInit(VARIANTARG * pvarg);
```

其中 VARIANTARG 类型与 VARIANT 是一样的：

```
typedef VARIANT VARIANTARG;
```

例如：

```
VARIANT v;
VariantInit(&v);
```

然后用 V_VT 宏来设置 VARIANT 变量所含内容的变量类型：

```
♯define V_VT(X) ((X)->vt)
```

例如：

```
V_VT(&v) = VT_BSTR;
```

相当于

```
v.vt = (&v)->vt = VT_BSTR;
V_VT(&v) = VT_BYREF | VT_DISPATCH;
```

相当于

```
v.vt = (&v)->vt = VT_BYREF | VT_DISPATCH;
```

再利用 V_BSTR 宏或 V_BYREF 宏等：

```
♯define V_BSTR(X) V_UNION(X, bstrVal)
♯define V_BYREF(X) V_UNION(X, byref)
```

来为 VARIANT 变量设置 BSTR 或通用指针（如节点指针）等内容。其中用到的宏
V_UNION定义为：

```
♯define V_UNION(X, Y) ((X)->Y)
```

例如：

```
V_BSTR(&v) = SysAllocString(L"info.xml");
```

相当于

```
v.bstrVal = SysAllocString(L"info.xml");
V_BYREF(&v) = &pLastNode;
```

相当于

```
v.byref = &pLastNode;
```

在下面例子程序中，VARIANT 变量可用于 load 方法的第 1 个输入参数：

```
VARIANT vSrc;
VariantInit(&vSrc);
```

```
V_VT(&vSrc) = VT_BSTR;

V_BSTR(&vSrc) = SysAllocString(L″info.xml″);
```

在这个例子程序中,VARIANT 还可用于 insertBefore 方法的第 2 个输入参数:

```
VARIANT v;

VariantInit(&v);

V_VT(&v) = VT_BYREF | VT_DISPATCH;

v.byref = &pNode;
```

4.2　自动化接口的实现

分发接口的四个函数从功能上来说分为两组:

①GetTypeInfoCount 与 GetTypeInfo 函数表示对类型库的支持。

②GetIDsOfNames 和 Invoke 完成函数的分发调用。

4.2.1　类型库的支持

通常客户并不需要从分发接口的这两个函数中来访问类型库。如果愿意,客户可以借助 IDE 生成封装类,或者直接使用操作类型库。但如果真要实现它,那么

①提供类型库文件(MIDL 编译器对 IDL 编译的结果);

②GetTypeInfoCount 返回 1,否则返回 0;

③GetTypeInfo 使用 LoadTypeLib 得到 ITypeLib 接口,然后得到 ITypeInfo 接口。

一旦客户得到 ITypeInfo 接口指针就可以完全地了解接口的类型及其所支持的属性和方法。

4.2.2　Invoke 函数的实现

1. GetIDsOfNames 函数的实现

GetIDsOfNames 有两种实现方法:

①由自动化对象自己实现。它当然知道自己所有的方法和属性的分发 ID。使用 switch case 或者如果数目太多的话,使用表格进行查表。

```
HRESULT GetIDsOfNames( REFIID riid, OLECHAR FAR * FAR * rgszNames, unsigned
int cNames, LCID lcid, DISPID FAR * rgDispId )
{    // 假设 cNames = =1,即一回只查一个名字
    char * str = OLE2T(rgszzNames[0]);
    if (strcmp(″Add″,str,3) = = 0) rgDispId[0] = 0; //加法返回 0
    else if (strcmp("Substract",str,8) = = 0) rgDispId[0] = 1;//减法返回 1
    else if (strcmp("Multiply",str,8) = = 0) //乘法返回 3
    else rgDispId[0] = 3; //除法返回 3
    …

}
```

②如果实现了 GetTypeInfo,那么直接从其中得到 ITypeInfo 指针,然后使用这个指针的 GetIDsOfNames 方法即可。(绕了一大圈,但是也可行。)

```
HRESULT GetIDsOfNames(…)
{    ITypeInfo * pITI;
     GetTypeInfo( … &pITI);
     pITI->GetIDsofNames(…);
     pITI->Release();
}
```

2. Invoke 函数的实现

Invoke 有两种实现方法:

①可以根据分发 ID,逐个分支处理,可以使用内部函数;或者,如果是双接口,分支内部直接使用 IMath 接口的功能函数。

```
HRESULT Invoke( DISPID dispIdMember, REFIID riid, LCID lcid, WORD wFlags,
DISPPARAMS FAR * pDispParams, VARIANT FAR * pVarResult, EXCEPINFO FAR *
pExcepInfo, unsigned int FAR * puArgErr );
{    …
     switch (dispIdMember)
     {    case 0:
          …//作加法,直接实现,或者调用内部函数
          case1:
          … //减法
          …
     }
}
```

②使用类型信息指针。如果实现了 GetTypeInfo,那么直接从其中得到 ITypeInfo 指针,然后使用这个指针的 Invoke 方法即可。

```
HRESULT Invoke(…)
{    ITypeInfo * pITI;
     GetTypeInfo( … &pITI);
     pITI->Invoke(…);
     pITI->Release();
}
```

4.3　自动化对象的使用

对于自动化对象的使用,根据其实现接口和对类型库的支持程度不同,有不同的使用方法:如果只实现了分发接口,没有提供类型库,只能使用晚绑定;如果实现了分发接口,提供了类型库,当然可以使用晚绑定,也可以使用 DISPID 绑定(早绑定的一种,为了区分起见就命名为 DISPID 绑定);如果实现了双接口,提供了类型库,那么可以使用晚绑定、DISPID 绑定和早绑定。从晚绑定到 DISPID 绑定再到早绑定,性能越来越高,而灵活性越来越低。

4.3.1　晚绑定

一般的 COM 对象都只能使用早绑定,但是自动化对象可以使用晚绑定,这是其重要特色之一。开发阶段不进行类型检查,运行时决定组件的功能。缺点是代价昂贵,速度最慢;优点是灵活性最高。当服务器接口发生变化(比如说分发 ID 变了),客户程序不用重新编译。

晚绑定一般是针对 VB 这样的语言的,但使用 C++可以更清楚地看到分发调用的过程。客户的调用代码如下:

```
IDispatch * pD;
HRESULT hr = CoCreateInstance(CLSID_Math, NULL, CLSCTX_SERVER,
            IID_IDispatch, &pD) //创建自动化对象,返回自动化接口
LPOLESTR lpOleStr = L"Add"; //加法,注意只是一个字符串
DISPATCH dispid; //加法字符串对应的分发 ID 存在此,下面先找到它
pD->GetIDsofNames(IID_NULL, lpOleStr, 1,LOCAL_SYSTEM_DEFAULT, &dispid);
                                         //得到加法的分发 ID
DISPPARAMS dms; //准备作加法的参数
memset(&dms,0,sizeof(DISPPARAMS));
dms.cArgs = 2; //有两个参数
VARIANTTAG * pArg = new VARIANTTAG[dms.cArgs]; //动态分配内存
dms.rgvarg = pArg;
memset(pArg,0,sizeof(VARIANT) * dms.cArgs);
dms.rgvarg[0].vt = VT_I4; //第一个参数是长整数
dms. rgvarg[0].lVal = 10; //值为 10
dms.rgvarg[1].vt = VT_I4; //第二个参数也是长整数
dms.rgvarg[1].lVal = 20; //值为 20
VARIANTARG vaResult; //输出结果的参数
VariantInit(&vaResult);
hr = pD->Invoke(dispid, IID_NULL, LOCAL_SYSTEM_DEFAULT,
DISPATCH_METHOD,&dispparams,&vaResult,0,NULL);
        //使用 invoke,根据分发 ID 进行计算,输入计算参数,提供返回参数
pD->Release(); //释放接口
```

注意以上计算过程,只是使用了分发接口,猜测了加法的名字和参数。事先没有使用到自动化对象的任何信息,不需要包含接口声明的头文件。编译时刻没有进行任何类型检查,如果猜测失误将引起运行时错误。

在使用晚绑定时,只能使用 VARIANT 所支持的数据类型。其中 DISPPARAMS 定义如下:

```
typedef struct tagDISPPARAMS
{
    VARIANTARG * rgvarg; //参数数组,类型为 VARIANT,大小为 cArgs
    DISPID * rgdispidNamedArgs;//命名参数的 ID 数组
```

```
    UINT cArgs; //参数的个数
    UINT cNamedArgs; //命名参数的个数,见 MSDN 文档
} DISPPARAMS;
```

4.3.2　早绑定

如果实现了双接口,又有类型库的支持,那么就可以使用早绑定。实际上这就是一般的 COM 对象的使用方式,即直接使用虚表来调用接口的方法,而没有使用 GetIDsofName 和 Invoke 函数。C++语言是按照普通的 COM 接口一样,不用理会分发接口即可。

4.4　自动化对象的编程

4.4.1　MFC 的支持

如果提供类型库,那么就可以在编译时进行类型检查。MFC 提供了 COleDispatchDriver 类,可以用来使用 DISPID 绑定来访问自动化对象。

COleDispatchDriver 类是 MFC 提供的封装类,它通过自动化对象的类型库把原自动化对象的方法和属性的分发 ID 硬性地记录下来,把原来的方法和属性在封装类中进行封装,使得用户避免复杂的 invoke 参数序列。COleDispatchDriver 有一个数据成员 m_lpDispatch,它包含了对应组件的 IDispatch 接口指针。COleDispatchDriver 提供了几个成员函数包括 InvokeHelper()、GetProperty()和 SetProperty(),这三个函数通过 m_lpDispatch 调用 invoke 函数。

COleDispatchDriver 的其他成员管理 IDispatch 接口指针,CreateDispatch 根据 CLSID 创建自动化对象,并把 IDispatch 接口指针赋给 m_lpDispatch 成员。AttachDispatch 使得当前的 COleDispatchDriver 与某个自动化对象联系起来,DetachDispatch 则取消这种联系。

客户有两种使用方式:

①根据组件的类型库生成 COleDispatchDriver 的派生类。从 ClassWizard 对话框的 Add Class 中选取 From a type library,指定类型库文件,IDE 为我们生成 COleDispatchDriver 的派生类的派生类。针对原自动化对象的属性和方法分别生成此派生类的函数。这些函数在实现时调用 COleDispatchDriver 的 SetProperty,GetProperty 和 InvokerHelper 函数。

使用 IDE 的添加类向导 from type library,选择类型库,则产生以下类:

```
class IOMath::public COleDispatchDriver
{   ...
  public:
    long Add(long Op1,long Op2);
    long Substract(long Op1,long Op2);
    long Multiply(long Op1,long Op2);
    long Divide(long Op1,long Op2);
}
long IOMath:: Add(long Op1,long Op2)
```

```
{
    static BYTE params[] = VTS_I4 VTS_I4;
    long result;
    InvokeHelper(0x1, DISPATCH_METHOD, VT_I4, &result, params, lOp1,lOp2);
}
```

②如果我们已经得到了自动化对象的 IDispatch 指针（如果没有，当然可以调用 CreateDispatch 等方法），使用 AttachDispatch 把自动化对象与 COleDispatchDriver 对象联系起来通过 SetProperty、GetProperty 访问对象的属性，通过 InvokerHelper 访问对象的方法。

4.4.2　自动化实例

自动化客户机的实现如下：

①初始化和创建对象。

②调用 IDispatch::GetIDsOfNames 取方法的 DISPID：

```
OLECHAR * name = L"Sum";
DISPID dispid;
pDispatch->GetIDsOfNames(IID_NULL,&name,1,GetUserDefaultLCID(),
                            &dispid);
```

③通过 IDispatch::Invoke 调用指定的方法：

```
VARIANTARG SumArgs[2];
VariantInit(&SumArgs[0]);
SumArgs[0].vt = VT_I4;
SumArgs[0].lVal = 7;
VariantInit(&SumArgs[1]);
SumArgs[1].vt = VT_I4;
SumArgs[1].lVal = 2;
VARIANT result;
VariantInit(&Result);
DISPPARAMS MyParams = {SumArgs,NULL,2,0}
HRESULT hr = pDispatch->Invoke(dispid, IID_NULL, GetUserDefaultLCID(),
DISPATCH_METHOD,&MyParams, &Result,NULL,NULL);
if(FAILED(hr)) cout<<"Failed."<<endl;
cout<<"2 + 7"<<Result.lVal<<endl;
pDispatch->Release();
```

小结

COM 实质上是定义了一种客户与服务器的通信方式，而这种通信是通过接口来完成的，用 C++来写客户程序的时候，通过 CoCreateInstance 和 QueryInterface 将得到一个接口指针，通过这个接口指针就可以调用相应的函数了。请注意，这一切都是通过指针来进行的。可是当用 Visual Basic 写客户程序时,情况就不好了,原因只有一个:Visual Basic 是弱类型编程语言,它对数据类型的描述能力非常有限。因此,我们必须提出一个让解释性语言也能够访问组件的方案,这个方案就被称之为自动化。一个自动化服务器实际上就是一个实现了 IDispatch 接口的 COM 组件,而一个自动化控制器则是一个通过 IDispatch 接口同自动化服务器进行通信的 COM 客户。

　　本章对 IDispatch 接口和相关数据类型、Invoke 函数的实现、双接口以及晚绑定和早绑定、自动化对象的编程都做了详细的论述。要求学生掌握 Idispatch 接口、类型库和 ODL、Invoke 函数的实现、MFC 对自动化对象的支持,理解双接口、晚绑定和早绑定。

第5章 可连接对象

COM 可连接对象除了提供入接口（incoming interfaces）外，还为其客户提供出接口（outgoing interfaces），使得 COM 对象与其客户可以实现双向通信。入接口由 COM 对象实现，通过入接口可以接收来自外部客户的调用；而出接口则由客户端的接收器（sink）实现，接收来自 COM 对象的调用，即 COM 对象根据其使用意愿定义一个接口，客户端实现该接口。

入接口由 COM 对象定义并实现，客户通过对象的 Unknown::QueryInterface 方法得到，然后通过对象调用入接口的方法，最终由 COM 对象代表客户执行期望的行为。

出接口也是由 COM 对象定义的，但是其实现由客户在一个接收器对象中提供，该接收器对象由客户创建。COM 对象然后通过接收器对象调用出接口的方法，来通知客户在对象中发生的变化，或者触发客户端的事件，或者从客户端请求某些东西，或者 COM 对象创建者提出的任何目的。

客户与对象之间的关系是相对的，入接口和出接口也是一个相对概念，它们只用于通信的一个方向。如果一个 COM 对象支持一个或多个出接口，则称这样的对象为可连接对象（connectable object），或源对象（source）。

可连接对象的出接口也是 COM 接口，它包含一组成员函数，每个成员函数代表了一个事件（event）、一个通知（notification）或者一个请求（request）。

事件和通知在概念上是完全一致的，只是用在不同的场合。例如在 COM 对象中当某个属性被改变时，它可以给客户发送一个通知；而当特定事情发生时，比如定时消息或用户鼠标操作发生时，对象产生一个事件，客户程序可以处理这些事件。然而，请求的概念则稍有不同，对象给客户发出请求，它希望客户能提供某些信息，期望客户能有应答。

从 COM 规范的意义上来讲，不管是事件、通知还是请求，它们都通过出接口的成员函数来实现。

可连接对象为对象与客户之间的通信提供了一种通用机制。除了通用的可连接对象技术，COM 提供许多特殊目的的接收器和站点接口（site interfaces），用于对象通知客户：发生了一些客户感兴趣的事件。例如，IAdviseSink 被 COM 对象用于通知客户：对象中的数据和视图发生变化。

5.1 概念与模型

5.1.1 轮询

假设有一个这样的接口 Iwaiter：

```
[object,uuid(2756E11C - A606 - 482F - 969C - 14153E1D1601)]
interface IWaiter：IUnknown
```

```
{    HRESULT BeginWork(void); //这是一项很费时的任务,如果是同步执行,客户
//必须等待它完成。我们假设它是异步地执行的,客户发出指令后,即刻返回,对象
//有可能另开辟新的线程进行处理。比如是一个数据库的处理或者是一个科学计算
//任务,完成以后,客户也得不到任何信息
     HRESULT IsOK([out, retval] BOOL * yon); // 刚才吩咐的任务完成了吗?
}
```

在这样的设计模式下,客户的使用方法:

```
IWaiter * pIW;
hr = CoCreateInstance(CLSID_Waiter, IID_IWaiter, &pIW);
pIW ->BiginWork(); //下达命令
BOOL Done = false;
while(! Done)
{    Sleep(10000); //无奈地等待
     pIW ->IsOK(&Done); //再问一次
}
```

5.1.2　通知

更有效的做法是,由客户提供一个接口,这个接口可以供 Waiter 使用。

```
[object,uuid(2756E11C - A606 - 482F - 969C - 14153E1D1602)]
interface INotify: IUnknown
{ HRESULT OnWorkIsOk(void); }
```

我们希望 Waiter 在完成任务以后能够及时地告知客户,而不是让客户一遍遍地轮询。现在的问题是客户要有一种方法把这个接口告诉 waiter,修改 IWaiter 接口如下:

```
[ object,uuid(2756E11C - A606 - 482F - 969C - 14153E1D1601)]
interface IWaiter: IUnknown
{    HRESULT BeginWork(void);
     HRESULT Advise([in] INotify * pIN), [out] DWORD * pdwCookie);
     //客户通过 Advise 方法提供与此接口任务相关的接口 INotify,而 Waiter 则
     //返回一个代表这种关联的 DWORD 值。以后,这个值将被用来解除这种关联使用
     HRESULT UnAdvise([in] dwCookie); //客户使用 UnAdvise 通知 Waiter 解除与
                                      //INotify 的关联
     INotify * m_pIN;
}
```

其中:

```
HRESULT CWaiter::Advise(INotify * pIN), DWORD * pdwCookie)
{   if( m_pIN! = NULL) return E_UNEXPECTED; //已经跟别的对象关联上了
     m_pIN = pIN; //保存对通知对象的引用,通知对象在客户端。Waiter 作为客户
                  //端的通知对象的客户
     m_pIN ->AddRef(); //添加引用计数
```

```
        * pdwCookie = DWORD(m_pIN); //记录下这种关联
        return S_OK;
    }
    HRESULT CWaiter::UnAdvise(DWORD dwCookie)
    {   if(DWORD(m_pIN)! = dwCookie) return E_UNEXPECTED
                        // 核对一下,如果不是当前关联的对象
        m_pIN - >Release(); //减少引用计数
        m_pIN = NULL; //再清空
        return S_OK;
    }
    HRESULT CWaiter::BeginWork(void)
    {   assert(m_pIN) //确保已经有了关联
        …// 费时的任务
        m_pIN - >OnWorkIsOk(); //作完了,通知客户,免得它等得心焦
    }
```

异步的通知:

```
    CNotify::OnWorkIsOk()
    {   MessageBox("Wake up !, Your work is OK!");
        //当 pIW 完成工作以后通过通告接口调用此函数以通知客户
        …
    }
```

而客户此时的使用则是:

```
    INotify * m_pIN = new CNotify;
    IWaiter * pIW;
    hr = CoCreateInstance(CLSID_Waiter, IID_IWaiter, &pIW);
    pIW - >Advise(m_pIN, &dwcookie);
    pIW - >BiginWork(); //下达命令
```

比前面轮询的方式好得多。

5.1.3　出接口

出接口在客户方实现,并把接口指针交给对象,对象利用此指针与客户进行通信,而实现出接口的对象称为接收器(sink)。

图 5－1 反映了可连接对象和客户、接收器之间的基本关系,客户程序把接收器的接口指针传给可连接对象,可连接对象可通过此接口指针调用接收器的成员函数。接收器有自己的引用计数,有自己的接口查询方法(QueryInterface 成员函数),但它位于客户程序内部,并不需要通过 COM 库来创建。由于接收器本身是一个 COM 对象,所以可以通过引用计数控制自己的生存周期。这样,一个接收器可以被多个可连接对象使用,每个可连接对象都是接收器的客户。反过来,每个可连接对象也可以连接多个接收器,所以,可连接对象和接收器可以形成一对多或者多对一的关系。如图 5－2 所示可连接对象支持一个或多个出接口,它通过接口

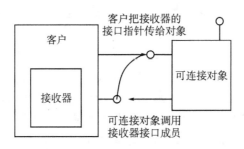

图 5-1　可连接对象和客户、接收器之间的基本关系

IConnectionPointContainer 管理所有的出接口。对应于每个出接口,可连接对象又管理了一个称为连接点的对象,并在其中实现了 IConnectionPoint 接口,客户通过连接点对象建立接收器与可连接对象的连接。连接点对象包含在可连接对象的内部,它既可以访问可连接对象的内部信息,也可以访问客户方的接收器。

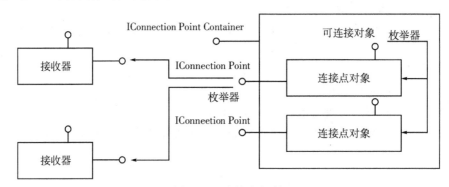

图 5-2　连接点机制

5.2　连接点机制

以上例子中,IWaiter 接口的功能意义实际上有了扩展,它不仅能实现 BeginWork 的功能,而且能够通过 INotify 接口向其他的个体发出信息,实现 IWaiter 接口的可连接对象可以把这种特性公开来,向外界宣称:“如果你想得到完成任务的通知,那么,请实现出接口 INotify,并且与我建立连接,把你的电话号码告诉我(要收费的哦)。”而出接口则声明:“我是对 WorkIsOk 事件感兴趣的!”。

在实际的业务逻辑中,可能存在更加复杂的关系,一个源对象有可能还实现了接口 IWaitress,它提供另一种服务,并且使用另一个出接口来完成类似的通告任务。同时,客户的出接口也有可能与多个可连接对象建立起了连接关系。

为了描述这种多对多的连接关系,COM 使用一种更为通用的机制,这就是连接点(connection point)机制:一个可连接对象必须实现 IConnectionPointContainer 接口。用来管理所有的出接口。对于每一个出接口,源对象又管理一个连接点对象,每个连接点对象都实现一个 IConnectionPoint 接口。每个连接点对象可以管理多个连接,如图 5-2 所示。

一个可连接对象可支持多个出接口,在该对象的 IConnectionPointContainer 接口中使用一个枚举器暴露它所支持的所有出接口。对于每一个出接口的连接点对象,在它的

IConnetionPoint 接口中使用一个枚举器管理它连接的所有的接收器。枚举器(Enumerator)也是一个 COM 对象,它可以来访问一组数据单元。它只暴露枚举接口。

5.2.1　IConnectionPointContainer 接口

源对象通过 IConnectionPointContainer 接口暴露自己的出接口信息:

```
IConnectionPointContainer : public IUnknown
{   public:
    virtual HRESULT STDMETHODCALLTYPE EnumConnectionPoints
    (IEnumConnectionPoints * * ppEnum) = 0;
    virtual HRESULT STDMETHODCALLTYPE
    FindConnectionPoint( REFIID riid, IConnectionPoint * * ppCP) = 0;
};
EnumConnectionPoints //返回连接点枚举器,客户可以使用此枚举器访问所有的
                     //连接点
FindConnectionPoint//根据客户指定的出接口 IID,返回相应的连接点
```

5.2.2　IConnectionPoint 接口

每个连接点对象对应一个出接口,它只实现 IConnetionPoint 接口。

```
IConnectionPoint : public IUnknown
{   public: virtual HRESULT GetConnectionInterface(IID * pIID) = 0;
    // 返回对应出接口的 IID
    virtual HRESULT GetConnectionPointContainer(
        IConnectionPointContainer * * ppCPC) = 0;
    // 返回源对象 IConnectionPointContainer 的指针
    virtual HRESULT Advise( IUnknown * pUnkSink, DWORD * pdwCookie) = 0;
    // 被客户用来建立接收器与源对象的连接
    virtual HRESULT Unadvise(DWORD dwCookie) = 0;
    // 被客户用来取消接收器与源对象的连接
    virtual HRESULT EnumConnections(IEnumConnections * * ppEnum) = 0;
};// 返回一个连接枚举器接口指针,被客户用来访问所有建立在此连接点对象上的
  //连接
```

5.2.3　接收器的实现

接收器完全是客户的内部对象,不需要类厂来创建,也不需要 CLSID。当然,它的接口 ISomeEventSet 是有明确的 IID 的。客户可以直接使用 new 操作符创建接收器。

```
class CSomeEventSet :public ISomeEventSet
{   private : int m_Ref;
    public :
        DWORD m_dwCookie; // 连接键
```

```
CSomeEventSet();
~CSomeEventSet();
virtual HRESULT _stdcall QueryInterface( REFIID riid, void * * ppv) ;
virtual ULONG _stdcall AddRef( void) ;
virtual ULONG _stdcall Release( void) ;
virtual HRESULT SomeEventFunction(…);
…}
```

5.3 连接过程

5.3.1 连接过程

```
ISomeEventSet * pSomeEventSet;
IUnknown * pUnk;
IConnectionPointerContainer * pConnectinoPointContainer;
IConnectionPoint * pConnectionPoint; //各种接口指针的声明
…
CSomeEventSet * pSink = new CSomeEventSet; //1.创建接收器对象
pSink->QueryInterface (IID_ISomeEventSet,&pSomeEventSet);
                                    // 2.返回接收器对象的接口指针
CoCreateInstance(CLSID_ISourceObj,NULL,CLSCTX_INPROC_SERVER,IID_IUnknown,
&pUnk); //3.创建源对象,返回 IUnknown 接口指针
pUnk->QueryInterface(IID_IConnectionPointContainer,
    &pConnectPointContainer); // 4.向源对象查询 IConnectionPointContainer 接口
pConnectionPointContainer->FindConnectionPoint(IID_ISomeEventSet,
&pConnectionPoint); //5.向源对象查询支持出接口的连接点对象
pConnectionPoint->Advise(pSomeEventSet,&pSink->m_dwCookie);//6.建立连接
…// 7.在此期间,源对象可以利用 pSomeEventSet 调用接收器对象的方法。
pConnectionPoint->Unadvise(pSink->m_dwCookie);//8.断开连接
…
```

5.3.2 事件的激发与处理

接收器和源对象连接建立起来后,源对象可以激发事件或向客户发起请求,事件可以由:①源对象的入接口成员函数激发;②用户的操作激发;③其他对象或客户调用激发。

```
BOOL CSourceObj::FireSomeEvent()
{   IEnumConnections * pEnum;
    IConnectionPoint * pConnectionPoint;
    CONNECTDATA connectionData;
    ISomeEventSet * pSomeEventSet;
```

```
FindConnectionPoint(IID_ISomeEventSet,&pConnectionPoint);
//寻找与此出接口对应的连接点对象
pConnectionPoint->EnumConnections(&pEnum);//得到连接枚举器
//对此连接点上连接的所有接收器发出请求
while(pEnum->Next(1,&connectionData,NULL)==NOERROR)
{   if(SUCCEDED(connectionData.pUnk->
    QueryInterface(IID_ISomeEventSet,(void**)&pSomeEventSet)))
    //由连接数据中取出接收器对象指针,此指针在 Advise 时由客户传入
    //由此接口指针再查询出接口指针
    {   pSomeEventSet->SomeEventFunction(); //调用出接口的函数
        pSomeEventSet->Release();}
    pEnum->Release();
    return TRUE;}
}
```

5.3.3　IDiapatch 出接口

在编译时刻,客户不一定知道源对象支持什么出接口,客户只知道源对象实现了 IID_ ISourceObj 入接口,然后通过查询 IConnectionPointContainer 知道它是支持出接口的。当然客户可以调用 IConnectionPointerContainer 的 EnumConnectionPoint 函数得到连接点枚举器,以此枚举器逐个得到连接点,然后调用连接点的 IConnectionPoint::GetConnectionInterface 函数得到它所支持的出接口 IID。然后,客户必须获得出接口的成员函数信息,然后动态地创建接收器对象。

IDispatch 接口是自动化对象的基本接口,在高级语言或者脚本语言中,可以直接用符号化的名字即字符串访问自动化对象的属性(property)和方法(method)。使用 IDispatch 接口有三方面的显著有点:第一,用名字访问属性和方法非常简单易用;第二,自动化对象的 IDispatch 接口的 vtable 是固定的,在有些高级语言或脚本语言中没有指针数据类型,所以在这些语言中描述自定义接口比较困难;第三,IDispatch 接口支持晚绑定特性,可以在运行过程中根据名字访问属性或方法。

COM 已经提供了 IDispatch 接口的代理对象(proxy)和存根对象(stub),所以,使用 IDispatch 接口作为出接口可直接用于进程外源对象的出接口。IDispatch 接口把所有的调用都通过 Invoke 函数来实现,并且提供了管理属性和方法的分发 ID 机制,以及一套描述参数和返回值的方法,所以使得运行时刻动态绑定属性和方法成为可能。

用 IDispatch 接口作为出接口可以解决接收器的动态创建过程。利用 IDispatch 作为源对象的出接口,由源对象提供出接口的类型信息,客户程序根据这些信息,在 invoke 函数中调用相应的事件控制函数。

```
class IDispatch : public IUnknown
{
    virtual HRSULT GetTypeInfoCount();//获取对象类型信息
    virtual HRSULT GetTypeInfo();
```

```
virtual HRSULT GetIDsOfNames();//返回分发成员的 ID
virtual HRSULT Invoke();
//自动化对象的命令翻译器,根据参数来执行特定的方法
}
```

过程:

①从 IDispatch 接口派生新的接口作为出接口,把方法和属性加到派生接口中,并为之赋予分发 ID。源对象通过类型库或 IProvideClassInfo 接口暴露出接口的类型信息。以后,源对象调用请求时,使用 IDispatch∷Invoke 即可。

②客户按照源对象提供的出接口类型信息实现接收器对象。接收器只需要实现 IUnknown 的成员函数和 Invoke 的成员函数即可。由于出接口是源对象定义的,它当然知道接口的每个方法和属性以及其分发 ID,所以接收器对象不需要实现其他的几个函数。

5.4 可连接对象的编程

5.4.1 MFC 对连接的支持

①MFC 实现了连接点类 CConnectionPoint,CConnectionPoint 实现了 IConnectionPoint 接口,它用一个数组枚举器管理连接;

②CCmdTarget 也提供了一组宏支持连接点对象;

③CCmdTarget 类有一个内嵌的结构成员 m_xConnPtContainer 专门用于存放接口 IConnectionPointContainer 的 vtable 和偏移量;

④连接点是可连接对象的核心,但连接点的主要目的是激发事件或发送请求,因此,我们应该对每个事件或请求编写一个激发函数。

MFC 提供了类 COleDispatchDriver,它主要用于 IDispatch 接口的客户方调用操作,利用 COleDispatchDriver 的成员函数,客户可以创建自动化对象,也可以把 COleDispatchDriver 对象与某个自动化对象联系起来,更有意义的是,COleDispatchDriver 使得 IDispatch∷Invoke 调用的参数处理更为简单。

1. MFC 实现连接点类 IConnectionPoint 接口

MFC 用 CConnectionPoint 类继承了 CCmdTarget 类,并用一个数组枚举器管理连接。

```
class CConnectionPoint∷CCmdTarget
{
    public∷CConnectionPoint();

    POSITION GetStartPosition() const;
    LPUNKNOWN GetNextConnection(POSITION &pos) const;
    const CPtrArray * GetConnections()
    protected:
    CPtrArray * m_pConnections;
    //Interface maps
```

```
public:
//这里才是 CConnectionPoint 类定义了 ConnPt 嵌套类,并且实现 IConnectionPoint
//接口
BEGIN_INTERFACE_PART(ConnPt, IConnectionPoint)
    INIT_INTERFACE_PART(CConnectionPoint,ConnPt)
    STDMETHOD(GetConnectionInterface)(IID * pIID);
    STDMETHOD(GetConnectionPointContainer)(…);
    STDMETHOD(Advise)(…);
    STDMETHOD(Unadvise)();
    STDMETHOD(EnumConnections)();
END_INTERFACE_PART(ConnPt)
}
```

2. CCmdTarget 提供了一组宏来支持连接点对象

①使用 DECLARE_CONNECTION_MAP()来定义连接点映射表以及以及有关表的操作函数。

```
#define DECLARE_CONNECTION_MAP() \
private: \
static const AFX_CONNECTIONMAP_ENTRY _connectionEntries[]; \ //连接入口
protected: \
static AFX_DATA const AFX_CONNECTIONMAP connectionMap; \ //连接映射
static const AFX_CONNECTIONMAP * PASCAL _GetBaseConnectionMap(); \
                            //得到基类连接映射
virtual const AFX_CONNECTIONMAP * GetConnectionMap() const; \
                            //得到自己的连接映射
```

② 使 用 BEGIN _ CONNECTION _ MAP，CONNECTION _ PART 和 END _ CONNECTION_MAP()来对连接映射表赋值。

```
#define BEGIN_CONNECTION_MAP(theClass, theBase) \
const AFX_CONNECTIONMAP * PASCAL theClass::_GetBaseConnectionMap() \
{   return &theBase::connectionMap; } \ //赋值
const AFX_CONNECTIONMAP * theClass::GetConnectionMap() const \
{   return &theClass::connectionMap; } \ //赋值
    AFX_COMDAT const AFX_DATADEF AFX_CONNECTIONMAP theClass::connectionMap = \
{   &theClass::_GetBaseConnectionMap, &theClass::_connectionEntries[0],
}; \ //赋值
 AFX _ COMDAT const AFX _ DATADEF AFX _ CONNECTIONMAP _ ENTRY theClass:: _
 connectionEntries[] = \{ \
#define CONNECTION_PART(theClass, iid, localClass) \
    { &iid, offsetof(theClass, m_x##localClass) }, \ //赋值
#define END_CONNECTION_MAP() \
```

```
                { NULL, (size_t) - 1 } \ } ; \ //结束
```

其中也使用了 offset 宏来计算类的嵌套类成员到父类的偏移。

③使用 BEGIN_CONNECTION_PART , CONNECTION_IID 和 END _CONNECTION _PART 来定义内嵌的嵌套类连接点对象。

```
    #define BEGIN_CONNECTION_PART(theClass, localClass) \
        class X# #localClass : public CConnectionPoint \
    //连接点对象从 CConnectionPoint 派生
    { public: \
            X# #localClass() \ //构造函数
            { m_nOffset = offsetof(theClass, m_x# #localClass); }
        #define CONNECTION_IID(iid) \
            REFIID GetIID() { return iid; }
        //指定 CConnectionPoin 的虚函数成员返回出接口的 IID
        #define END_CONNECTION_PART(localClass) \
    } m_x# #localClass; \ //定义了一个内嵌的成员 m_x *
    friend class X# #localClass;
```

这些宏在源对象 theClass 的定义内部,给源对象添加了一个派生自 CConnetionPoint 的嵌套类 COM 子对象。

④ CCmdTarget 有一个内嵌的结构成员 m _ xConnPtContainer 用于存放 IConnectionPointContainer 的虚表和偏移。我们需要在接口映射表中加入 INTERFACE_ PART(CSourceObj, IID_IConnectionPointContainer, ConnPtContainer) 以使得源对象支持 IConnectionPointContainer 接口,这是客户判断一个对象是否源对象的标志。

⑤事件激发。

由于使用了 IDispatch 作为出接口,所以激发函数就是调用接收器的 invoke 函数。MFC 提供了一个封装类 COleDispatchDriver。它主要用于 IDispatch 接口的客户方调用操作。利用 COleDispatchDriver 的成员函数,客户可以创建自动化对象,也可以把 COleDispatchDriver 对象与某个自动化对象联系起来。更重要的是,它使得调用 invoke 函数的参数处理简单一些。

```
    void CSourceObj::FirePropChanged (long nInt)
    {   COleDispatchDriver driver;
        POSITION pos = m_xEventSetConnPt.GetStartPosition();
        // m_xEventSetConnPt 即嵌套的连接点对象
        LPDISPATCH pDispatch;
        while (pos ! = NULL)
        {
            pDispatch = (LPDISPATCH) m_xEventSetConnPt.GetNextConnection(pos);
            ASSERT(pDispatch ! = NULL);//得到连接点对象所对应的出接口
            driver.AttachDispatch(pDispatch, FALSE);//出接口和 driver 联系在一起
            TRY
            driver.InvokeHelper(0/, DISPATCH_METHOD, VT_EMPTY, NULL,(BYTE *)
```

```
                            (VTS_I4), nInt);
            //通过 driver 来调用 invoke 函数
            END_TRY
            driver.DetachDispatch();
        }
    }
```

5.4.2　源对象的 MFC 实现

①新建 MFC DLL 工程 SourceComp,选中 automation。
②添加新类 CSourceObj 派生自 CCmdTarget 指定 Create By type ID。
③定义出接口 IEventSet 编辑 odl 文件,使用 GUIDGen 产生一个 GUID。
④指定对象为源对象,且支持 IEventSet。

```
    coclass SourceObj
    {   [default] dispinterface ISourceObj;
        [default,source] dispinterface IEventSet;};
```

⑤在 CSourceObj 的头文件中,加入连接点申明和连接点对象定义。

```
    BEGIN_CONNECTION_PART(CSourceObj, EventSetConnPt)
        virtual REFIID GetIID();
    END_CONNECTION_PART(EventSetConnPt)
    DECLARE_CONNECTION_MAP()
```

⑥在 CSourceObj 的实现文件中构造函数中加入 EnableConnections();
⑦加入 IEventSet 的 IID 定义:

```
    static const IID IID_IEventSet =
    { 0xb77c2985, 0x56dd, 0x11cf, { 0xb3, 0x55, 0x0, 0x10, 0x4b, 0x8, 0xcc, 0x22 } };
```

⑧接口映射表中加入 IConnectionPointContainer 表项:

```
    INTERFACE_PART(CSourceObj, IID_IConnectionPointContainer, ConnPtContainer)
```

⑨加入连接映射表的赋值:

```
    BEGIN_CONNECTION_MAP(CSourceObj, CCmdTarget)
        CONNECTION_PART(CSourceObj, IID_IEventSet, EventSetConnPt)
    END_CONNECTION_MAP()
```

⑩实现虚函数 GetIID:

```
    REFIID CSourceObj::XEventSetConnPt::GetIID(void)
    {   return IID_IEventSet;}
```

XEventSetConnPt 类继承自类 CConnectionPoint,后者有一个纯虚的函数 GetIID,所以必须给出实现。它返回它所支持的出接口的 IID。
⑪事件激发函数:

```
    void CSourceObj::FirePropChanged (long nInt)
    {   COleDispatchDriver driver;
        POSITION pos = m_xEventSetConnPt.GetStartPosition();
```

```
        LPDISPATCH pDispatch;
        while (pos ! = NULL)
        {    pDispatch = (LPDISPATCH) m_xEventSetConnPt.GetNextConnection(pos);
             ASSERT(pDispatch ! = NULL);//得到连接点对象所对应的出接口
             driver.AttachDispatch(pDispatch, FALSE);//出接口和 driver 联系在一起
             TRY
             driver.InvokeHelper(0/, DISPATCH_METHOD, VT_EMPTY, NULL,(BYTE * )
             (VTS_I4), nInt); //通过 driver 来调用 invoke 函数,向所有连接点的接
                            //收器激发分发 ID 为 0 的事件
             END_TRY
             driver.DetachDispatch(); }}
    void CSourceObj::SetMyProperty(long nNewValue)
    {    mProperty = nNewValue;
         FirePropChanged (mProperty);}
```

⑫编译,注册。

5.4.3 接收器的 MFC 实现

①新建 MFC exe 基于 dialoag box。

②AfxOleInit()初始化自动化。

③加入成员变量 IDispatch * m_pDispatch 以保存源对象的接口指针 DWORD m_dwCookie 以保存接收器与源对象的连接标识。

④对话框类也派生自 CCmdTarget,给对话框类加入内嵌的接收器对象。即对话框类也要实现 IEventSet 接口。

```
    BEGIN_INTERFACE_PART(EventSink, IDispatch)
        INIT_INTERFACE_PART(CTestCtrlDlg, EventSink)
        STDMETHOD(GetTypeInfoCount)(unsigned int * );
        STDMETHOD(GetTypeInfo)(unsigned int, LCID, ITypeInfo * * );
        STDMETHOD(GetIDsOfNames)(REFIID, LPOLESTR * , unsigned int, LCID, DISPID * );
        STDMETHOD(Invoke)(DISPID, REFIID, LCID, unsigned short, DISPPARAMS * ,
        VARIANT * , EXCEPINFO * , unsigned int * );
    END_INTERFACE_PART(EventSink)
```

⑤接收器对象对 IUnknown 的成员函数的实现和对 IDispatch 的除 invoke 外的成员函数的实现都可以简化处理。因为没有人会调用它们。

⑥接收器 invoke 函数的实现:

```
    STDMETHODIMP CTestCtrlDlg::XEventSink::Invoke(
    DISPID dispid, REFIID, LCID, unsigned short wFlags,
    DISPPARAMS * pDispParams, VARIANT * pvarResult,
    EXCEPINFO * pExcepInfo, unsigned int * puArgError)
    {    if (dispid = = 0) AfxMessageBox("The Property has been changed!");
```

```
    else      AfxMessageBox("I don't known the event!");
        return S_OK;
    }
```

对于分发 ID 为 0 的事件,invoke 响应一个对话框。

⑦创建源对象:

```
    GUID sourceobjCLSID;
    HRESULT hResult = ::CLSIDFromProgID(L"SourceComp.SourceObj", &sourceobjCLSID);
    if (FAILED(hResult)) return FALSE;
    hResult = CoCreateInstance(sourceobjCLSID, NULL,
    CLSCTX_INPROC_SERVER, IID_IDispatch, (void * * )&m_pDispatch);
    //创建源对象,获取源对象的 IDispatch 接口指针
```

注意源对象:

```
    coclass SourceObj
    {   [default] dispinterface ISourceObj;
        [default,source] dispinterface IEventSet;
    };
```

ISourceObj 和 IEventSet 都是自动化接口。此接口指针将要用来查询 IConnectionPoint-Container。

⑧连接:

```
    static const IID IID_IEventSet = {…}
    int CTestCtrlDlg::Connection()
    {   BOOL RetValue = 0;
        if (m_dwCookie ! = 0) return 2;
        LPCONNECTIONPOINTCONTAINER pConnPtCont;
        if ((m_pDispatch ! = NULL) &&SUCCEEDED(m_pDispatch->QueryInterface(
                            IID_IConnectionPointContainer,(LPVOID * )
                            &pConnPtCont)))
        // 查询 IConnectionPointContainer 接口
        {   LPCONNECTIONPOINT pConnPt = NULL;
            DWORD dwCookie = 0; // 查询 IID_IEventSet 连接点对象
            if (SUCCEEDED(pConnPtCont->FindConnectionPoint
                (IID_IEventSet, &pConnPt)))
            {   pConnPt->Advise(&m_xEventSink, &dwCookie);
                // 进行连接,把自己的接收器对象传入。源对象将利用此指针激发事件
                m_dwCookie = dwCookie;//连接标志保存下来,供断开使用
                RetValue = 1;pConnPt->Release();}
            pConnPtCont->Release();
            m_dwCookie = dwCookie; }
        return RetValue; }
```

⑨断开：

```
// 查询 IConnectionPointContainer 接口
if ((m_pDispatch! = NULL) &&SUCCEEDED(m_pDispatch->QueryInterface
(IID_IConnectionPointContainer,(LPVOID*)&pConnPtCont)))
{    LPCONNECTIONPOINT pConnPt = NULL;
    // 查询 IID_IEventSet 连接点对象
     if (SUCCEEDED(pConnPtCont->FindConnectionPoint(IID_IEventSet,
       &pConnPt)))
{    pConnPt->Unadvise(m_dwCookie); //使用连接标志断开
     pConnPt->Release();
     m_dwCookie = 0;
     RetValue = 1;
   }
}
```

⑩用户的设置属性操作：

```
void CTestCtrlDlg::OnSetproperty()
{
    COleDispatchDriver driver; //由于源对象也是自动化对象，这里也使用
                              //COleDispatchDriver 来操作自动化接口。将源
                              //对象的自动化接口与 driver 连起来
    driver.AttachDispatch(m_pDispatch, FALSE);
    TRY
        driver.SetProperty(0x1, VT_I4, m_Property);
            // 使用 driver 来调用自动化接口的属性
    END_TRY
    driver.DetachDispatch();
}
```

小结

为了在组件对象和客户之间提供更大的交互能力，组件对象也需要主动与客户进行通信。组件对象通过出接口(outgoing interface)与客户进行通信，如果一个组件对象定义了一个或者多个出接口则此组件对象叫做可连接点对象，也称为源对象。可连接对象的出接口也是COM接口，它包含一组成员函数，每个成员函数代表了一个事件、一个通知或者一个请求等。例如在COM属性发生变化的时候，发送一个通知告诉客户，当鼠标操作发生时，也可以给用户发送一个通知等。客户通过一个接收器的COM接口来接受COM对象的的通知或者请求，客户把接收器的指针传给COM对象。

本章首先论述可连接对象和连接点机制的原理，然后通过一个示例说明怎样用MFC编程实现可连接对象和内嵌于客户的事件接收器。要求学生掌握、IConnetionPoint接口，理解利用IDispatch接口作为出接口接收器的动态创建过程。

第6章 用 ATL 开发 COM 应用

MFC 对 COM 和 OLE 的支持比手工编写 COM 程序有了很大的进步。但是 MFC 对 COM 的支持是不够完善和彻底的,例如对 COM 接口定义的 IDL 语言,MFC 并没有任何支持,此外,对于 COM 和 ActiveX 技术的新发展 MFC 也没有提供灵活的支持。这是由 MFC 设计的基本出发点决定的,MFC 被设计成对 Windows 平台编程开发的面向对象的封装,自然要涉及 Windows 编程的方方面面,COM 作为 Windows 平台编程开发的一个部分也得到 MFC 的支持,但是 MFC 对 COM 的支持是以其全局目标为出发点的,因此对 COM 的支持必然要服从其全局目标。从这个方面而言,MFC 对 COM 的支持不能很好地满足开发者的要求。

随着 Internet 技术的发展,Microsoft 将 ActiveX 技术作为其网络战略的一个重要组成部分大力推广,然而使用 MFC 开发的 ActiveX Control,代码冗余量大(所谓的"肥代码 Fat Code"),而且必须要依赖于 MFC 的运行时刻库才能正确地运行。虽然 MFC 的运行时刻库只有部分功能与 COM 有关,但是由于 MFC 的继承实现的本质,ActiveX Control 必须背负运行时刻库这个沉重的包袱。如果采用静态连接 MFC 运行时刻库的方式,这将使 ActiveX Control 代码过于庞大,在网络上传输时将占据宝贵的网络带宽资源;如果采用动态连接 MFC 运行时刻库的方式,这将要求浏览器一方必须具备 MFC 的运行时刻库支持。总之,MFC 对 COM 技术的支持在网络应用的环境下也显得很不灵活。

解决上述 COM 开发方法中的问题正是 ATL 的基本目标。

首先 ATL 的基本目标就是使 COM 应用开发尽可能地自动化,这个基本目标就决定了 ATL 只面向 COM 开发提供支持。目标的明确使 ATL 对 COM 技术的支持达到淋漓尽致的地步。对 COM 开发的任何一个环节和过程,ATL 都提供支持,并将与 COM 开发相关的众多工具集成到一个统一的编程环境中。对于 COM/ActiveX 的各种应用,ATL 也都提供了完善的 Wizard 支持。所有这些都极大地方便了开发者的使用,使开发者能够把注意力集中在与应用本身相关的逻辑上。

其次,ATL 因其采用了特定的基本实现技术,摆脱了大量冗余代码,使用 ATL 开发出来的 COM 应用的代码简练高效,即所谓的"Slim Code"。ATL 在实现上尽可能采用优化技术,甚至在其内部提供了所有 C/C++ 开发的程序所必须具有的启动代码的替代部分。同时 ATL 产生的代码在运行时不需要依赖于类似 MFC 程序所需要的庞大的代码模块,包含在最终模块中的功能是用户认为最基本和最必须的。这些措施使采用 ATL 开发的 COM 组件(包括 ActiveX Control)可以在网络环境下实现应用的分布式组件结构。

最后,ATL 的各个版本对 Microsoft 的基于 COM 的各种新的组件技术如 MTS、ASP 等都有很好的支持,ATL 对新技术的反应速度大大快于 MFC。ATL 已经成为 Microsoft 支持 COM 应用开发的主要开发工具,因此 COM 技术方面的新进展在很短的时间内都会在 ATL 中得到反映。这使开发者使用 ATL 进行 COM 编程可以得到直接使用 COM SDK 编程同样的灵活性和强大的功能。

6.1 ATL 的关键技术

ATL 在设计实现过程中采用了模板类和多继承技术。采用模板可以在编译过程中快速地生成具有用户定制功能的类,这对于 COM 这样一个复杂的技术体系在实现效率上得到了很大的提高。通过使用模板类,用户可以把精力集中在自己开发的类的基本逻辑上,在完成了自己的类的设计以后,通过继承不同的类,生成不同的模板类,就可以快速地实现 COM 的功能,同时又避免了采用单继承结构造成的大量功能冗余。

总之,正是由于模板类和多继承技术,才使 ATL 成为一个小巧灵活的 COM 开发工具,能够适应开发人员对 COM 应用开发的各种需要。

6.1.1 模板类

所谓模板类,简单地说是对类的抽象。C++语言用类定义了构造对象(这里指 C++对象而不是 COM 对象)的方式,对象是类的实例,而模板类定义的是类的构造方式,使用模板类定义实例化的结果产生的是不同的类。因此可以说模板类是"类的类"。

在 C++语言中模板类的定义格式如下:

```
template < class T>
class MyTemp
{
    MyTemp<T>( ){ };
    ~MyTemp<T>( ) { };
    int MyFunc( int a);
}
...
int MyTemp<T>::MyFunc(int a)
{
}
```

首先使用 C++的关键字"template"来声明一个模板类的定义。在关键字后面是用尖括号括起来的类型参数。正是根据这个类型参数,编译器才能在编译过程中将模板类的具体定义转化为一个实际的类的定义,即生成一个新的类。接下来的定义方式与普通的类定义十分相似,只是在类的函数定义中都要带有类型参数的说明。

下面的程序段说明了模板类的用法:

```
typedef MyTemp<MyClass> myclassfromtemp;
myclassfromtemp m;
int a = m.Myfunc(10);
```

通常在使用模板类时为了方便起见,使用一个关键字"typedef"为新定义出来的类取一个名字。在上面的程序段中假设"MyClass"是一个由用户定义的类,通过将这个类的名字作为类型参数传递给模板类,我们可以创建一个新的类,这个类的行为将以模板类的定义为基础。例如它具有模板类定义的所有成员函数,同时这个类又是对模板类行为的一种修改,这种修改是通过用户提供的类型参数来实现的。赋予模板类以不同的类型参数,则得到行为框架相似但具体行为不同的一组类的集合。有了新的类的定义以后,我们可以像使用普通类一样来创建一个类的实例,即一个新的对象,并且调用这个对象的成员函数。

模板类是对标准 C++语言的最新扩展,虽然它的功能很强大,但是要想使用好模板类需要相当多的关于语言和编程的经验和知识,而且错误地使用模板类又会对程序的结构和运行效率带来大的副作用,因此一般的编程环境和编程书籍对模板类的使用都采取谨慎的态度。而 ATL 的核心就是由几十个模板类构成的,通过研究 ATL 的源代码可以使我们对模板类的使用有比较深刻全面的认识。

6.1.2　多继承

多继承技术同模板一样,是 C++语言中极具争议性的技术。使用多继承技术可以使程序的设计和实现更加灵活,但是,由于多继承的复杂性和自身概念上的一些问题,使多继承在各种面向对象的语言环境中得到的支持都非常有限。例如 Small Talk 根本就不允许多继承,同样 MFC 也不支持多继承技术。

多继承最大的问题是所谓的"钻石结构"。例如下面的代码:

```
class A
{
    …
};
class B : public A
{
    …
};
class C : public A
{
    …
};
class D : public B,C
{
    …
}
```

由于类 D 同时从类 C 和 B 继承,因此在下面的语句中就会发生歧义:

```
D * pD = new D;
(A *)pD->Func(…);
```

由于类 D 通过类 C 和类 B 分别继承了类 A,这里的强制转化就会发生歧义。ATL 使用了 C++最新规范中加入的两个运算符号 static_cast、dynamic_cast 代替简单的强制转化,从而消除多继承带来的歧义。使用这两个运算符号,我们可以在对象运行过程中获取对象的类型信息。上面的代码可以采用下面的方式修改:

```
D * pD = new D;
```

static_cast$<$A $*$ $>$(static_cast$<$B $*$ $>$(pD))$-$$>$Func($\cdots$);

6.2　ATL框架结构

6.2.1　ATL的基本特征

ATL提供了实现基于COM组件内核的支持,这里简单列举了ATL所提供的一些基本功能。

①AppWizard:它负责创建起始的ATL工程。

②Object Wizard(对象向导):它为基本的COM组件创建代码。

③对低级别的COM功能的内置式支持:如IUnknown、类工厂和自注册(self-registration)功能。

④ATL支持Microsoft的接口定义语言(Interface Definition Language,IDL),它提供了对自定义的Vtable接口的调度支持,以及通过类型库进行自描述的功能。

⑤ATL支持IDispatch(自动化)和双向接口(dual-interface)。

⑥ATL可以支持开发效率更高的ActiveX控件。

⑦ATL提供对基本的视窗功能的支持。

6.2.2　ATL对组件宿主的支持

ATL是一个C++的类库或框架,它处理基于COM程序开发中的很多琐碎的例行工作,如COM组件需要一个DLL(进程内)或EXE(进程外)宿主,而组件也需要一个类工厂。ATL在它的CComModule类里封装了一个组件的宿主支持,对开发者掩盖了这两种宿主类型(dll或exe)之间的大多数差别。

CComModule是ATL服务器的基类。它包含了所有用作登记和运行服务器、开始和维护COM对象的COM逻辑。CComModule被定义在头文件"altbase.h"中。该代码用以下的行声明一个全局的CComMoudule对象:

CComModule _Module;

这个单一的对象包含了许多用做我们应用的COM服务器功能,它在程序执行开始时的创建和初始化设置了一连串的事件动作。一个CComModule实例使用一个对象映射来维护一系列类的定义,这个对象映射实现为_ATL_OBJMAP_ENTRY的数组结构,包含的信息有:

①在系统注册表中进入和删除对象描述;

②通过类工厂来初始化对象;

③在组件的客户端和根对象之间建立通信;

④执行类对象的生命周期管理。

另外对于CComModule,ATL提供了CComAutoThreadModule类,它为EXE或WINNT服务实现了套间模型。当你想在多套间中创建对象时,你可以从CComAutoThreadModule继承。

6.2.3　ATL 对 IUnknown 接口的支持

每一个将成为 COM 对象的 ATL 类都必须从 CComObjectRootEx 类里派生出来，CComObjectRootEx 间接地为组件提供了引用计数和 QueryInterface 支持，且 CComObjectRootEx 从 CComObjectRootBase 继承，CComObjectRootBase 对组件里的基本集合提供支持，而 CComObjectRootEx 对非集合的 IUnknown 方法提供支持。

1. 引用计数器管理的实现——CComObjectRootEx

ATL 使用 CComObjectRootEx 类来实现对 COM 对象计数器的管理，因此，所有的基于 ATL 的 COM 对象必须从该类继承。CComObjectRootEx 类的声明和实现如下(精简)：

```
template< class ThreadModel >
class CComObjectRootEx : public CComObjectRootBase
{
  public:
    typedef ThreadModel _ThreadModel;
    ...
    ULONG InternalAddRef()
    { return _ThreadModel::Increment(&m_dwRef); }
    //引用计数器 m_dwRef 在 CComObjectRootBase 中声明
    ULONG InternalRelease()
    { return _ThreadModel::Decrement(&m_dwRef); }
};
```

由上述代码可见，对于 CComObjectRootEx 类：

① 实现了对引用计数器递增与递减的操作，但并未实现 IUnknown 接口所要求的对对象声明周期的管理，没有在计数器归零后释放对象。

② 对于应用技术的操作依赖于模板参数 ThreadModel，即该对象的线程模型，包括 CComSingleThreadModel 类和 CComMultiThreadModel 类。因此，对象访问的线程安全问题，将在这两个类中实现。

2. QueryInterface 功能的实现

在 CComObjectRootEx 类中，实现了线程安全的引用计数管理。而在 CComObjectRootEx 的父类 CComObjectRootBase 中，存在对 QueryInterface 的一个内部实现——InternalQueryface()。

```
class CComObjectRootBase
{
  public:
    ...
    static HRESULT InternalQueryInterface(
    void * pThis, const _ATL_INTMAP_ENTRY * pEntries, REFIID iid, void * * ppvObj)
    { return hRes = AtlInternalQueryInterface(pThis, pEntries, iid, ppvObj); }
```

```
        …
    };
```

以上代码作了一些简化,去掉了调试用的条件编译选项。在代码中,InternalQueryInterface 作为静态方法存在,并且仅仅将执行过程转给了 AtlInternalQueryInterface()。其方法参数与标准的 QueryInterface 方法相比也有不同,其中也有一个新的结构类型 _ATL_INTMAP_ENTRY,并且 InternalQueryInterface 和 AtlInternalQueryInterface 函数的参数一一对应。AtlInternalQueryInterface()函数的实现如下:

```
ATLINLINE ATLAPI AtlInternalQueryInterface(void * pThis,
    const _ATL_INTMAP_ENTRY * pEntries, REFIID iid, void * * ppvObject)
{
    if (InlineIsEqualUnknown(iid))
    {
        IUnknown * pUnk = (IUnknown * )((INT_PTR)pThis + pEntries - >dw);
        pUnk - >AddRef();
        * ppvObject = pUnk;
        return S_OK;
    }
    while (pEntries - >pFunc ! = NULL)
    {
        BOOL bBlind = (pEntries - >piid = = NULL);
        if (bBlind || InlineIsEqualGUID( * (pEntries - >piid), iid))
        {
            if (pEntries - >pFunc = = _ATL_SIMPLEMAPENTRY)
            {
                IUnknown * pUnk = (IUnknown * )((INT_PTR)pThis + pEntries
                                    - >dw);
                pUnk - >AddRef();
                * ppvObject = pUnk;
                return S_OK;
            }
            else {
                HRESULT hRes = pEntries - >pFunc(pThis, iid, ppvObject,
                pEntries - >dw);
            if (hRes = = S_OK || (! bBlind && FAILED(hRes))) return hRes;
            }
        }
        pEntries + + ;
    }
    return E_NOINTERFACE;
```

```
    }
```

各参数解释如下：

pThis：指向包含有 COM 接口映射表的对象的指针；

pEntries：一个 _ATL_INTMAP_ENTRY 结构类型的数组，该数组中包含有效的接口映射；

iid：请求的接口的 GUID；

ppvObject：用以输出指向 iid 表示的接口的指针。

参照 AtlInternalQueryInterface 的实现，如果参数中的 iid 与 IUnknown 接口的 iid 相同 (InlineIsEqualUnknown(iid)))，将直接输出对象指针加上 _ATL_INTMAP_ENTRY 结构数组的第一个元素的 dw 成员的偏移。可见，在请求 IUnknown 时，函数返回的是 pEntries 数组中第一个元素表示的接口的 IUnknown 实现（因为每个 COM 接口都从 IUnknown 实现，在多重继承的前提下，函数只返回第一个接口的 IUnknown）。

如果请求的接口不是 IUnknown，则 AtlInternalQueryInterface 将继续搜索 pEntries 数组，直到存在一个元素，并且该元素的 pFunc 指针是 NULL。可见，pEntries 数组应该包含 pThis 所指向的 COM 对象所实现的所有接口，即所谓的 COM 对象接口映射表。并且，该数组中最后一个元素不表示任何接口且其 pFunc 成员应为 NULL。

同时还可知，如果接口映射表元素的 pFunc 成员值为 _ATL_SIMPLEMAPENTRY，dw 成员则表示所对应的接口指针相对于 pThis 对象指针的偏移，否则 pFunc 指向一个自定义的接口指针计算函数。

所以，ATL 没有直接实现 IUnknown 的 QueryInterface 方法，而同样是在 CComObjectBase 类中先做一个内部实现，该实现随着 CComObjectRootEx 被继承到每个 COM 对象中。ATL 对于 QueryInterface 的实现采用的是表驱动的方式，因此每个 ATL COM 对象中必须首先存在一个包含其所有实现接口的接口映射表。

3. COM 接口映射表

CComObjectRootObjectBase 中以表驱动的方式对接口的查询做了一个内部的实现，即 InternalQueryInterface()。所以在创建基于 ATL 的 COM 类时，需要创建一个包含所有实现接口的映射表。

每个基于 ATL 的 COM 对象必须首先创建一个静态的接口映射表，这个表的创建工作由 BEGIN_COM_MAP、END_COM_MAP、COM_INTERFACE_ENTRY 与 COM_INTERFACE_ENTRY2 这四个宏来完成。它们创建了接口映射表和接口映射表的获取函数，同时还将 IUnknown 的方法声明为纯虚函数，它们将由其派生类实现。

（1）创建接口映射表

ATL 提供 BEGIN_COM_MAP、END_COM_MAP、COM_INTERFACE_ENTRY 与 COM_INTERFACE_ENTRY2 宏这 4 个宏来创建接口映射表。

假设一个类 CClassA 继承了接口 IIntA 和 IIntB，则该类的接口映射表创建如下：

```
    class CClassA : public CComObjectRootEx<CComSingleThreadMode>
    {
        BEGIN_COM_MAP(CClassA)
            COM_INTERFACE_ENTRY(IIntA)
            COM_INTERFACE_ENTRY(IIntB)
```

```
END_COM_MAP()
...
};
```

而当 CClassB 继承了 IIntC 和 IIntD,并且 IIntC 和 IIntD 都继承自 IDispatch 接口。此时,如果客户程序在查询 IDispatch 接口,QueryInterface 所返回的 IDispatch 接口指针将无法确定其属于 IIntC 还是 IIntD。在这种情况下,需要指定 IDispatch 接口指针的默认指向。COM_INTERFACE_ENTRY2()宏即是用于完成该功能。下面代码将对 IDispatch 接口的请求默认指向属于 IIntD 的 IDispatch 接口指针。

```
class CClassB : public CComObjectRootEx<CComSingleThreadMode>
{
    BEGIN_COM_MAP(CClassA)
        COM_INTERFACE_ENTRY(IIntC)
        COM_INTERFACE_ENTRY(IIntD)
        COM_INTERFACE_ENTRY2(IDispatch, IIntD)
    END_COM_MAP()
    ...
};
```

(2)接口映射表的实现

将 CClassB 中的宏扩展可以得到以下代码并稍作精简得:

```
class CClassB : public CComObjectRootEx<CComSingleThreadMode>
{
    // BEGIN_COM_MAP(CClassB)
    public:
    typedef CClassB _ComMapClass;
    static HRESULT _Cache(void * pv, REFIID iid, void * ppvObject, DWORD_PTR
    dw)
    {
        _ComMapClass * p = (_ComMapClass *)pv;
        p->Lock();
        HRESULT hRes = E_FAIL;
        hRes = CComObjectRootBase::_Cache(pv, iid, ppvObject, dw);
        p->Unlock();
        return hRes;
    }
    IUnknown * _GetRawUnknown()
    {   return (IUnknown *)((INT_PTR)this + _GetEntries()->dw); }
    HRESULT _InternalQueryInterface(REFIID iid, void * * ppvObj)
    {   return InternalQueryInterface(this, _GetEntries(), iid, ppvObj); }
    const static ATL::_ATL_INTMAP_ENTRY * _GetEntries()
```

```
        {
            static const ATL::_ATL_INTMAP_ENTRY _entries[] =
            {
                // COM_INTERFACE_ENTRY(IIntC)
                {   &_ATL_IIDOF(IIntC), offsetofclass(IIntC, _ComMapClass),
                    _ATL_SIMPLEMAPENTRY
                },
                // COM_INTERFACE_ENTRY(IIntD)
                {   &_ATL_IIDOF(IIntD), offsetofclass(IIntD, _ComMapClass),
                    _ATL_SIMPLEMAPENTRY
                },
                // COM_INTERFACE_ENTRY2(IDispatch, IIntD)
                {   &_ATL_IIDOF(IIntD), reinterpret_cast<DWORD_PTR>
                    (static_cast<IDispatch *>(static_cast<IIntD *>
                    (reinterpret_cast<_ComMapClass *>(8)))) - 8,
                    _ATL_SIMPLEMAPENTRY
                },
                // END_COM_MAP()
                { NULL, 0, 0}
            };
            return &_entries;
        }
        virtual ULONG AddRef() = 0;
        virtual ULONG Release() = 0;
        HRESULT QueryInterface(REFIID, void *) = 0;
    };
```

BEGIN_COM_MAP()等宏的作用,关键在于提供了一个静态的_GetEntries()方法,用于获取在该方法中创建的一个静态 COM 接口映射表。其中,当 base 类(或接口)是 derived 类(或接口)的父类(或接口)时,offsetofclass(base,derived)宏用于返回 base 接口(或类)指针在类中相对 derived 指针的在派生类虚表中的指针偏移值。_ATL_SIMPLEMAPENTRY 常量表示_ATL_INTMAP_ENTRY 结构的第二个成员 dw 表示 base 与 derived 指针的偏移值。COM_INTERFACE_ENTRY2 与 COM_INTERFACE_ENTRY 的主要区别即为此偏移值的计算。

同时,END_COM_MAP()宏还将 IUnknown 的 AddRef()和 Release()方法声明为纯虚函数。由此看出,IUnknown 接口的方法将注定由该类的子类实现。

6.2.4　ATL 对类工厂的支持

在 COM 中对象要通过 class factory 的接口(通常是 IClassFactory)来创建,在 ATL 中,class factory 也是从 CComObjectRootEx 派生的 COM 类,它跟普通的 COM 类一样,也通过

CComObject 或其同伴类将逻辑功能跟生存期管理分离,在 ATL 中,class factory 类和普通类对象的创建都可以通过被称为"创建者"的模板类来创建。

```
template <class T1>
class CComCreator
{
  public：
    static HRESULT WINAPI CreateInstance(void * pv, REFIID riid, LPVOID * ppv)
    {
        HRESULT hRes = E_OUTOFMEMORY;
        T1 * p = NULL;
        p = new T1(pv);
        if (p ！ = NULL)
        {
            p->SetVoid(pv);
            p->InternalFinalConstructAddRef();
            hRes = p->FinalConstruct();
            p->InternalFinalConstructRelease();
            if (hRes = = S_OK)
                hRes = p->QueryInterface(riid, ppv);
            if (hRes ！ = S_OK)
            delete p;
        }
        return hRes;
    }
};
```

"创建者"通过提供一个静态函数 CreateInstance 来创建指定类的实例,并且查询指定的接口。第一个参数在实例化普通对象和 class factory 对象时会有不同:对于普通对象,通常会传递聚合外部对象的 IUnknown 指针,如果是非聚合创建,可以传递 NULL。

在 ATL 中,一个 class factory 对象只能创建一种类型的 COM 类实例。在 class factory 的 CreateInstance 函数中,它不是硬编码被创建的对象类型,而是通过一个函数指针成员变量来创建它所管理的对象,而这个函数指针指向的通常就是某个 COM 类的"创建者"类的 CreateInstance 静态函数的地址。

6.3 进程内组件的实现

我们以 math 组件为例,简单地介绍一下 ATL 开发进程内组件的实现过程。

6.3.1 建立 ATL 工程

建立一个工作区(workspace),在工作区中,建立一个 ATL 工程(project),示例程序叫

atlmath,并选择 DLL 方式,见图 6－1。

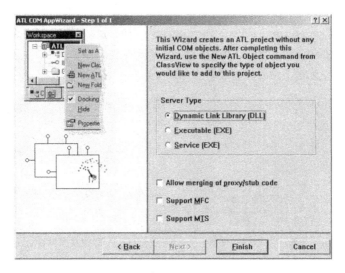

图 6－1　建立 ATL DLL 工程

图中选项含义如下:

- Dynamic Link Library(DLL):表示建立一个 DLL 的组件程序,选择它。
- Executable(EXE):表示建立一个 EXE 的组件程序。
- Service(EXE):表示建立一个服务程序,系统启动后就会加载并执行的程序。
- Allow merging of proxy/stub code:选择该项表示把"代理/存根"代码合并到组件程序中,否则需要单独编译,单独注册代理存根程序,不选择。
- Support MFC:除非有特殊的原因,我们写 ATL 程序,最好不要选择该项。
- Support MTS:支持事务处理,也就是是否支持 COM＋ 功能,不选择。

6.3.2　增加 ATL 对象类及接口

步骤 1:选择菜单 Insert\New ATL Object…(或者用鼠标右键在 ClassView 卡片中弹出菜单)并选择 Object 分类,选中 Simple Object 项目,见图 6－2。

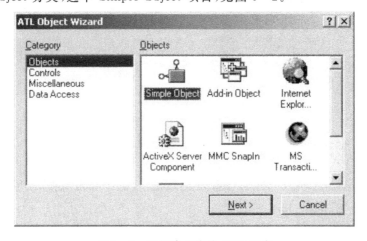

图 6－2　选择建立简单 COM 对象

Category Object 普通组件。其中可以选择的组件对象类型很多,但本质上,就是让向导帮我们默认加上一些接口。比如我们选"Simple Object",则向导给我们的组件加上 IUnknown 接口;我们选"Internet Explorer Object",则向导除了加上 IUnknown 接口外,再增加一个给 IE 所使用的 IObjectWithSite 接口。当然了,我们完全可以手工增加任何接口。

步骤 2:增加自定义类 CMath(接口 IMath),见图 6-3。

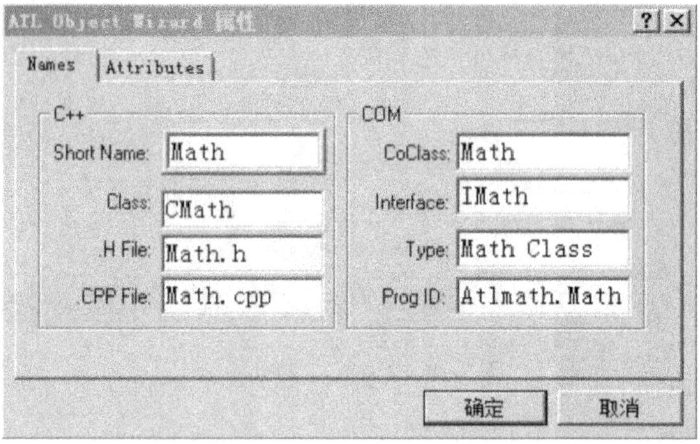

图 6-3　输入类中的各项名称

其实,我们只需要输入短名(Short Name),其他的项目会自动填写。请大家注意一下 ProgID 项,默认的 ProgID 构造方式为"工程名.短名"。

步骤 3:填写接口属性,见图 6-4。图中选项含义如下:

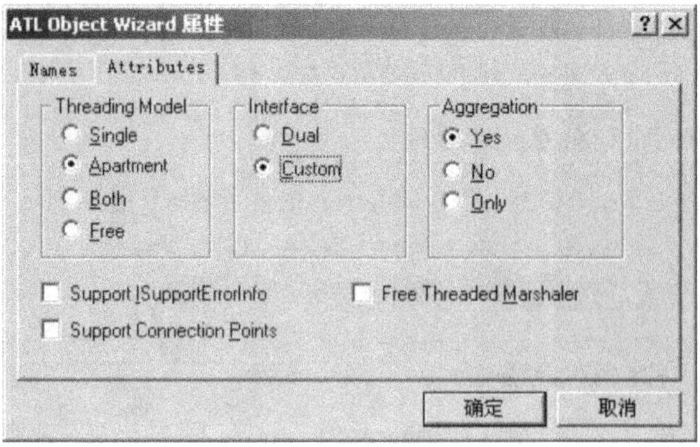

图 6-4　接口属性

• Threading Model 选择组件支持的线程模型。选 Apartment,它代表套间线程模型,这种模式下,我们可以不考虑同步问题。

• Interface 接口基本类型。Dual 表示支持双接口,这个非常重要,很常用,但现在不选。Custom 表示自定义借口。

• Aggregation 我们写的组件,将来是否允许被别人聚合使用。Only 表示必须被聚合才能使用,不选择。

- Support ISupportErrorInfo 是否支持信息的错误处理接口。
- Support Connection Points 是否支持连接点接口。
- Free Threaded Marshaler 自由线程。

6.3.3　添加接口函数及实现

1.添加接口函数

图 6-5 调出增加接口方法的菜单。

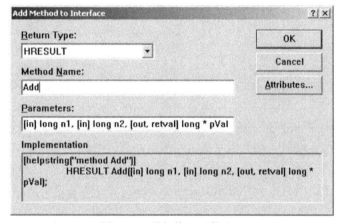

图 6-5　增加接口函数 Add

按上图增加 Add()函数。[in]表示参数方向是输入;[out]表示参数方向是输出;[out,
retval]表示参数方向是输出,同时可以作为函数运算结果的返回值。一个函数中,可以有多个
[in]、[out],但[retval]只能有一个,并且要和[out]组合后在最后一个位置。

同样的方法实现其余四个函数,下图是各个函数完成后的图示:

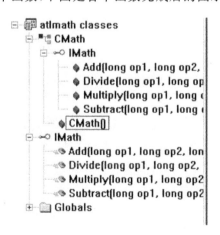

图 6-6　接口函数定义完成后的图示

我们都知道,要想改变 C++中的类函数,需要修改两个地方:一是头文件(.h)中类的函
数声明,二是函数体(.cpp)文件的实现处。而我们现在用 ATL 写组件程序,则还要修改一个

地方,就是接口定义(IDL)文件。

2. 添加各函数的实现

```
STDMETHODIMP CMath::Add(long op1, long op2, long * pVal)
{
    * pVal = op1 + op2;
    return S_OK;
}
STDMETHODIMP CMath::Subtract(long op1, long op2, long * pVal)
{
    * pVal = op1 - op2;
    return S_OK;
}
STDMETHODIMP CMath::Multiply(long op1, long op2, long * pVal)
{
    * pVal = op1 * op2;
    return S_OK;
}
STDMETHODIMP CMath::Divide(long op1, long op2, long * pVal)
{
    * pVal = op1 / op2;
    return S_OK;
}
```

函数非常简单,添加完代码后即可编译,生成第一个进程内组件阿 atlmath. dll。

6.3.4　ATL 工程的结构分析

打开工程视图,如图 6-7 所示。

下面是对工程各个文件的说明:

• atlmath. cpp:主工程文件,里面包含了 COM 所需的支持函数,这些函数用来为组件提供宿主文件。

• atlmath. def:Windows 的定义文件。对于 DLL 工程而言,该文件包含了公开的入口点。编泽完 IDL 文件后生成的文件,里面包含了在工程里对所有的 CLSID 和 IID 的定义。

• atlmath. idl:工程的 IDL 文件,在这里添加接口和方法定义;MIDL 编译器处理该文件并为工程生成一个类型库。对于每一个工程而言,只有一个 IDL 文件,所以工程里的所有组件共享该 IDL 文件。

• atlmath. rc:工程的资源文件。

• math. cpp:组件在宿主文件里的接口实现。

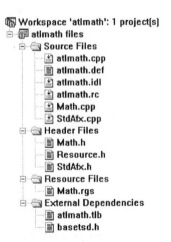

图 6-7　工程视图各文件

• math. h：组件在宿主文件里的接口声明，IDL 编译器自动生成了该文件。编译工程的 IDL 的文件就是为了生成该文件。

• resource. h：工程的资源定义文件。

• math. rgs：注册表资源文件。

• atlmath. tlb：宿主文件的二进制类型库。使用 MIDL 编译器编译 IDL 文件后就可以生成该文件。

StdAfx. h，StdAfx. cpp：ATL 框架里的定义和包含信息。

6.3.5　客户程序

重新建立一个客户程序工程（win32 console Application），并将组件程序所在目录下的 atlmath. h，atlmath_i. c 这两个文件 copy 到客户程序所在目录，然后在客户程序中 include 这 2 个文件即可。

```cpp
#include "iostream.h"
#include "atlmath.h"
#include "atlmath_i.c"


int main( int argc, char * argv[])
{
    IMath * pM = NULL;
    CLSID clsid;
    HRESULT hr;
    //初始化 COM 库
    cout << "Initializing COM" << endl;
    if ( FAILED( CoInitialize( NULL )))
    {
        cout << "Unable to initialize COM" << endl;
        return -1;
    }
    //将 GUID 转换成 CLSID
    hr = CLSIDFromProgID( L"atlmath.Math.1", &clsid );
    if ( FAILED( hr ))
    {
        cout.setf( ios::hex, ios::basefield );
        cout << "Unable to get CLSID from ProgID. HR = " << hr << endl;
        return -1;
    }
    //创建 COM 对象，并返回接口指针，第 3 个参数 CLSCTX_INPROC_SERVER 表示
    //进程内组件
    hr = CoCreateInstance(clsid,NULL,CLSCTX_INPROC_SERVER,IID_IMath,
```

```
            (LPVOID *) &pM);
    if ( FAILED( hr ))
    {
        cout.setf( ios::hex, ios::basefield );
        cout << "Failed to CoCreateInstance. HR = " << hr << endl;
        return -1;
    }
    //调用组件内的方法,并显示调用结果
    long nSum;
    hr = pM->Add( 3, 2, &nSum ); // IMath::Add()
    cout<<"3 + 2 = "<<nSum<<endl;
    //释放 COM 库
    cout << "Release COM" << endl;
    CoUninitialize();//释放 COM 库
    return 0;
}
```

6.4　多接口组件的实现

一个组件既然可以提供多个接口,那么我们在设计的时候,就应该按照函数的功能进行分类,把不同功能分类的函数用多个接口表现出来。本实例将研究如何在一个 COM 对象中实现多个 COM 接口。

6.4.1　增加接口

在上节例题的基础上手工修改 IDL 文件,添加另一个接口的描述如下:

```
import "oaidl.idl";
import "ocidl.idl";
[
    object,uuid(435EB062-54FE-419F-B4F0-79C3CD3DF022),
    helpstring("ICompute Interface"),
    pointer_default(unique)
]
interface ICompute : IUnknown
{
    [helpstring("method Add")] HRESULT Add([in] long n1,[in] long n2,[out,
    retval] long * pVal);
};
[
    object,
```

```
        uuid(435EB063 - 54FE - 419F - B4F0 - 79C3CD3DF022),
        helpstring("IArea Interface"),
        pointer_default(unique)
    ]
    interface IArea : IUnknown
    {
    };
    [
        uuid(CBBE4FAB - 05DB - 439E - BCFA - 80D6B63E96D0), version(1.0),
        helpstring("exe2 1.0 Type Library")
    ]
    library EXE2Lib
    {
        importlib("stdole32.tlb");
        importlib("stdole2.tlb");

        [
            uuid(3CE53EA3 - 3C65 - 4A56 - 8828 - AF7F022393A8),
            helpstring("Compute Class")
        ]
        coclass Compute
        {
            [default] interface ICompute;
            interface IArea;// 注意不能添[default]

        };
    };
```

6.4.2　接口入口表的完善

打开头文件(Compute. h)，手工增加类的派生关系和接口入口表，然后保存。

```
    class ATL_NO_VTABLE CCompute :
        public CComObjectRootEx<CComSingleThreadModel>,
        public CComCoClass<CCompute, &CLSID_Compute>,
        public ICompute,
        public IArea
        {
          public:
            CCompute()
            {
```

```
        }
    public：
        CArea()
        {
        }


    DECLARE_REGISTRY_RESOURCEID(IDR_COMPUTE)
    DECLARE_PROTECT_FINAL_CONSTRUCT()
    BEGIN_COM_MAP(CCompute)
        COM_INTERFACE_ENTRY(ICompute)
        COM_INTERFACE_ENTRY(IArea)
    END_COM_MAP()


    // ICompute
    public：
        STDMETHOD(Triangle)(/ * [in] * / double s1, / * [in] * / double s2, / *
        [in] * / double s3, / * [out,retval] * / double * p);
    };
#endif //__COMPUTE_H_
```

6.4.3 接口方法

在 IArea 接口中增加函数,完成计算三角形面积的方法：

```
    HRESULT Triangle([in] double s1, [in] double s2, [in] double s3,
    [out,retval] double * p);
```

函数代码实现从略,编译后生成多接口的组件。

6.4.4 客户程序

这里我们用两种方法来创建 COM 对象,第一个客户程序使用 CoCreateInstance(),第二个客户程序使用 CoGetClassObject(),分别进行测试。

```
    #include "exe2.h"
    #include "exe2_i.c"
    int main(int argc, char * argv[])
    {
        IUnknown * pUnk = NULL;
        ICompute * pC;
        IArea * pA;
        CLSID clsid;
        HRESULT hr;
```

```
cout << "Initializing COM" << endl;
if ( FAILED( CoInitialize( NULL )))
{
    cout << "Unable to initialize COM" << endl;
    return -1;
}


hr = ::CLSIDFromProgID( L"Exe2.Compute.1", &clsid );
if ( FAILED( hr ))
{
    cout.setf( ios::hex, ios::basefield );
    cout << "Unable to get CLSID from ProgID. HR = " << hr << endl;
    return -1;
}


hr = CoCreateInstance(
    clsid,
    NULL,
    CLSCTX_INPROC_SERVER, // 以进程内组件 DLL 方式加载
    IID_IUnknown, // 想取得 IUnknown 接口指针
    (LPVOID * ) &pUnk);

if ( FAILED( hr ))
{
    cout.setf( ios::hex, ios::basefield );
    cout << "Failed to CoCreateInstance. HR = " << hr << endl;
    return -1;
}


hr = pUnk->QueryInterface( // 从 IUnknown 得到其他接口指针
    IID_ICompute, // 想取得 ICompute 接口指针
    (LPVOID * )&pC );

if ( FAILED( hr ))
{
    cout.setf( ios::hex, ios::basefield );
    cout << "Failed to ICompute. HR = " << hr << endl;
    return -1;
}
```

```
        long nSum;
        hr = pC->Add( 1, 2, &nSum ); // ICompute::Add()
        cout<<"1 + 2 = "<<nSum<<endl;
        pC->Release();

        hr = pUnk->QueryInterface( // 从 IUnknown 得到其他接口指针
            IID_IArea, // 想取得 IArea 接口指针
            (LPVOID *)&pA );
        if ( FAILED( hr ))
        {
            cout.setf( ios::hex, ios::basefield );
            cout << "Failed to IArea. HR = " << hr << endl;
            return -1;
        }
        double nArea;
        hr = pA->Triangle( 3, 4, 5,&nArea );
        cout<<"s(3,4,5) = "<<nArea<<endl;
        pA->Release();

        cout << "Uninitializeing COM" << endl;
        CoUninitialize();
        return 0;
}


# include "exe2.h"
# include "exe2_i.c"
# include <iostream.h>
int main( int argc, char *argv[] )
{
    cout << "Initializing COM" << endl;
    if ( FAILED( CoInitialize( NULL )))
    {
        cout << "Unable to initialize COM" << endl;
        return -1;
    }

    CLSID clsid;
    HRESULT hr = ::CLSIDFromProgID( L"Exe2.Compute.1", &clsid );
```

```
if ( FAILED( hr ))
{
    cout.setf( ios::hex, ios::basefield );
    cout << "Unable to get CLSID from ProgID. HR = " << hr << endl;
    return -1;
}


IClassFactory * pCF;
hr = CoGetClassObject(clsid,CLSCTX_INPROC,NULL,IID_IClassFactory,
                      (void * * ) &pCF );
if ( FAILED( hr ))
{
    cout.setf( ios::hex, ios::basefield );
    cout << "Failed to GetClassObject server instance. HR = " << hr <<
    endl;
    return -1;
}


ICompute * pC = NULL;
hr = pCF - >CreateInstance( NULL, IID_ICompute, (void * * ) &pC );

cout << "Releasing IClassFactory" << endl;
pCF - >Release();

if ( FAILED( hr ))
{
    cout.setf( ios::hex, ios::basefield );
    cout << "Failed to create server instance. HR = " << hr << endl;
    return -1;
}
else
{
    long result;
    pC - >Add( 1, 8, &result );
    cout << "one:1 + 8 = " << result << endl;

    ICompute * pC1 = pC;
    pC1 - >AddRef();
    pC1 - >Add( 2, 7, &result );
```

```
        cout << "two:2 + 7 = " << result << endl;
        pC1 - >Release();
    }


    IArea * pA = NULL;
    hr = pC - >QueryInterface( IID_IArea, (LPVOID * )&pA );
    if ( FAILED( hr ))
    {
        cout << "QueryInterface() for IArea failed" << endl;
        return - 1;
    }
    else
    {
        double result1;
        pA - >Triangle( 3,4,5, &result1 );
        cout << "s(3,4,5) = " << result1<< endl;
        pA - >Release();
    }

    cout << "Releasing ICompute interface" << endl;
    pC - >Release();

    cout << "Uninitializing COM" << endl;
    CoUninitialize();

    return 0;
}
```

6.5　自动化组件的实现

6.5.1　服务器的实现

①建立一个 ATL 工程(Project),工程名称为"ComAuto"。

②按默认进行。选择 DLL 类型、不合并代理和存根代码、不支持 MFC、不支持 MTS。

③New Atl Object… 选择 Simple Object。

④输入名称和属性,属性按默认进行,也就是 dual(双接口)方式,如图 6 - 8 所示。

⑤增加函数:在 ClassView 卡片中,选择接口、鼠标右键菜单 Add Method …两个方法的 IDL 申明如下:

```
    Add([in] VARIANT v1, [in] VARIANT v2, [out, retval] VARIANT * pVal);
```

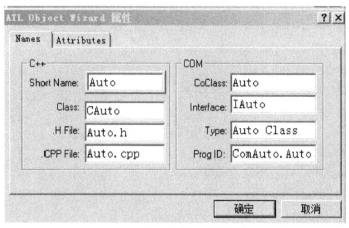

图 6-8　接口名称和属性的设置

Upper([in] BSTR str, [out,retval] BSTR * pVal);

⑥函数实现:

```
STDMETHODIMP CAuto::Add(VARIANT v1, VARIANT v2, VARIANT * pVal)
{
    ::VariantInit( pVal );//初始化返回值。对于不马上赋值的 VARIANT,最好先
                          //用 Void VariantInit(VARIANTARG FAR * pvarg);
                          //进行初始化,其本质是将 vt 设置为 VT_EMPTY

    CComVariant v_1( v1 );//实例化模版类 CComVariant,并将 v1 传给它
    CComVariant v_2( v2 );

    if((v1.vt & VT_I4) && (v2.vt & VT_I4) )// 如果都是整数类型(通过 v1.vt &
                                 //VT_I4 可判断是否包含整数)
    {
        v_1.ChangeType( VT_I4 );// 转换为整数
        v_2.ChangeType( VT_I4 );// 转换为整数
        pVal->vt = VT_I4;
        pVal->lVal = v_1.lVal + v_2.lVal;// 加法
    }
    else//否则作为字符串处理
    {
        v_1.ChangeType( VT_BSTR );// 转换为字符串
        v_2.ChangeType( VT_BSTR );// 转换为字符串
        CComBSTR bstr( v_1.bstrVal );//实例化模版类 CComBSTR,并将 v_1.bstrVal
                                 //传给它
        bstr.AppendBSTR( v_2.bstrVal );// 字符串连接
        pVal->vt = VT_BSTR;
```

```
            pVal->bstrVal = bstr.Detach();
        }
        return S_OK;
    }
    STDMETHODIMP CAuto::Upper(BSTR str, BSTR * pVal)
    {
        * pVal = NULL;//初始化返回值是个好习惯
        CComBSTR s(str);
        s.ToUpper();// 转换为大写
        * pVal = s.Copy();
        return S_OK;
    }
```

其中加法函数 Add()不使用 long 类型,而使用 VARIANT,它的好处是:函数内部动态判断参数类型,如果是整数则进行整数加法,如果是字符串,则进行字符串加法(字符串加法就是字符串连接)。也就是说,如果参数是 VARIANT,那么就可以实现函数的可变参数类型了。

6.5.2　客户机的实现

这里,以脚本应用(vbscript 调用举例):打开"记事本"程序,输入脚本程序,保存为 vbauto.vbs 文件,如图 6-9 所示,然后在资源管理器里双击运行。

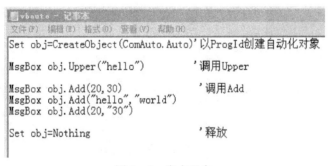

图 6-9　脚本程序

小　结

　　ATL(Active Template Library)是微软的活动模板库,是一个产生 C++/COM 代码的框架,专门用于开发 COM 组件。ATL 提供了小巧、高效、灵活的类,这些类为创建可互操作的 COM 组件提供了基本的设施。在 Visual C++ 中,我们既可以使用 MFC 也可以使用 ATL。MFC 完全面向 Windows 应用,它用 C++ 的封装技术建立了一套适合于开发 Windows 应用的 C++ 类库,并可在 Windows 应用的基础上提供相应的 COM 支持。而 ATL 则完全面向 COM 组件,其结构完全针对 COM 中的诸多规范。因此,拥有 MFC 和 ATL 的 VC,是编写 COM 组件的最强工具。本章简单介绍了 ATL 对 COM 的支持,并给出了典型的几种组件的开发实例,要求学生掌握使用 ATL 开发 COM 组件的原理及步骤。

第7章 ActiveX 技术

7.1 ActiveX 概要

7.1.1 ActiveX 的定义

ActiveX 是 Microsoft 提出的一组使用 COM(Component Object Model,部件对象模型)使得软件部件在网络环境中进行交互的技术集,它与具体的编程语言无关。作为针对 Internet 应用开发的技术,ActiveX 被广泛应用于 WEB 服务器以及客户端的各个方面。同时,ActiveX 技术也被用于方便地创建普通的 Windows 应用程序。

7.1.2 ActiveX 的内容

ActiveX 是一种标准。使用这个标准可以使用不同语言开发的软件构件在网络环境中相互操作。它使得 Internet 超越静态文本,利用多媒体效果和可交互的对象,向用户提供更加主动有趣和更加有用的服务。

另外,ActiveX 也是开放技术的集合,它涵盖了所有流行的 Internet 标准、语言和平台。通过连接 Sun 公司的 Java 技术和微软公司的 OLE 组件技术,ActiveX 给用户和开发商提供了一个内容丰富的平台,在开发 Internet 新的应用程序的同时,可以保护它们以前在应用程序、工具和源码上的投资。

ActiveX 既包含服务器端技术,也包含客户端技术。其主要内容是:

①ActiveX 控制(ActiveX Control):用于向 Web 页面、Microsoft Word 等支持 ActiveX 的容器(Container)中插入 COM 对象。

②ActiveX 文档(ActiveX Document):用于在 Web Browser 或者其他支持 ActiveX 的容器中浏览复合文档(非 HTML 文档),例如 Microsoft Word 文档,Microsoft Excel 文档或者用户自定义的文档等。

③ActiveX 脚本描述(ActiveX Scripting):用于从客户端或者服务器端操纵 ActiveX 控制和 Java 程序,传递数据,协调它们之间的操作。

④ActiveX 服务器框架(ActiveX Server Framework):提供了一系列针对 Web 服务器应用程序设计各个方面的函数及其封装类,诸如服务器过滤器、HTML 数据流控制等。

在 Internet Explorer 中内置 Java 虚拟机(Java Virtual Machine),从而使 Java Applet 能够在 Internet Explorer 上运行,并可以与 ActiveX 控制通过脚本描述语言进行通信。

7.1.3 ActiveX 与 Java 的比较

ActiveX 提供了一种扩展包括 Java 在内的任何编程语言的机制,Java 的开发人员可以在

Applet 中使用 ActiveX 技术，直接嵌入 ActiveX 控制，或者以 ActiveX 技术为桥梁，将其他开发商提供的多种语言的程序对象集成到 Java 中。与 Java 的字节码技术相比，ActiveX 提供了"代码签名"(code signing)技术保证其安全性。

7.2 ActiveX 控件

ActiveX 控件是一种实现了一系列特定接口而使其在使用和外观上更像一个控件的 COM 组件。ActiveX 控件这种技术涉及到了几乎所有的 COM 和 OLE 的技术精华，如可连接对象、统一数据传输、OLE 文档、属性页、永久存储以及 OLE 自动化等。

ActiveX 控件可以使 COM 组件从外观和使用上能与普通的窗口控件一样，而且还提供了类似于设置 Windows 标准控件属性的属性页，使其能够在包容器程序的设计阶段对 ActiveX 控件的属性进行可视化设置。ActiveX 控件提供的这些功能使得对其使用时非常方便。

7.2.1 ActiveX 控件相关技术

ActiveX 控件的主要技术基础为 OLE 复合文档技术，它涉及 OLE 嵌入对象与包容器程序之间的所有技术，并且 ActiveX 控件也引入了一些新的技术规范，包括结构化存储技术、自动化技术、实地激活(in-place activation，主要用于嵌入对象)、属性页技术、永久对象技术、可连接对象机制等等，如表 7-1 所示。

表 7-1　ActiveX 控件相关技术

功能要求	使用的技术
属性和方法管理	自动化 属性变化通知(包括可连接对象机制)
事件管理	自动化 可连接对象(以 IDispatch 作为出接口)
用户界面特性(可视性)	实地激活 OLE 嵌入对象 可视对象(实现了接口 IViewObject2) 统一数据传输
状态永久性机制	结构化存储 永久对象

1. 实地激活(in-place activation)

实地激活是指 OLE 对象的一种界面特性，具有实地激活特性的对象可以直接在包容器窗口内部进行编辑，也被称作实地编辑(in-place editing)或可视编辑 (visual editing)。

为了实现实地激活特性，要求 OLE 对象和包容器程序之间必须遵守严格的接口约定。其中主要包括以下一些接口：IOleInPlaceFrame、IOleInPlaceWindow、IOleInPlaceSite、IOleInPlaceObject 和 IOleInPlaceActiveObject。

为了支持实地激活特性，它必须提供一个站点对象(site object)，站点对象实现了接口 IOleInPlaceSite、IOleClientSite 以及 IAdviseSink。只要站点对象支持接口 IOleInPlaceSite，那么被嵌入的对象就会知道包容器支持实地激活特性。

2. 属性页(property page)

属性页(property page)是 OLE 的一项技术,属性表(property sheet)由多个属性页组成,每一个属性页有一个标题,通常属性表是一个有模式的对话框,而属性页是一个内嵌在属性表对话框中的无模式窗口。

属性页技术涉及到四个方面:客户方、COM 对象、属性表和属性页。它们相互之间的通信由一组预定义的 COM 接口以及 API 函数实现。

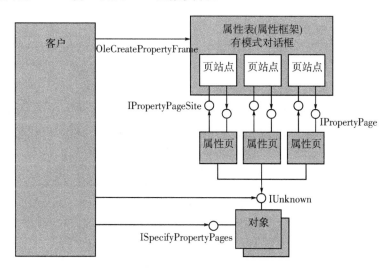

图 7-1　客户、属性表、属性页和对象之间的结构关系

3. 属性变化通知

有时候,客户程序希望知道 COM 对象的属性什么时候发生了变化,以便对属性变化作出反应。属性变化通知包括两种情形:

①当对象改变其属性时,它先向客户发送一个请求,询问客户是否允许改变该属性;

②当对象已经改变了属性之后,它向客户发送一个通知告诉客户该属性已经被改变。

OLE 提供了一个专用于属性变化通知的接口 IPropertyNotifySink。

ActiveX 控制如同一般的自动化对象一样,它有属性和方法,属性反映了 ActiveX 控制的内部状态,方法提供了各种功能。ActiveX 控件作为基本的界面单元,必须拥有自己的属性和方法以适合不同特点的程序和向包容器程序提供功能服务,其属性和方法均由自动化服务的 IDispatch 接口来支持。除了属性和方法外,ActiveX 控件还具有区别于自动化服务的一种特性——事件。事件指的是从控件发送给其包容程序的一种通知。与窗口控件通过发送消息通知其拥有者类似,ActiveX 控件是通过触发事件来通知其包容器的。事件的触发通常是通过控件包容器提供的 IDispatch 接口来调用自动化对象的方法来实现的。在设计 ActiveX 控件时就应当考虑控件可能会发生哪些事件以及包容器程序将会对其中的哪些事件感兴趣并将这些事件包含进来。与自动化服务不同,ActiveX 控件的方法、属性和事件均有自定义(custom)和库存(stock)两种不同的类型。自定义的方法和属性也就是普通的自动化方法和属性,自定义事件则是自己选取名字和 Dispatch ID 的事件。而所谓的库存方法、属性和事件则是使用了 ActiveX 控件规定了名字和 Dispatch ID 的"标准"方法、属性和事件。

7.2.2　ActiveX 控件结构

一个 ActiveX 控制必须具备以下基本的要求：

① 属性和方法管理；

② 事件机制；

③ 用户界面特性（可视性）；

④ 状态永久性机制。

图 7-2 是 ActiveX 控件的基本结构。

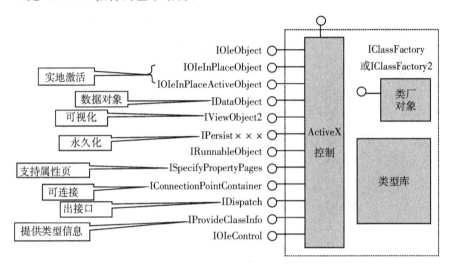

图 7-2　ActiveX 控件结构

7.2.3　ActiveX 控件包容器

ActiveX 控制的包容器程序通常是一个表单或者对话框，也可以是复合文档的视窗口或者文档对象。包容器通常要管理多个 ActiveX 控制，或者其他 Windows 普通控制。下表 7.2 所示为是 ActiveX 控件包容器的相关技术。

表 7-2　ActiveX 控件包容器相关技术列表

功能要求	使用的技术
布局特性	OLE 复合文档 OLE 拖-放机制
永久特性	结构化存储 永久对象
包容器环境属性	自动化 控制站点对象
事件机制	自动化 可连接对象
包容器扩展控制	包容和聚合两种重用模型
键盘功能	IOleControl 和 IOleControlSite 接口

图 7-3 所示是包容器基本结构。

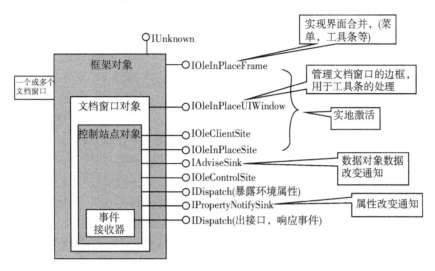

图 7-3　包容器基本结构

7.3　ActiveX 控件开发

7.3.1　建立工程框架

通过"MFC ActiveX ControlWizard"向导可以非常容易地建立一个 MFC ActiveX 控件工程框架。按照默认的选项将建立如图 7-4 所示的工程结构。

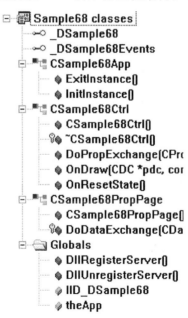

图 7-4　使用缺省选项建立的 ActiveX 控件工程结构

其中,_DSample68 和_DSample68Events 这两个接口将为客户程序提供本控件的属性、方法以及可能响应的事件。全局函数 DllRegisterServer()和 DllUnregisterServer()分别用于控件在注册表的注册和注销,一般不需要对其进行改动。

应用程序类从 COleControlModule 继承,而 COleControlModule 有是从 CWinApp 派生,提供了初始化控件模块的功能。CSample68PropPage 的基类是 COlePropertyPage,CDialog 类的派生类,主要负责对属性页中对图形界面下用户控件属性的显示。控件类 CSample68Ctrl 类是这几个类中比较重要的一个类,大部分实质性工作都在该类完成,其基类为 COleControl,从 CWnd 和 CCmdTarget 继承,因此能够为控件对象提供与 MFC 窗口对象相同的功能,同时也提供了一系列事件触发函数和一个分发映射表,使 ActiveX 控件能够同包容器程序有效地进行交互。该类的派生类将可以在满足特定的条件时向控件的包容器发送消息或是触发事件,以通知包容器程序在控件内有一些重要的事件发生。分发映射表是其中很重要的一个部分,负责向包容器程序暴露控件提供的方法和属性。图 7-5 展示了 COleControl 类在控件与包容器通信中所起的作用。可以看出,ActiveX 控件与其包容器之间的所有通信过程都是由 COleControl 来完成的。

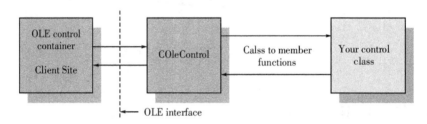

图 7-5　COleControl 在 ActiveX 控件与包容器通信中的作用

控件类对基类 COleControl 的 OnDraw()函数进行了重载,向导生成了如下缺省代码,其作用是在控件的客户区绘制一个椭圆。在编程过程中通常要对其进行替换。

```
void CSample68Ctrl::OnDraw(
CDC * pdc, const CRect& rcBounds, const CRect& rcInvalid)
{
    pdc - >FillRect(rcBounds, CBrush::FromHandle((HBRUSH)GetStockObject
    (WHITE_BRUSH)));
    pdc - >Ellipse(rcBounds);
}
```

对向导生成的代码进行编译后,将产生扩展名为 ocx 的 ActiveX 控件。ActiveX 控件并不能独立运行,只能在包容器程序中才能够运行。通常,为了调试方便而多使用 VC++附带的 ActiveX Control Test Container 工具以在测试阶段对 ActiveX 控件进行调试。在测试工具的客户区点击鼠标右键,并选中弹出菜单的"Insert New Control…"菜单项,将弹出图 7-6 所示的对话框,左侧的列表框中列出了当前系统中所有注册的 ActiveX 控件,选中要测试的控件并将其插入到测试程序即可通过"Control"菜单下的各菜单项对控件的方法、属性以及事件等进行测试。在位于下方的分割视图中将跟踪显示出调试记录(见图 7-7)。

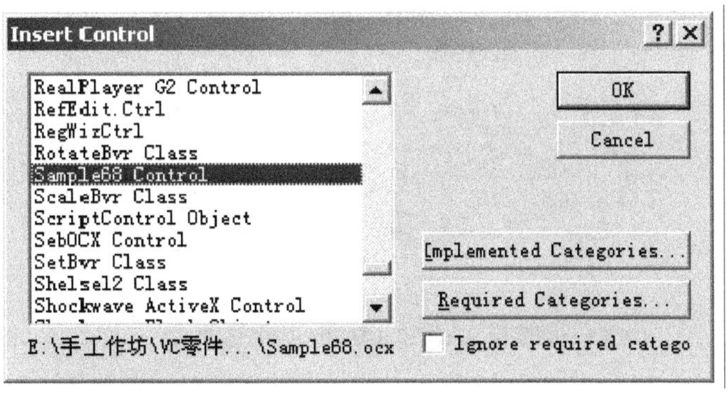

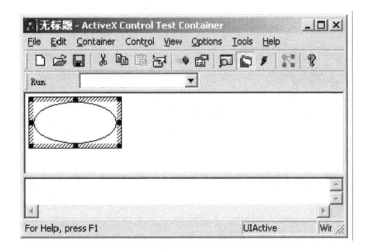

图 7 - 6　插入 ActiveX 控件

图 7 - 7　插入的待测试控件

7.3.2　属性、方法以及事件的添加

对 ActiveX 控件属性、方法和事件的添加均有库存和自定义两种。其中对属性和方法的添加在 MFC ClassWizard 对话框的 Automation 页中通过按钮"Add Property…"和"Add Method…"弹出如图 7-8 和图 7-9 所示的添加属性和添加方法的对话框来完成。对于库存属性和方法,可以直接从 External name 组合框的下拉列表中选取,Implementation 项将自动设置为 Stock。对于自定义属性和方法的添加与在自动化对象中为接口添加属性和方法的过程一样,ClassWizard 将在.odl 文件和控件类生成相应的代码,下面给出的是在控件类中实现的部分分发映射代码:

```
...
// Dispatch maps
//{{AFX_DISPATCH(CSample68Ctrl)
CString m_message;
afx_msg void OnMessageChanged();
afx_msg short GetXPos();
```

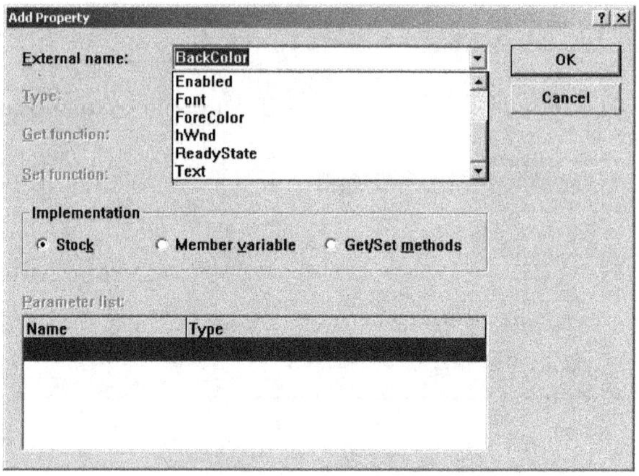

图 7-8 属性的添加

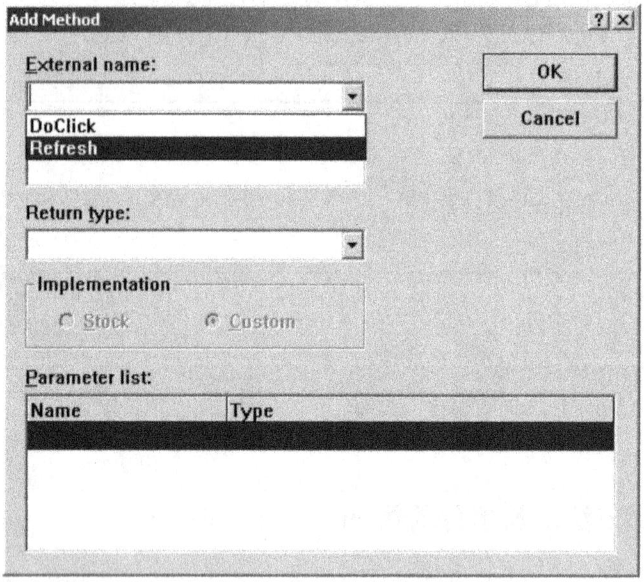

图 7-9 方法的添加

```
afx_msg void SetXPos(short nNewValue);
afx_msg short GetYPos();
afx_msg void SetYPos(short nNewValue);
afx_msg short MessageLen();
//}}AFX_DISPATCH
DECLARE_DISPATCH_MAP()
// Dispatch and event IDs
public:
enum {
    //{{AFX_DISP_ID(CSample68Ctrl)
```

```
        dispidMessage = 1L,
        dispidXPos = 2L,
        dispidYPos = 3L,
        dispidMessageLen = 4L,
        //}}AFX_DISP_ID
};
...
BEGIN_DISPATCH_MAP(CSample68Ctrl, COleControl)
//{{AFX_DISPATCH_MAP(CSample68Ctrl)
DISP_PROPERTY_NOTIFY(CSample68Ctrl, "Message", m_message, OnMessageChanged,
VT_BSTR)
DISP_PROPERTY_EX(CSample68Ctrl, "XPos", GetXPos, SetXPos, VT_I2)
DISP_PROPERTY_EX(CSample68Ctrl, "YPos", GetYPos, SetYPos, VT_I2)
DISP_FUNCTION(CSample68Ctrl, "MessageLen", MessageLen, VT_I2, VTS_NONE)
DISP_STOCKPROP_BACKCOLOR()
DISP_STOCKPROP_CAPTION()
DISP_STOCKPROP_FORECOLOR()
//}}AFX_DISPATCH_MAP
END_DISPATCH_MAP()
    ...
```

在这里共添加了一个自定义方法 MessageLen() 和三种库存属性 BackColor、Caption 和 ForeColor(分别表示控件的背景色、标题和前台色)、两个以 Get/Set 方式获取的自定义属性 XPos、YPos 和一个以成员变量方式实现的自定义属性 Message。这几个自定义属性分别表示要显示字符串的 x、y 坐标和要显示的内容。对于采取 Get/Set 方式获取的属性,应当在控件类中为其添加相应的成员函数,并修改其 Get、Set 成员函数的实现过程:

```
short m_nYPos;
short m_nXPos;
...
short CSample68Ctrl::GetXPos()
{
    return m_nXPos;
}
void CSample68Ctrl::SetXPos(short nNewValue)
{
    m_nXPos = nNewValue;
    SetModifiedFlag();
}
short CSample68Ctrl::GetYPos()
{
```

```
        return m_nYPos;
    }
    void CSample68Ctrl::SetYPos(short nNewValue)
    {
        m_nYPos = nNewValue;
        SetModifiedFlag();
    }
```

对于以成员变量方式创建的属性 Message,向导还为其生成了一个消息响应函数:

```
    void CSample68Ctrl::OnMessageChanged()
    {
        SetModifiedFlag();
    }
```

只要该属性的值被更改,OnMessageChanged()函数即会被调用。

　　为了使上述属性设置如背景色、前景色等能够与控件实际联系起来,需要替换控件类 OnDraw()函数中由向导生成的那部分代码。例如,下面这段代码即以前面添加的属性设置作为参数值,在控件中显示一串字符:

```
    // 用背景色设置画刷
    CBrush Brush(TranslateColor(GetBackColor()));
    // 用前台色设置字体颜色
    pdc->SetTextColor(TranslateColor(GetForeColor()));
    // 绘制背景
    pdc->FillRect(rcBounds, &Brush);
    // 设置字体背景透明
    pdc->SetBkMode(TRANSPARENT);
    // 显示字符
    pdc->TextOut(m_nXPos, m_nYPos, m_message);
```

　　为了使属性设置更改后,其效果能够立即在控件上显示出来,应当在与属性设置相关的函数实现中调用 InvalidateControl()以更新控件的显示。

　　可以编译程序并在 ActiveX Control Test Container 工具中对其进行测试。在插入控件后,通过"Invoke Methods…"菜单项弹出如图 7-10 对话框。在 Method Name 组合框中可以选择要测试的属性和方法。其中,对于属性的测试分别有 ProgGet 和 ProgSet 的说明以指出是对属性值的获取与设置。在 Parameter 编辑框中输入要设置的参数及其对应的参数类型,点击 Set Value 按钮将把该参数值添加到参数列表框,最后点击 Invoke 按钮将在控件应用设置的属性并执行指定的方法。对于有返回值的方法,其执行结果将在 Return 编辑框中显示。如果出现了异常操作,在 Exception 编辑框中将会显示出相应的异常错误信息。图 7-11 给出了经过属性设置的控件界面。

　　对于控件属性的添加,在 MFC ClassWizard 对话框的 ActiveX Events 页中通过"Add Event…"按钮弹出如图 7-12 所示的"Add Event"事件添加对话框。与方法、属性的添加类似,在 External name 组合框中可以输入要添加的自定义事件名称,也可以从下拉列表选择库

图 7 - 10　对属性、方法的测试

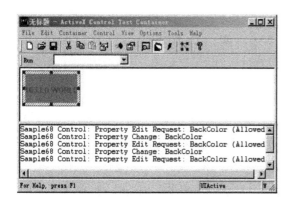

图 7 - 11　设置了属性后的控件

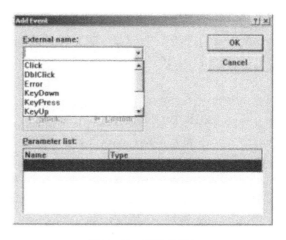

图 7 - 12　事件的添加

存事件。Implementation 项将根据所要添加的事件类型而自动设置 Stock 或 Custom 选项。ActiveX 控件将通过添加的事件来通知容器程序有特定的事件发生,库存事件多为键盘、鼠标事件,将由 COleControl 自动进行处理。对于自定义事件,则只是在.odl 文件和控件类中添加了事件映射表等必要的代码(代码附下),至于应当在何种条件下触发该事件须由开发人员自行编写代码。

```
dispinterface _DSample68Events
{
    properties：
    // Event interface has no properties
    methods：
    // NOTE — ClassWizard will maintain event information here
    // Use extreme caution when editing this section
    //{{AFX_ODL_EVENT(CSample68Ctrl)
```

```
    [id(1)] void MsgOut();
    //}}}AFX_ODL_EVENT
};
…
// Event maps
//{{{AFX_EVENT(CSample68Ctrl)
void FireMsgOut()
{FireEvent(eventidMsgOut,EVENT_PARAM(VTS_NONE));}
//}}}AFX_EVENT
DECLARE_EVENT_MAP()
// Dispatch and event IDs
public：
enum {
    //{{{AFX_DISP_ID(CSample68Ctrl)
    …
    eventidMsgOut = 1L,
    //}}}AFX_DISP_ID
};
…
BEGIN_EVENT_MAP(CSample68Ctrl, COleControl)
//{{{AFX_EVENT_MAP(CSample68Ctrl)
EVENT_CUSTOM("MsgOut", FireMsgOut, VTS_NONE)
//}}}AFX_EVENT_MAP
END_EVENT_MAP()
```

上述代码添加了一个 MsgOut 的自定义事件,可以在通过调用 FireMsgOut()来激发。

下面对 Message 属性的 OnMessageChanged()消息响应函数进行修改。每当 Message 属性内容被更改都会调用该函数,在该函数中调用此前添加的 MessageLen()方法以确定更改后的 Message 属性的字符串长度,在长度大于 10 时调用 FireMsgOut()触发 MsgOut 事件。

```
    void CSample68Ctrl::OnMessageChanged()
    {
        InvalidateControl();
        if (MessageLen() >= 10)
        FireMsgOut();
        SetModifiedFlag();
    }
```

在用 ActiveX Control Test Container 对刚添加的事件进行测试时,首先通过"Control"菜单下的"Logging…"菜单项弹出如图 7-13 所示的对话框,并从"Events"属性页中选中要跟踪记录的事件。当通过 Invoke Methods 对话框设置 Message 属性的内容超过 10 个字符后,位于程序框架下方的分割视图将记录控件所触发的 MsgOut 事件,如图 7-14 所示。

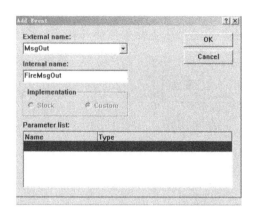

图 7－13　选择要记录的事件　　　　　　图 7－14　对事件的测试

7.3.3　实现属性表

属性表是 ActiveX 控件所特有的一种技术,可以在包容器程序处于设计阶段时为其提供一个可视化的人机交互界面,并可以通过其对控件的自定义属性和库存属性进行设置。在用向导生成程序框架的同时即已经生成了一个空的用于管理自定义属性的属性页。在代码上通过控件类实现文件中的属性页 ID 表对其进行维护:

```
BEGIN_PROPPAGEIDS(CSample68Ctrl, 1)
PROPPAGEID(CSample68PropPage::guid)
END_PROPPAGEIDS(CSample68Ctrl)
```

这里的 CSample68PropPage 类是从 COlePropertyPage 派生出来的,而 COlePropertyPage 的基类又是 CDialog,因此不难发现 CSample68PropPage 与通常的对话框类是比较相似的。可以像处理对话框一样在资源视图中为缺省的属性页添加与自定义属性相关的交互用控件,并通过 ClassWizard 将这些控件与类成员变量建立绑定关系。但是有一点不同,就是在绑定成员变量时还要与控件中的相应属性建立起对应关系。如图 7－15 所示,在 Optional property name 组合框中输入自定义属性名或是直接从下拉列表选择库存属性名,ClassWizard 向导将在属性页类的 DoDataExchange()函数中添加控件、变量和属性的绑定代码:

```
void CSample68PropPage::DoDataExchange(CDataExchange * pDX)
{
    //{{AFX_DATA_MAP(CSample68PropPage)
    DDP_Text(pDX, IDC_MESSAGE, m_sMessage, _T("Message"));
    DDX_Text(pDX, IDC_MESSAGE, m_sMessage);
    DDP_Text(pDX, IDC_TITLE, m_sCaption, _T("Caption"));
    DDX_Text(pDX, IDC_TITLE, m_sCaption);
    DDP_Text(pDX, IDC_XPOS, m_nXPos, _T("XPos"));
    DDX_Text(pDX, IDC_XPOS, m_nXPos);
    DDP_Text(pDX, IDC_YPOS, m_nYPos, _T("YPos"));
    DDX_Text(pDX, IDC_YPOS, m_nYPos);
    //}}AFX_DATA_MAP
```

```
        DDP_PostProcessing(pDX);
    }
```

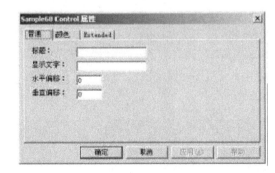

图 7 - 15　成员变量、控件与属性的绑定

　　这里只是在向导生成的缺省属性页中实现了自定义属性的可视化设置。虽然也可以用相同的方法为库存属性进行设置,但是更多的还是采用添加库存属性页 ID 的方法来直接使用库存属性页来对其进行维护。例如,对于库存属性 BackColor 和 ForeColor,可以通过 ID 号为 CLSID_CcolorPropPage 的库存属性页来进行设置,在将其添加到属性页 ID 表的同时一定要注意修改 BEGIN_PROPPAGEIDS()宏的属性页计数,否则将会引起系统的崩溃。

```
        BEGIN_PROPPAGEIDS(CSample68Ctrl, 2)
        PROPPAGEID(CSample68PropPage::guid)
        PROPPAGEID(CLSID_CColorPropPage)
        END_PROPPAGEIDS(CSample68Ctrl)
```

　　继续在 ActiveX Control Test Container 中测试控件,将其插入后选择“Edit”菜单的“Properties…”菜单项,将弹出如图 7 - 16 所示的属性表。该属性表共有三个属性页,其中第一个属性页为刚才编辑的自定义属性页,第二个属性页(如图 7 - 17 所示)即为 CLSID_CcolorPropPage 所指定的颜色属性页(为库存属性页),最后一个属性页则是向导自动添加的扩展属性页。在属性表中设置了相应的属性后,点击“应用”按钮即可让控件使用新的属性。这与在“Invoke Methods”对话框中所完成的功能一样,但显然要方便得多。而且在包容器程序的设计阶段,也是通过该属性表来完成控件与客户的属性设置交互的。

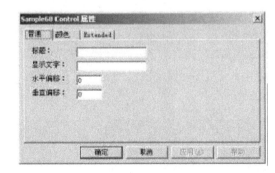

　　　　图 7 - 16　控件的属性表　　　　　　　　　　图 7 - 17　颜色属性页

7.3.4　在包容程序中使用 ActiveX 控件

对于 ActiveX 控件的包容器程序,并不需要像使用 OLE 文档服务器或 ActiveX 文档服务器对象那样编写特定的包容器程序框架,直接将控件添加到工程并在对话框上创建即可对其进行使用。

通过"Project"菜单下的"Add To Project"菜单项弹出的"Components and Controls…"子菜单项打开一个"Components and Controls Gallery"对话框,进入到 Registered ActiveX Controls 目录下,选取前面创建的 ActiveX 控件,并将其添加到工程。向导将会在工程中添加一个关于此 ActiveX 控件的包装类,并在"Controls"工具栏中添加一个表示此控件的图标。可以像使用其他的标准控件一样将其放置到对话框资源中,并修改其缺省属性。除此之外,还可以在程序中通过对控件包装类成员函数的使用来动态更改控件的属性设置。例如,下面这段代码通过包装类对象 m_ctrlTest 在程序运行期间动态设置了控件的 XPos、YPos 以及 Message 属性:

```
// 更新显示
UpdateData();
// 动态更改控件的 Message 属性
m_ctrlTest.SetMessage(m_sInput);
// 设置显示坐标
m_ctrlTest.SetXPos(10);
m_ctrlTest.SetYPos(10);
```

在资源视图中用鼠标右键点击放置于对话框上的 ActiveX 控件,并从弹出菜单中选择"Events…"菜单项,将弹出如图 7-18 所示的对话框,在左边的列表框中显示了控件提供的事件,双击事件将在包容器程序中添加相应的事件处理函数和事件映射表,并可以在响应控件发出的事件后进行相应的处理:

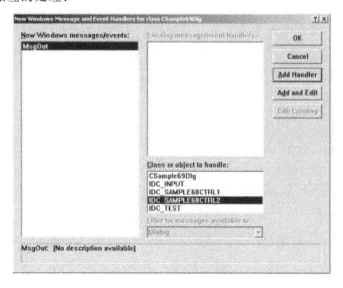

图 7-18　添加事件响应函数

```
BEGIN_EVENTSINK_MAP(CSample69Dlg, CDialog)
//{{AFX_EVENTSINK_MAP(CSample69Dlg)
ON_EVENT(CSample69Dlg, IDC_SAMPLE68CTRL1, 1 /* MsgOut */,
                                OnMsgOutSample68ctrl1, VTS_NONE)
//}}AFX_EVENTSINK_MAP
END_EVENTSINK_MAP()
...
void CSample69Dlg::OnMsgOutSample68ctrl1()
{
    // 得到输入字符数
    int nNum = m_ctrlTest.MessageLen();
    // 回显信息
    m_sInput.Format("输入字符太多,共输入了%d个字符", nNum);
    // 显示信息
    UpdateData(FALSE);
}
```

从上述对 ActiveX 控件的使用过程可以看出其与标准控件的使用并没有什么太大的区别,通过包装类使得在客户程序中对控件属性、方法的使用可以像使用普通 MFC 类一样简单。另外,在控件的包装类中还提供有 Create() 方法,使程序在运行期间也能够动态创建控件。

小结

尽管 ActiveX 控件从技术上集成了 COM 和 OLE 的许多精华技术,但由于 MFC 对 ActiveX 控件提供了强大的支持,使得对 ActiveX 控件的开发成为一件非常容易的事情。但要深刻理解 ActiveX 控件技术,还要对一些基础技术有一个基本的概念,本章的目的并不在于介绍如何编写一个 ActiveX 控件,而是通过对控件的创建过程的分析而使读者能够对 ActiveX 控件的开发有一个新的认识。本文所述代码在 Windows 2000 Professional 下由 Microsoft Visual C++ 6.0 编译通过。

第8章　数据库访问技术

8.1　MFC ODBC 数据库编程

8.1.1　数据库通信机制

MFC 封装的标准数据库通信机制是 ODBC 和 DAO。起初,先有了 ODBC,后来在 ODBC 接口的基础上又建立了 DAO,增加了更多的功能,并对微软的 Access 数据库的能力提供了更好的支持。

1. ODBC

在 20 世纪 90 年代早期,有几家不同的数据库产品提供商,每个数据库都使用专有的接口。如果应用程序要同多个数据库打交道,就需要编写不同的代码分别同各个数据库交互。为了解决这个问题,微软和其他一些公司建立了一个标准的接口,用于从不同类型的数据源获取数据,或向这些不同类型的数据源发送数据。这个接口我们称之为开放数据库连接(Open Database Connectivity,ODBC)。

利用 ODBC,程序员可以利用单一的数据访问接口来编写应用程序,不必关心同各种数据库交互的细节。尽管这是可能的,但要注意各个 ODBC 供应商可能提供不同的能力,而且可能不完全兼容。

MFC 为应用程序的开发人员改进了 ODBC。原始的 ODBC 接口是简单的函数型 API,而 MFC 不是提供函数式 API 的简单包装,它建立了一组抽象类,用以表述数据库实体。特别是 MFC 的 ODBC 实现了一个关键的类,可用来迟迟数据库(CDatabase)、记录集(CRecordset)和记录视图(CRecordView)。

2. DAO

尽管 ODBC 成了工业标准,微软还想为 Microsoft Jet 数据库(用微软的 Access 建立)的用户提供更丰富的数据库功能。这些新的功能包括数据库定义语言(DDL)的支持,可是程序存取数据库的表和列的结构。另外,通过建立到 Jet 引擎的新的直接的接口,同经过有 Jet 数据库的 ODBC 接口的存取比起来,数据存取的速度更快了。

这样开发了一组新的类(CDao…)建模在 MFC 的原有 ODBC 类之上,就像 ODBC/MFC 类,DAO 支持数据库(CDaoDatabase)、记录集(CDaoRecordset)和记录视图(CDaoRecordView)。而且 DAO 支持表定义(CDaoDatabases)和查询定义(CDaoQueryDef),通过引入工作空间(CDaoWorkspace)大大改进了事物。

3. 方案的选择

如果多数技术那样,每种数据库通信机制都有它的优点和缺点,ODBC 的优势依然存在。

首先,它有很好的支持,多数数据库供应商都提供 ODBC 接口。其次,比起的通过 DAO 层的交互,通过 ODBC 接口的直接存取性能要更好。另外,MFC 为 ODBC 层的程序设计提供了很好的面向对象接口。

利用 DAO,在存取 Microsoft Jet 数据库或其他用 Microsoft Access 建立的数据库时,会得到较好的性能。另外,MFC 面向对象的实现维持大多数相应的 ODBC 部分的实现。但功能更强(如对数据库表和列的世界结构的存取)。最后,每个应用程序可对同一数据库同时有多个事务。

8.1.2　MFC ODBC 简介

MFC 是 Microsoft Foundation Class(微软基础类库)的缩写,它的设计目标是简化开发人员的工作。MFC 使开发人员创建基于 Windows 的应用程序,而不必掌握下层的 Windows 体系结构。由于数据库应用程序是管理数据的重要方面,Microsoft 开发了 ODBC API 的封装程序,为 ODBC 编程提供了一个面向对象的方法。

MFC 对 ODBC 的封装主要是开发了 CDatabase 类和 CRecordSet 类。

1. CDatabase 类

CDatabase 类用于应用程序建立同数据源的连接。CDatabase 类包含一个 m_hdbc 变量,它代表了数据源的连接句柄。如果要建立 CDatabase 类的实例,应先调用该类的构造函数,再调用 Open 函数,通过调用,初始化环境变量,并执行与数据源的连接。关闭数据源连接的函数是 Close。

CDatabase 类提供了对数据库进行操作的函数,为了执行事务操作,CDatabase 类提供了 BeginTrans 函数,当全部数据都处理完成后,可以通过调用 CommitTrans 函数提交事务,或者在特殊情况下通过调用 Rollback 函数将处理回退。

CDatabase 类提供的函数可以用于返回数据源的特定信息。例如通过 GetConnect 函数返回在使用函数 Open 连接数据源时的连接字符串,通过调用 IsOpen 函数返回当前的 CDatabase 实例是否已经连接到数据源上,通过调用 CanUpdate 函数返回当前的 CDatabase 实例是否是可更新的,通过调用 CanTransact 函数返回当前的 CDatabase 实例是否支持事务操作,等等。

总之,CDatabase 类为 C++数据库开发人员提供了 ODBC 的面向对象的编程接口。

2. CRecordSet 类

要实现对结果集的数据操作,就要用到 CRecordSet 类。CRecordSet 类定义了从数据库接收或者发送数据到数据库的成员变量,CRecordSet 类定义的记录集可以是表的所有列,也可以是其中的一列,这是由 SQL 语句决定的。

CRecordSet 类的成员变量 m_hstmt 代表了定义该记录集的 SQL 语句句柄,m_nFields 成员变量保存了记录集中字段的个数,m_nParams 成员变量保存了记录集所使用的参数个数。

CRecordSet 的记录集通过 CDatabase 实例的指针实现同数据源的连接,即 CRecordSet 的成员变量 m_pDatabase。

如果记录集使用了 WHERE 子句,m_strFilter 成员变量将保存记录集的 WHERE 子句的内容,如果记录集使用了 ORDER BY 子句,m_strSort 成员变量将保存记录集的ORDER BY子句的内容。

由多种方法可以打开记录集,最常用的方法是使用 Open 函数执行一个 SQL SELECT 语句。有如下四种类型的记录集:

- CRecordset::dynaset——动态记录集,支持双向游标,并保持同所连接的数据源同步,对数据的更新操作可以通过一个 fetch 操作获取。
- CRecordset::snapshot——静态快照,一旦形成记录集,此后数据源的所有改变都不能体现在记录集里,应用程序必须重新进行查询,才能获取对数据的更新。该类型记录集也支持双向游标。
- CRecordset::dynamic——同 CRecordset::dynaset 记录集相比,CRecordset::dynamic 记录还能在 fetch 操作里同步其他用户对数据的重新排序。
- CRecordset::forwardOnly——除了不支持逆向游标外,其他特征同 CRecordset::snapshot 相同。

8.1.3　MFC ODBC 数据库访问技术

1．记录查询

使用 CRecordSet 的 Open()和 Requery()成员函数可以实现记录查询。需要注意的是,在使用 CRecordSet 的类对象之前,必须使用 CRecordSet 的成员函数 Open()来获得有效的记录集。一旦使用过 Open()函数,再次查询时使用 Requery()函数就可以了。在调用 Open()函数时,如果已经将一个打开的 CDatabase 对象指针传递给 CRecordSet 类对象的 m_pDatabase成员变量,那么,CRecordSet 类对象将使用该数据库对象建立 ODBC 连接;否则,如果 m_pDatabase 为空指针,对象就需要就新建一个 CDatabase 类对象并使其与缺省的数据源相连,然后进行 CRecordSet 类对象的初始化。缺省数据源由 GetDefaultConnect()函数获得,也可以通过特定的 SQL 语句为 CRecordSet 类对象指定数据源,并以它来调用 CRecordSet 类的 Open()函数,例如:

```
myRS.Open(AFX_DATABASE_USE_DEFAULT,strSQL);
```

如果没有指定参数,程序则使用缺省的 SQL 语句,即对在 GetDefaultSQL()函数中指定的 SQL 语句进行操作,代码如下:

```
CString CMyRS::GetDefaultSQL()
{return _T("[Name],[Age]");}
```

对于 GetDefaultSQL()函数返回的表名,对应的缺省操作是 SELECT 语句,例如:

```
SELECT * FROM BasicData,MainSize
```

在查询过程中,也可以利用 CRecordSet 类的成员变量 m_strFilter 和 m_strSort 来执行条件查询和结果排序。m_strFilter 用于指定过滤字符串,存放着 SQL 语句中关键字 WHERE 后的条件语句;m_strSort 用于指定用于排序的字符串,存放着 SQL 语句中关键字 ORDER BY 后的字符串。例如:

```
myRS.m_strFilter = "Name = '刘鹏'";
myRS.m_strSort = "Age";
myRS.Requery();
```

数据库查询中对应的 SQL 语句为：

```
SELECT * FROM BasicData,MainSize WHERE Name = ´刘鹏´ ORDER BY Age
```

除了直接赋值给成员变量 m_strFilter 以外，还可以通过参数化实现条件查询。利用参化可以更直观、更方便地完成条件查询任务。参数化方法的步骤如下：

①声明参变量，代码如下：

```
CString strName;

int nAge；
```

②在构造函数中初始化参变量如下：

```
strName = _T(" ");

nAge = 0;

m_nParams = 2;
```

③将参变量与对应列绑定，代码如下：

```
pFX - >SetFieldType(CFieldExchange∷param)

RFX_Text(pFX,_T("Name"), strName);

RFX_Single(pFX,_T("Age"), nAge);
```

完成以上步骤之后就可以利用参变量进行条件查询了，代码如下：

```
m_pmyRS - >m_strFilter = "Name = ? AND age = ?";

m_ pmyRS - > strName = "刘鹏";

m_ pmyRS - >nAge = 26;

m_ pmyRS - >Requery();
```

参变量的值按绑定的顺序替换查询字串中的"?"通配符。

如果查询的结果是多条记录，可以利用 CRecordSet 类的成员函数 Move()，MoveNext()，MovePrev()，MoveFirst()和 MoveLast()来移动记录光标。

2. 记录添加

使用 AddNew()成员函数能够实现记录添加，需要注意的是，在记录添加之前必须保证数据库是以允许添加的方式打开的，代码如下：

```
m_ pmyRS - >AddNew(); //在表的末尾添加新记录

m_ pmyRS - >SetFieldNull(&(m_pSet - >m_type), FALSE);

m_ pmyRS - >m_strName = "刘鹏"; //输入新的字段值

m_ pmyRS - >m_nAge = 26; //输入新的字段值

m_ pmyRS - > Update(); //将新记录存入数据库

m_ pmyRS - >Requery(); //重新建立记录集
```

3. 记录删除

调用 Delete()成员函数能够实现记录删除，在调用 Delete()函数后不需调用 Update()函数，代码如下：

```
m_ pmyRS - >Delete();

if (! m_ pmyRS - >IsEOF())

    m_ pmyRS - >MoveNext();
```

```
else
    m_ pmyRS - >MoveLast();
```

4. 记录修改

调用 Edit()成员函数可以实现记录修改,在修改完成后需要调用 Update()将修改结果存入数据库,代码如下:

```
m_ pmyRS - >Edit();                    //修改当前记录
m_ pmyRS - >m_strName = "刘波";      //修改当前记录字段值
...
m_ pmyRS - >Update();                  //将修改结果存入数据库
m_ pmyRS - >Requery();
```

5. 撤销数据库更新操作

如果用户增加或者修改记录后希望放弃当前操作,可以在调用 Update()函数之前调用 Move()函数,就可以使数据库更新撤销了,代码如下:

```
CRecordSet::Move(AFX_MOVE_REFRESH);
```

该函数用于撤消增加或修改模式,并恢复在增加或修改模式之前的当前记录。其中参数 AFX_MOVE_REFRESH 的值为零。

6. 直接执行 SQL 语句

虽然通过 CRecordSet 类我们可以完成大多数的数据库查询操作,而且在 CRecordSet 类的 Open()成员函数中也可以提供 SQL 语句。但有的时候我们还想进行一些其他操作,例如建立新表、删除表、建立新的字段等,这时就需要用到 CDatabase 类的直接执行 SQL 语句的机制。通过调用 CDatabase 类的 ExecuteSQL()成员函数就能够完成 QL 语句的直接执行,代码如下:

```
BOOL CMyDB::ExecuteSQLWithReport (const CString& strSQL)
{
    TRY
    {
        m_pMyDB - >ExecuteSQL(strSQL); //直接执行 SQL 语句
    }
    CATCH (CDBException,e)
    {
        CString strMsg;
        strMsg.LoadString(IDS_EXECUTE_SQL_FAILED);
        strMsg + = strSQL;
        return FALSE;
    }
    END_CATCH
    return TRUE;
}
```

需要注意的是,由于不同 DBMS 提供的数据操作语句不尽相同,直接执行 SQL 语句可能会破坏软件的 DBMS 无关性,因此在应用中应当慎用此类操作。

7. MFC ODBC 的数据库操作过程

同 ODBC API 编程类似,MFC 的 ODBC 编程也要先建立同 ODBC 数据源的连接,这个过程由一个 CDatabase 对象的 Open 函数实现,然后 CDatabase 对象的指针将被传递到 CRecordSet 对象的构造函数里,使 CRecordSet 对象与当前建立起来的数据源连接结合起来。

完成数据源连接之后,大量的数据库编程操作将集中在记录集的操作上。CRecordSet 类的丰富的成员函数可以让开发人员轻松地完成基本的数据库应用程序开发任务。

当然,完成了所有的操作之后,在应用程序退出运行状态的时候,需要将所有的记录集关闭,并关闭所有同数据源的连接。

8.2　OLE DB 技术

OLE DB 是一种非常具有发展潜力的数据库访问技术,它首先基于 COM 技术,以 COM 规范为基础建立数据库访问接口,成为介于数据库应用和数据源之间的一种通用数据访问标准;其次,OLE DB 能够访问的数据源不再受到限制,OLE DB 通过 OLE DB 服务器将数据源透明化。从 6.0 版本开始,Visual C++ 提供了对 OLE DB 的全面支持。

OLE DB(Object Linking and Embedding, Database, 对象链接嵌入数据库,有时亦写作 OLEDB 或 OLE - DB)是微软为以统一方式访问不同类型的数据存储设计的一种应用程序接口,是一组用组件对象模型(COM)实现的接口,而与对象连接与嵌入(OLE)无关。它被设计成为 ODBC 的一种高级替代者和继承者,把它的功能扩展到支持更多种类的非关系型数据库,例如可能不支持 SQL 的对象数据库和电子表格(如 Excel)。

OLE DB 用一组抽象概念(包括数据源、会话、命令和行集)将数据的存储从需要访问数据的应用中分离出来。这是因为不同的应用需要访问不同数据类型和数据源,但是并不需要了解具体如何使用特定技术的方法访问这些数据。OLE DB 在概念上分为了消费者和提供者。消费者是那些需要访问数据的应用程序,提供者是实现了那些接口并将数据提供给消费者的软件组件。OLE DB 是微软数据访问组件(MDAC)的一部分。MDAC 是一组微软技术,以框架的方式相互作用,为程序员开发访问几乎任何数据存储提供了一个统一并全面的方法。OLE DB 的提供者可以用于提供像文本文件和电子表格一样简单的数据存储的访问,也可以提供像 Oracle、SQL Server 和 Sybase ASE 一样复杂的数据库的访问。OLE DB 同样可以提供对层次类型的数据存储(如电子邮件系统)的访问。

另一方面,由于不同的数据存储技术可能具有不同的能力,OLE DB 提供者不需要实现 OLE DB 中每一个接口。通过使用 COM 对象实现可用的能力,OLE DB 提供者将把数据存储技术的功能映射到特定的 COM 接口上。当某种接口提供的能力在所使用的数据库技术中不适用时,微软称该接口的可用性为"provider-specific"。同时,提供者也可以扩大数据存储的能力,这些能力在微软的用语中被称为 services。

OLE DB(OLEDB)是微软的战略性的通向不同的数据源的低级应用程序接口。OLE DB 不仅包括微软资助的标准数据接口开放数据库连通性(ODBC)的结构化问题语言(SQL)能力,还具有面向其他非 SQL 数据类型的通路。

8.2.1　OLE DB 原理

1. OLE DB 与 ODBC

在 Visual C++ 之前的数据库编程,通常都采用 ODBC 实现数据库的访问。ODBC 是访问数据库的一个底层标准,数据库供应商常常需要编写 ODBC 驱动程序,以支持客户对数据库的访问。虽然 ODBC 仍然是一个不断发展的技术,但是 ODBC 在以下两个方面无法达到目标:

①ODBC 只能访问关系型数据源,而现在有许多数据源,包括 E-mail、Word 文档、文本、Internet 连接与传输等等,是 ODBC 无法访问的。

②ODBC 不能用于专门访问特定的数据,因此使得 ODBC 不够强大,为了追求标准,效率受到了严重影响。

OLE DB 成功地解决了上述两个问题。OLE DB 为用户提供了访问不同类型的数据源的一种通用方法,它作为数据源和应用程序的中间层,允许应用程序以相同的接口访问不同类型的数据源。OLE DB 由一套通过 COM 访问数据源的 ActiveX 接口组成,它提供一种访问数据的统一手段,开发人员在开发时,不必考虑数据源的类型。

2. OLE DB 的结构

OLE DB 由客户(consumer,也称为应用程序)和服务器(provider,又称为提供者程序)组成。客户是指任何一个使用了 OLE DB 接口的系统或者应用程序,其中包括 OLE DB 本身,而服务器是指所有提供 OLE DB 接口的软件组件。

OLE DB 客户是使用数据的应用程序,它通过 OLE DB 接口对数据提供者的数据进行访问和控制。在大多数情况下,前端的数据库应用开发都属于客户程序的开发。

OLE DB 服务器是提供 OLE DB 接口的软件组件,根据提供的内容可以将服务器分成数据提供程序和服务器提供程序。数据提供程序拥有数据并将这些数据以表的形式存放,例如关系型 DBMS、存储管理器、电子表格和 ISAM 数据库等。服务器提供程序不拥有数据,但是可以通过利用 OLE DB 接口建立一些提供服务的组件。从某种意义上来说,服务组件既是客户又是服务器。

对于一个完整的数据库应用程序来说,客户和数据提供程序都是必不可少的。然而服务提供程序却是可以省略的。当客户需要对数据库进行操作时,他并非直接对数据源发出指令,而是通过 OLE 接口与数据源进行交互,数据服务器从数据源取得所要查询的数据时,以表格的形式将其提供给接口,再由客户将数据从接口取出并使用。在这些操作中,客户和数据服务器都不必知道对方的具体应用,而只需要对接口进行操作,从而简化了程序设计。

3. OLE DB 的优越性

OLE DB 是一种基于 COM 的全新数据库开发技术,它具有如下优点:

(1)广泛的应用领域

以往的数据库访问技术,包括 ODBC、DAO 等,都只能访问关系型数据库,而 OLE DB 被设计成可以访问任何格式的文件,其中当然包括关系型和非关系型的数据源,以及用户自定义的文件格式,用户只需要对所使用的数据源产生自己的数据提供程序,OLE DB 客户程序就可以透明地访问到它们。

（2）简洁的开发过程

OLE DB 的对象组件和接口已经定义了数据提供程序所需要的接口，Visual C++ 6.0 也为此提供了 OLE DB 模板，可以很方便地产生一个 OLE DB 应用程序框架。OLE DB 为建立服务提供程序提供了一系列功能，这些功能可以大大简化数据提供程序的设计。由于数据使用程序并不需要知道当前数据提供程序的细节，因此它只需要使用 OLE DB 的接口即可完成程序设计。由于接口的标准性，数据使用程序可以被用到任何提供了数据提供程序的数据源，使得 OLE DB 程序具有良好的移植性。

（3）可靠的稳定性

OLE DB 应用程序是基于 COM 接口的应用程序，它继承了 COM 接口的所有特性。COM 模型具有良好的稳定性，COM 与 COM 之间只要遵循规定的接口，可以很容易地进行通信，所有组件和接口共同工作，组成一个稳定的应用程序。OLE DB 的各个对象都提供了错误对象和错误接口，可以由应用程序截获错误，对其进行适当处理，从而提高了应用软件的稳定性。

（4）高效的数据访问

作为一个组件数据库管理系统，OLE DB 通过将数据库的功能划分为客户和服务器两个方面，提供了比传统数据库更高的效率。由于数据使用者通常只需要数据库管理的一部分功能，OLE DB 将这些功能分离开来，减少了用户方面的资源开销，同时减少了服务器方面的负担。

综上所述，由于提供了灵活的接口和优越的性能，OLE DB 必定成为数据库开发的方向。

4. OLE DB 对象

OLE DB 的每一个组件都是一个 COM 对象，每一个组件都输出一系列的接口。OLE DB 由下列组件组成：

（1）枚举器

枚举器用于搜寻可用的数据源和其他的枚举器。如果客户没有指定所使用的枚举器，则可以使用枚举器来寻找，一般通过搜寻注册表来发现相应的数据源。该对象包括如下接口：

```
CoType TEnumerator{
        [mandatory] IParseDisplayName;
        [mandatory] ISourceRowset;
        [mandatory] IDBInitialize;
        [mandatory] IDBProperties;
        [mandatory] ISupportErrorInfo;
}
```

（2）数据源对象

数据源对象包含与数据源（DBMS 或者文件系统）连接的方法，此对象中含有环境变量、连接信息、用户信息、用户口令等信息。使用数据源对象可以产生会话。该对象包括如下接口：

```
CoType TDataSource{
        [mandatory] interface IDBCreateSession;
        [mandatory] interface IDBInitialize;
        [mandatory] interface IDBProperties;
        [mandatory] interface IPersist;
        [mandatory] interface IConnectionPointContainer;
```

```
        [mandatory] interface IDBAsynchStatus;
        [optional] interface IDBDataSourceAdmin;
        [optional] interface IDBInfo;
        [optional] interface IPersistFile;
        [optional] interface ISupportErrorInfo;
    }
```

（3）会话

会话为事务处理提供了上下文环境，它可以被显式或者隐式地执行。一个数据源对象可以拥有多个会话，而通过会话又能够生成事务、命令和行集。该对象的接口如下：

```
    CoType TSession{
        [mandatory] interface IGetDataSource
        [mandatory] interface IOpenRowset
        [mandatory] interface ISessionProperties;
        [optional] interface IDBCreateCommand;
        [optional] interface IDBSchemaRowset;
        [optional] interface IIndexDefinition;
        [optional] interface ITableDefinition;
        [optional] interface ITransactionJion;
        [optional] interface ITransactionLocal;
        [optional] interface ITransaction;
        [optional] interface ITransactionObject;
        [optional] interface ISupportErrorInfo;
    }
```

（4）事务对象

事务对象用于管理数据库的事务，将多个操作合并为一个单一的事务处理。该对象缓存了对数据源的改变，使应用程序有机会选择提交或者回退以往的操作。事务能够提高应用访问数据库的性能，但是 OLE DB 数据服务器并不要求支持该对象。该对象包括如下接口：

```
    CoType TTransaction{
        [mandatory] interface IConnectionPointContainer;
        [mandatory] interface ITransaction;
        [optional] interface ISupportErrorInfo;
    }
```

（5）命令对象

命令对象用于对数据源发送文本命令。对于支持 SQL 的数据源，SQL 命令同命令对象一起执行，包括两种数据定义语言和产生行集对象的查询，对于其他不支持 SQL 的数据源，命令对象给数据源发送其他类型的文本命令。但是对于数据提供程序来说，不一定必须支持这个命令对象。一个单独的会话能够产生多个命令对象。该对象包括如下接口：

```
    CoType TCommand{
        [mandatory] interface IAccessor;
```

```
[mandatory] interface IColumnsInfo;

[mandatory] interface ICommand;

[mandatory] interface ICommandProperties;

[mandatory] interface ICommandText;

[mandatory] interface IConvertType;

[optional] interface IColumnsRowset;

[optional] interface ICommandPrepare;

[optional] interface ICommandWithParameters;

[optional] interface ISupportErrorInfo;
}
```

（6）行集

行集以表的形式显示数据，其中索引就是一种特殊的行集。行集可以从会话或者命令对象产生。如果数据提供程序不支持命令对象，则行集可以由数据提供程序直接产生，直接产生行集是每一个数据提供程序的基本功能。根据数据提供程序所提供的功能，行集对象可以完成更新、插入、删除等操作。该对象包括如下接口：

```
CoType TRowset{

    [mandatory] interface IAccessor;

    [mandatory] interface IColumnsInfo;

    [mandatory] interface IConvertType;

    [mandatory] interface IRowset;

    [mandatory] interface IRowsetInfo;

    [mandatory] interface IChapteredRowset;

    [optional] interface IColumnsRowset;

    [optional] interface IConnectionPointContainer;

    [optional] interface IDBAsynchStatus;

    [optional] interface IRowsetChange;

    [optional] interface IRowsetFind;

    [optional] interface IRowsetIdentity;

    [optional] interface IRowsetIndex;

    [optional] interface IRowsetLocate;

    [optional] interface IRowsetRefresh;

    [optional] interface IRowsetScroll;

    [optional] interface IRowsetUpdate;

    [optional] interface IRowsetView;

    [optional] interface ISupportErrorInfo;
}
```

（7）错误对象

错误对象中封装了访问数据提供程序时发生的错误，它可以由任何 OLE DB 对象的任何接口产生。错误对象中含有关于错误的附加信息，包括一个可选的定制错误对象，通过它也能够获得扩展的返回码和状态信息。该对象包括如下接口：

```
CoType TError{
    [mandatory] interface IErrorRecords;
}
```

如果用户不能确定数据源的位置,可以先使用枚举器寻找数据源,在找到数据源以后,就可以使用它来生成一个会话,这个会话允许用户对数据进行访问,或者以行集的形式,或者以命令的形式。

图 8－1 展示了 OLE DB 应用程序的对象流程。

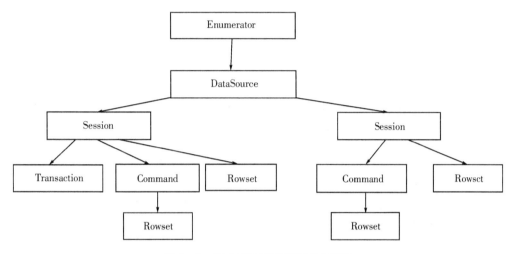

图 8－1 OLE DB 应用程序对象流程

5. OLE DB 客户模板结构

OLE DB 客户模板支持 OLE DB 1.1 版本的标准,它使实现一个 0 级 OLE DB 代码质量、客户所需要标写的代码量达到最少。该模板具有如下优点：

①易于使用 OLE DB 所提供的功能；

②易于与 ATL 和 MFC 集成；

③提供了数据参数绑定和列绑定的简单模型；

④在编程时能够使用 C/C＋＋数据类型。

OLE DB 的客户模板体系结构如图 8－2 所示。

由图可以看出,OLE DB 的客户模板体系结构由数据源支持类、用户记录类、行集和绑定类以及表和命令支持类四部分构成。

6. OLE DB 客户模板类

为了能更好地使用 OLE DB 客户模板进行应用程序设计,首先必须熟悉 OLE DB 的客户模板类。根据功能,OLE DB 的客户模板类分成 7 种:会话类、存取器类、行集类、命令类、属性类、书签类以及错误类。

（1）会话类

会话类包括 CDataSource 类、CEnmmerator 类、CSession 类和 CEnmmeratorAccessor 类。

①CDataSource 类。CDataSource 类对应于 OLE DB 的数据源对象,代表服务器与数据

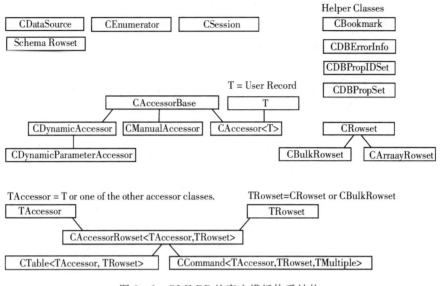

图 8-2　OLE DB 的客户模板体系结构

源的连接。在单个连接上可以拥有多个数据库会话，其中的每一个会话都由 CSession 对象表示。调用 CDataSource 类的 Open 方法可以建立同数据源的连接。

②CEnmmerator 类。CEnmmerator 类对应于 OLE DB 的枚举器对象，能够检索可用的数据源和枚举器信息。CEnmmerator 通过 ISourcesRowset 接口来获得包含所有数据源和枚举器描述的行集，用户可以直接通过该类得到 ISourcesRowset 数据。

③CSession 类。CSession 类对应于 OLE DB 的会话对象，代表单个数据库访问会话。要从 CDataSource 对象创建一个新的 CSession 对象，需要首先调用 CDataSource 对象的 Open 方法建立同数据源的连接，创建 CSession 对象的方法也是调用 CSession 对象的 Open 方法。该类还提供了事务处理函数，用户调用 StartTransaction 函数开始一个事务处理操作，调用 Commit 或者 Abort 函数提交或者回退这个事务处理。

④CEnmmeratorAccessor 类。CEnmmeratorAccessor 类被 CEnmmerator 类用来访问来自枚举器行集的数据，这个行既包括从当前枚举器中可见的数据源和枚举器。

（2）存取器类

存取器类包括 CAccessorBase 类、CAccessor 类、CDynamicAccessor 类、CDynamic-ParameterAccessor类和 CManualAccessor 类。

①CAccessorBase 类。CAccessorBase 类是所有存取器类的基类，所有存取器的 OLE DB 模板都是从该类中派生出来的。CAccessorBase 类允许一个行集管理多个存取器，它还提供了对参数和输出的绑定。

②CAccessor 类。CAccessor 类用于静态绑定到数据源的记录，使用该存取器类时，必须事先知道数据源的结构。当一个记录被静态绑定到数据源时，该记录包含一个缓冲区。该类支持单个行集上的多个存取器。当知道数据源的结构时可以使用该存取器。

③CDynamicAccessor 类。CDynamicAccessor 类所代表的存取器可以在运行时被创建，它基于行集的列信息。当不知道数据源的结构时，可以使用 CDynamicAccessor 类检索数据。该类将创建并管理缓冲区，使用 GetValue 方法从缓冲区里读取数据。

④CDynamicParameterAccessor 类。在不知道命令类型时，可以使用 CDynamicParameterAccessor类进行数据存取。如果服务器支持 ICommandWithParameters 接口，则该类就通过调用这个接口读取参数信息。该类与 CDynamicAccessor 类类似，但是它所获得的是参数信息。该类也能够创建并管理缓冲区，通过调用 GetParam 和 GetParamType 方法可以从缓冲区里读取列的信息。

⑤CManualAccessor 类。CManualAccessor 类具有同时处理列和命令的能力，利用这个类，能够使用服务器可转换的数据类型。该类代表了为将来设计而使用的存取器类型，使用该类能够通过运行时函数调用指定参数和输出列。

（3）行集类

行集类包括 CRowset 类、CBulkRowset 类、CAccessorRowset 类、CArrayRowset 类和 CRestrictions 类。

①CRowset 类。CRowset 类用于处理、建立和检索行数据。在 OLE DB 中，行集为应用程序操作数据所用的对象。CRowset 类封装了 OLE DB 行集对象和一些相关的接口，并为操作行集数据提供了成员函数。

②CBulkRowset 类。CBulkRowset 类用于批量读取和处理行，通过单个函数调用可检索多个行句柄。

③ CAccessorRowset 类。CAccessorRowset 类封装一个行集和相关的存取器。

④ CArrayRowset 类。CArrayRowset 类用于以数组形式访问行集中的元素。

⑤ CRestrictions 类。CRestrictions 类用于为纲要行集指定限制条件。

（4）命令类

命令类包括 CCommand 类、CTable 类、CMultipleResults 类、CNoMultipleResults 类、CNoAccessor 类和 CNoRowset 类。

① CCommand 类。CCommand 类用于设置和执行一个基于参数的 OLE DB 命令，如果只需要打开一个简单的行集，则应该使用 CTable 类。

② CTable 类。CTable 类用于访问一个不带参数的简单行集。

③ CMultipleResults 类。CMultipleResults 类用于将 CCommand 类的 TMultiple 参数设置为 TRUE。

④ CNoMultipleResults 类。CMultipleResults 类用于将 CCommand 类的 TMultiple 参数设置为 FALSE。

⑤ CNoAccessor 类。CNoAccessor 类用于将 CCommand 类的 TAccessor 参数设置为 FALSE。

⑥ CNoRowset 类。CNoAccessor 类用于将 CCommand 类的 TRowset 参数设置为 FALSE。

（5）属性类

属性类包括 CDBPropIDSet 类和 CDBPropSet 类。

① CDBPropIDSet 类。CDBPropIDSet 类用于传递一个包含客户请求的属性信息的属性 ID 数组。

OLE DB 客户用 DBPROPIDSET 结构来传递一组客户要得到的属性信息的属性标识。在 DBPROPIDSET 结构中被标识的属性属于一个属性集合。CDBPropIDSet 类继承了

DBPROPIDSET 结构并添加了一个构造函数,用于初始化关键字段和 AddPropertyID 方法。

② CDBPropSet 类。CDBPropSet 类用于设置服务器属性。

OLE DB 服务器和客户用 DBPROPSET 结构来传递 DBPROP 结构数组。每一个 DBPROP 结构代表了可以被设置的单个属性。CDBPropSet 类继承了 DBPROP 结构并添加了一个构造函数,用于初始化关键字段数据成员和 AddProperty 方法。

(6)书签类

OLE DB 里客户模板的书签类是指 CBookMark 类,它被用于以索引的形式在行集中访问数据。

(7)错误类

OLE DB 里客户模板的错误类是指 CDBErrorInfo 类,它用于检索 OLE DB 的出错信息。这个类提供了使用 OLE DB 的 IErrorRecords 接口进行 OLE DB 出错处理的支持。这个接口向用户返回一个或者多个错误记录。调用 GetErrorRecords 方法可以得到一个出错记录数,然后调用 GetAllErrorInfo 方法检索每一条出错记录的信息。

8.2.2　OLE DB 客户数据库访问的两种途径

利用 Visual C++6.0 进行 OLE DB 客户数据库访问有两个途径:

① 以 MFC AppWizard(exe)为向导建立应用程序框架,然后在应用程序里添加对 OLE DB 支持的头文件,然后使用 OLE DB 类进行数据库应用开发。

② 以 ATL COM AppWizard 为向导建立应用程序框架,该框架直接支持 OLE DB 的模板类,不需要添加任何头文件。这种方法的缺点是,只能为应用程序添加对话框资源,不能使用窗口资源,限制了应用程序的界面开发。

下面分别介绍通过这两种方法创建和访问数据库的方法。

1. 以 MFC AppWizard(exe)为向导建立 OLE DB 客户程序框架

使用 MFC AppWizard(exe)向导创建应用程序框架的方法是最常用的方法,本节介绍创建 MFC 应用程序的过程以及如何在创建 MFC 应用程序的过程中将 OLE DB 的支持代码包括在应用程序里。

(1)创建 MFC 应用程序

操作步骤如下:

① 打开 VC++ 的工程创建向导。从 VC++ 的菜单中执行"File＞New"命令,将VC++ 6.0工程创建向导的"New"对话框显示出来。如果当前的选项标签不是"Projects",要单击"Projects"选项标签将它选中。在左边的列表里选择"MFC AppWizard(exe)"项,在"Project name"编辑区里输入工程名称"OLEDB_MFC",并在"Location"编辑区里调整工程路径,如图 8-3 所示。

② 选择应用程序的框架类型。点击"New"对话框的"OK"按钮,弹出"MFC AppWizard - Step 1"对话框,如图 8-4 所示。创建 OLEDB_MFC 工程的第一步是选择应用程序的框架类型。在"MFC AppWizard - Step 1"对话框里,选择"Single document",保持资源的语言类型为"中文",点击"Next ＞"按钮,执行下一步。

③ 设置应用程序数据库特性。在"MFC AppWizard - Step 2 of 6"对话框里,设置"Database view without file support",如图 8-5 所示。

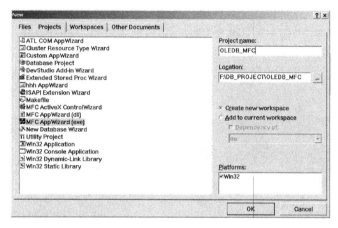

图 8-3 工程创建向导

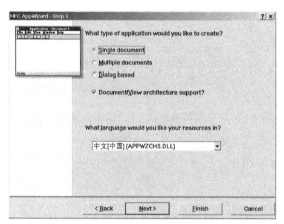

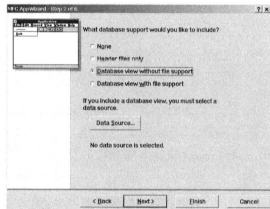

图 8-4 选择应用程序的框架类型 图 8-5 设置应用程序数据库特性

④ 设置数据源。在"MFC AppWizard - Step 2 of 6"对话框里点击"Data Source"按钮，准备设置应用数据源。这里只是把支持 OLE DB 的头文件和 OLE DB 初始化操作添加到工程里而已，至于添加什么内容并不重要。在弹出的"Database Options"对话框里，为"Data source"选择"OLE DB"，如图 8-6 所示。

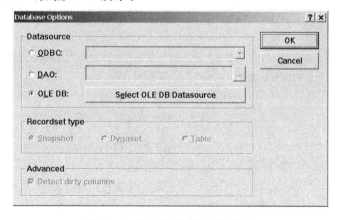

图 8-6 为应用程序设置数据源

⑤ 设置 OLE DB 数据源。在"Database Options"对话框里,点击"Select OLE DB Data source"按钮,准备设置 OLE DB 数据源,弹出"数据链接属性"对话框,如图 8-7 所示。

⑥ 选择 OLE DB 服务器程序。在"数据链接属性"对话框的"OLE DB 提供者"列表中选择"Microsoft Jet 4.0 OLE DB Provider",然后点击"下一步"按钮,弹出"连接"选项标签,如图 8-8 所示。

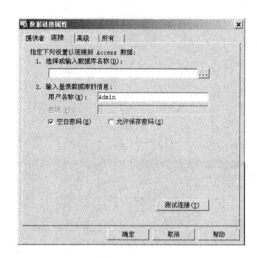

图8-7 "数据链接属性"对话框的提供者选项标签　　图8-8 "数据链接属性"对话框的连接选项标签

⑦ 选择 Microsoft Jet 数据库文件(.MDB)。在"指定下列设置以连接到 Access 数据"的第 1 步里,点击编辑区域右边的"…"按钮,弹出如图 8-9 所示的"选择 Access 数据库"对话框。

图 8-9 "选择 Access 数据库"对话框

在对话框里选择"Employees.mdb",点击"打开"按钮,完成 Microsoft Jet 数据库文件的选择。在"数据链接属性"对话框里点击"确定"按钮,在"Database Option"对话框里,点击"OK"按钮,弹出如图 8-10 所示的"Select Database Tables"对话框。

⑧ 选择 OLE DB 的表。在"Select Database Tables"对话框里任意选择一个表,例如选择"雇员"表,点击"OK"按钮,完成选择。工程创建向导又回到如图 8-5 所示的"MFC

AppWizard – Step 2 of 6"对话框。

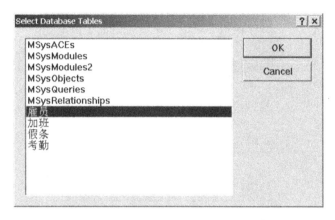

图 8-10　Select Database Tables 对话框

⑨ 设置应用程序对复杂文档的支持。在"MFC AppWizard – Step 2 of 6"对话框里,点击"Next >"按钮,进入"MFC AppWizard – Step 3 of 6"对话框,如图 8-11 所示。在对话框里设置如下两项:

None

ActiveX Controls

点击"Next >"按钮,进入下一步。

⑩ 设置应用程序的特征信息。弹出的"MFC AppWizard – Step 4 of 6"对话框如图 8-12,显示了工程的特征信息,在本例中,OLEDB_MFC 工程有如下特征:

Docking toolbar

Initial status bar

Printing and print preview

3D controls

Normal

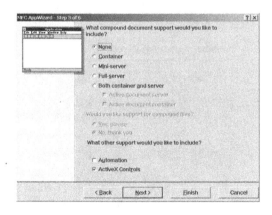

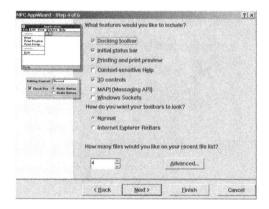

图 8-11　设置应用程序对复杂文档的支持　　　图 8-12　第四步,设置应用程序特征信息

⑪ 选择工程风格和 MFC 类库的加载方式。在"MFC AppWizard – Step 4 of 6"对话框里,点击"Next >"按钮,进入"MFC AppWizard – Step 5 of 6"对话框,如图 8-13 所示。在

对话框里设置如下三项：

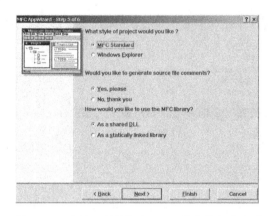

图8-13　选择工程风格和 MFC 类库的加载方式

　　　MFC Standard

　　　Yes，please

　　　As a shared DLL

点击"Next ＞"按钮，进入下一步。

⑫ 显示工程创建中的类信息。弹出的"MFC AppWizard － Step 6 of 6"对话框显示了工程的类信息，在本例中，OLEDB_MFC 工程包含了四个类：

　　　COLEDB_MFCView 类，工程视图类

　　　COLEDB_MFCApp 类，工程的应用类

　　　CMainFrame 类，工程主框架类

　　　COLEDB_MFCDoc 类，工程文档类

这四个类构成了应用程序工程的主要框架。为 COLEDB_MFCView 类选择 ClistView 基类，如图 8-14 所示。

⑬ 完成工程创建。在"MFC AppWizard － Step 6 of 6"对话框里点击"Finish"按钮，工程创建向导将该次工程创建的信息显示在"New Project Information"对话框里，如图 8-15 所示。在对话框里点击"OK"按钮，OLEDB_MFC 工程创建完成。

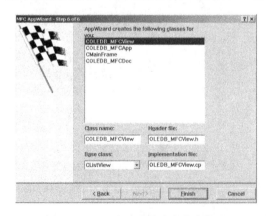

图 8-14　显示工程创建中的类信息

图 8-15　工程创建信息

打开"stdafx. h"文件,在代码行"♯endif // _AFX_NO_AFXCMN_SUPPORT"下面有如下头文件的声明代码:

```
♯ include <atlbase. h>
extern CComModule _Module;
♯ include <atlcom. h>
♯ include <atldbcli. h>
♯ include <afxoledb. h>
```

这些头文件和声明都是使用 OLE DB 模板类所必需的。如果在创建工程的第④步里不指定 OLE DB 数据源,这些代码是不会出现的。另外,如果打开"OLEDB_MFC. cpp"文件,在 InitInstance()函数代码的开始位置,有如下代码:

```
CoInitialize(NULL);
```

这是初始化 OLE DB 的 COM 对象所必需的,不执行这个初始化函数,对 OLE DB 模板类的操作都不可能成功。

(2)使用 OLE DB 模板类

在利用 OLE DB 开发数据库应用程序过程中,最常用的模板有如下几个类:CDataSource 类、CSession 类、CManualAccessor 类、CRowset 类、CCommand 类以及 CTable 类,下面对这些类中常用的函数进行详细介绍。

① CDataSource 类。CDataSource 类用于与数据源建立连接,一般使用该类的 Open 方法建立同数据源的连接。Open 方法有多种实现函数体,它们的语法如下:

```
HRESULT Open( const CLSID& clsid, DBPROPSET * pPropSet = NULL );
HRESULT Open( const CLSID& clsid, LPCTSTR pName = NULL,
            LPCTSTR pUserName = NULL,
            LPCTSTR pPassword = NULL,
            long nInitMode = 0 );
HRESULT Open( LPCTSTR szProgID, DBPROPSET * pPropSet );
HRESULT Open( LPCTSTR szProgID, LPCTSTR pName = NULL,
            LPCTSTR pUserName = NULL,
            LPCTSTR pPassword = NULL,
            long nInitMode = 0 );
HRESULT Open( const CEnumerator& enumerator,
            DBPROPSET * pPropSet = NULL );
HRESULT Open( const CEnumerator& enumerator, LPCTSTR pName = NULL,
            LPCTSTR pUserName = NULL,
            LPCTSTR pPassword = NULL,
            long nInitMode = 0 );
HRESULT Open( HWND hWnd = GetActiveWindow(),
            DBPROMPTOPTIONS dwPromptOptions = \
            DBPROMPTOPTIONS_WIZARDSHEET );
```

这些函数可以通过指定的 CLSID、ProgID 或者 CEnumerator 来创建同数据源的连接。

参数说明如下：

- clsid —— 输入参数，指定数据服务器的 CLSID。
- pPropSet —— 输出参数，指向包含初始化服务器时所用的属性和值的 DBPROPSET 结构指针。属性必须属于初始化属性组。
- pName —— 输入参数，指定要连接的数据库的名称。
- pUserName —— 输入参数，指定用于连接的用户名。
- pPassword —— 输入参数，指定用于连接的用户口令。
- nInitMode —— 输入参数，指定数据库初始化模式。若为 0，表示用于建立连接的属性集合中不包括初始化模式。
- szProgID —— 输入参数，指定程序标识符。
- enumerator —— 输入参数，指定一个 CEnumerator 对象。如果在调用函数时，没有指定 CLSID，则该对象用于获得一个建立连接的标志。
- hWnd —— 输入参数，指定"数据链接属性"对话框的父窗口句柄。
- dwPromptOptions —— 输入参数，指定了"数据链接属性"对话框的风格。

CDataSource 类还允许 OpenWithPromptFileName() 函数选择一个先前建立的数据链接文件以打开相应的数据源，允许 OpenFromFileName()函数打开由数据链接文件指定的数据源，允许 OpenFromInitializationString()函数以初始化字符串指定的数据源，这些函数的语法如下：

```
HRESULT  OpenWithPromptFileName (  HWND  hWnd  =  GetActiveWindow ( ),
DBPROMPTOPTIONS dwPromptOptions = \
  DBPROMPTOPTIONS_NONE,
  LPCOLESTR szInitialDirectory = NULL );
HRESULT OpenFromFileName( LPCOLESTR szFileName );
HRESULT OpenFromInitializationString( LPCOLESTR szInitializationString );
```

参数说明如下：

hWnd —— 输入参数，指定对话框父窗口句柄。

dwPromptOptions —— 输入参数，制定对话框的风格。

szInitialDirectory —— 输入参数，指定对话框初始路径。

szFileName —— 输入参数，指定数据链接文件。

szInitializationString —— 输入参数，指定初始化字符串。

②CSession 类。CSession 类用于数据库访问会话，该类最常用的几个函数是：

- Open 函数：创建一个会话。该函数需要一个有效的数据库连接对象的指针，该函数声明如下：

```
HRESULT Open( const CDataSource& ds );
```

- Close 函数：用于关闭会话，该函数声明如下：

```
void Close ( );
```

- StartTransaction 函数：用于开始一个数据访问事务，在调用 Abort 函数或者 Commit 函数之前，数据库的修改都还存在本地内存里，并没有提交到数据库，这样有利于维护数据库的一致性。该函数声明如下：

```
HRESULT StartTransaction( ISOLEVEL isoLevel = \
        ISOLATIONLEVEL_READCOMMITTED,
    ULONG isoFlags = 0,
    ITransactionOptions * pOtherOptions = NULL,
    ULONG * pulTransactionLevel = NULL ) const;
```

- Abort 函数:用于回退一个数据库访问会话。该函数声明如下:

```
HRESULT Abort( BOID * pboidReason = NULL, BOOL bRetaining = FALSE,
    BOOL bAsync = FALSE );
```

- Commit 函数:用于提交一个数据库访问会话。该函数声明如下:

```
HRESULT Commit( BOOL bRetaining = FALSE,
    DWORD grfTC = XACTTC_SYNC,
    DWORD grfRM = 0) const;
```

③ CManualAccessor 类。CManualAccessor 存取器具有同时处理列和命令的能力,能够使用服务器转换数据类型。该类主要函数包括:AddBindEntry()函数、AddParameterEntry()函数、CreateAccessor()函数以及 CreateParameterAccessor()函数。

- AddBindEntry()函数:为输出列增加绑定项,该函数声明如下:

```
void AddBindEntry( ULONG nOrdinal, DBTYPE wType,
    ULONG nColumnSize, void * pData,
    void * pLength = NULL, void * pStatus = NULL );
```

- AddParameterEntry()函数:为参数存取器添加一个参数项,该函数声明如下:

```
void AddParameterEntry( ULONG nOrdinal, DBTYPE wType,
    ULONG nColumnSize, void * pData,
    void * pLength = NULL, void * pStatus = NULL,
    DBPARAMIO eParamIO = DBPARAMIO_INPUT );
```

- CreateAccessor()函数:为列绑定结构分配内存,并初始化列数据成员,该函数声明如下:

```
HRESULT CreateAccessor( int nBindEntries, void * pBuffer,
    ULONG nBufferSize );
```

- CreateParameterAccessor()函数:为参数绑定结构分配内存,并初始化参数数据成员,该函数声明如下:

```
HRESULT CreateParameterAccessor( int nBindEntries, void * pBuffer,
    ULONG nBufferSize );
```

④ CRowset 类。该行集类用于处理、建立和检索行数据。在 OLE DB 中,行集为应用程序操作数据所使用对象。CRowset 类封装了 OLE DB 行集对象和一些相关的接口,并为操作行集提供了数据成员。该类在实现的函数上有些类似于 CRecordset 类,这里不对该类的成员函数进行详细说明了。

⑤ CCommand 类。CCommand 类用于设置和执行一个基于参数的 OLE DB 命令,该类的模板定义如下:

```
template <class TAccessor = CNoAccessor, class TRowset = CRowset,
```

```
    class TMultiple = CNoMultiple>
class CCommand : public CAccessorRowset<TAccessor, TRowset>,
    public CCommandBase
```

· Open 函数：该类使用 Open 函数执行一个 OLE DB 命令，在需要的时候还可以绑定命令。该函数声明如下：

```
HRESULT Open( DBPROPSET * pPropSet = NULL,
    LONG * pRowsAffected = NULL, bool bBind = true );
HRESULT Open( const CSession& session, LPCTSTR szCommand = NULL,
    DBPROPSET * pPropSet = NULL,
    LONG * pRowsAffected = NULL,
    REFGUID guidCommand = DBGUID_DEFAULT,
    bool bBind = true);
```

· CreateCommand 函数：用于创建一条新命令，该函数声明如下：

```
HRESULT CreateCommand( const CSession& session );
```

· ReleaseCommand 函数：释放参数存取器，然后释放命令，该函数声明如下：

```
void ReleaseCommand( );
```

⑥ CTable 类。该类用于访问一个不带参数的行集。类的定义如下：

```
template <class TAccessor = CNoAccessor, class TRowset = CRowset >
class Table : public CAccessorRowset <T, TRowset>
```

该类的唯一一个成员函数是 Open 函数，用于打开表，Open 函数的声明如下：

```
HRESULT Open( const CSession& session, LPCTSTR szTableName,
    DBPROPSET * pPropSet = NULL );
HRESULT Open( const CSession& session, DBID& dbid,
    DBPROPSET * pPropSet = NULL );
```

即使表中不包含数据，行集也会建立。所得的行集支持所有的功能，包括插入新的行或者确定列的数据。

OLE DB 模板类的内容很多，这里不能一一列举，只能对经常用到的类及其成员函数进行有选择的介绍，更加详细的内容请参阅 VC++ 的联机帮助文档。

2. 以 ATL COM AppWizard 为向导建立 OLE DB 客户程序框架

使用 ATL COM AppWizard 向导创建应用程序框架的方法是建立 COM 组建的一种常用方法，使用这种方法创建的应用程序框架能够直接支持 OLE DB 的模板类，不需要添加头文件。

(1)创建 ATL COM 应用程序

操作步骤如下：

① 打开 VC++ 的工程创建向导。从 VC++ 的菜单中执行"File>New"命令，将 VC++ 6.0 工程创建向导"New"对话框显示出来。如果当前的选项标签不是"Projects"，要单击"Projects"选项标签将它选中。在左边的列表里选择"ATL COM AppWizard"项，在"Project name"编辑区里输入工程名称"OLEDB_ATL"，并在"Location"编辑区里调整工程路径，如图8-16所示。

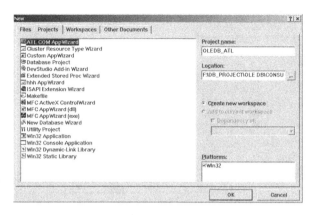

图 8-16　工程创建向导

② 选择服务器类型。在"New"对话框的"OK"按钮,弹出"ATL COM AppWizard - Step 1 of 1"对话框,如图 8-17 所示。创建 OLEDB_MFC 工程的第一步是选择服务器类型。

③ 选择服务器类型。在"ATL COM AppWizard - Step 1 of 1"对话框里选择服务器类型为"Executable(EXE)",然后点击"Finish"按钮,显示"New Project Information"对话框,如图 8-18 所示。在对话框里点击"OK"按钮,完成工程的创建。

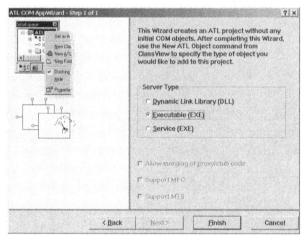

图 8-17　选择服务器类型　　　　　　　　图 8-18　创建信息对话框

(2)对 ATL COM 工程的编程

缺省创建的 ATL COM 工程仅仅是一个 COM 外壳,在它的应用程序执行入口函数_tWinMain()里并没有任何界面的执行代码,应用程序不包括任何 COM 组件,工程也没有任何界面资源。

为了使 ATL COM 工程可视化,并使应用程序具有实用性,需要为该工程添加对话框资源,并添加支持数据库操作的 ATL 对象。

步骤 1:为 ATL COM 工程添加 ATL 的数据操作对象

为 ATL COM 工程添加数据操作对象的操作步骤如下:

① 在 VC++平台上执行"Insert>New ATL Object"菜单命令,开始为工程添加对话框资源,弹出"ATL Object Wizard"对话框,如图 8-19 所示。

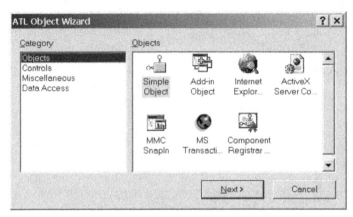

图 8-19　ATL Object Wizard 对话框

② 在"ATL Object Wizard"对话框的"Category"列表里选择"Data Access"项,并在"Objects"列表里选择"Consumer"项,如图 8-20 所示。

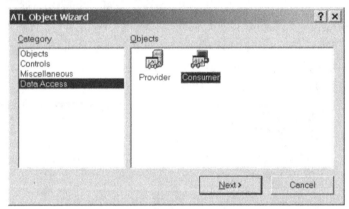

图 8-20　选择 Data Access 的 Consumer 项

③ 在"ATL Object Wizard"对话框里点击"Next"按钮,弹出"ATL Object Wizard 属性"对话框,如图 8-21 所示。

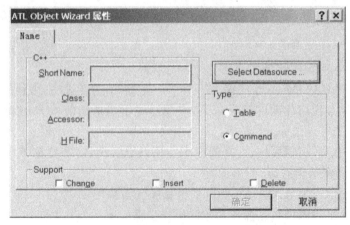

图 8-21　"ATL Object Wizard 属性"对话框

④ 在"ATL Object Wizard 属性"对话框里,首先选择数据源。点击"Select Datasource"按钮,弹出如图 8-7 所示的"数据链接属性"对话框,为 ATL Object 设置数据源,最后返回到"ATL Object Wizard 属性"对话框,这时的"ATL Object Wizard 属性"对话框如图 8-22 所示。

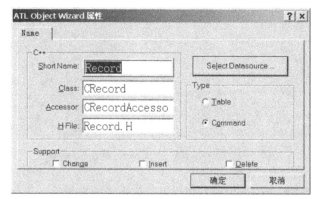

图 8-22 选择数据源后的"ATL Object Wizard 属性"对话框

⑤ 适当修改"Short Name"编辑区域的名称,并在"Support"组合框里选择对象支持的操作权限。完成后点击"确定"按钮,完成 ATL Object 的添加。

步骤 2:为 ATL COM 工程添加对话框资源

为 ATL COM 工程添加对话框资源的操作步骤:

① 在 VC++平台上执行"Insert>New ATL Object"菜单命令,开始为工程添加对话框资源,弹出"ATL Object Wizard"对话框,如图 8-19 所示。

② 在"ATL Object Wizard"对话框的"Category"列表里选择"Miscellaneous"项,并在"Objects"列表里选择"Dialog"项,如图 8-23 所示。

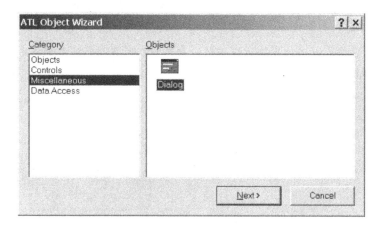

图 8-23 选择"Miscellaneous"的"Dialog"项

③ 在"ATL Object Wizard"对话框点击"Next"按钮,弹出"ATL Object Wizard 属性"对话框,如图 8-24 所示。

④ 在"Short Name"编辑区域里填写对话框对象的名称,例如"DBInfo",对话框的其他内容会自动填充,完成后如图 8-25 所示。

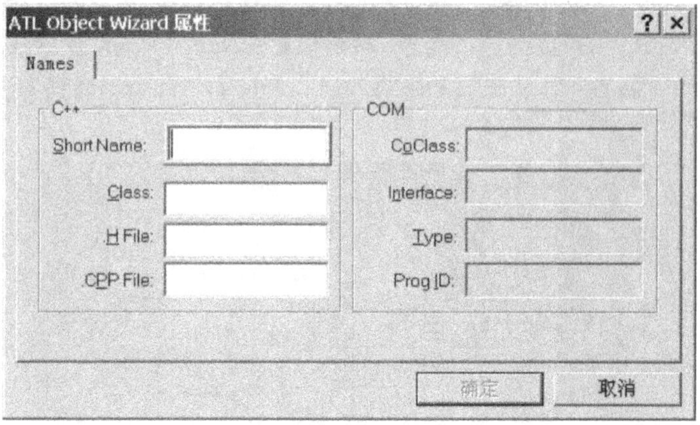

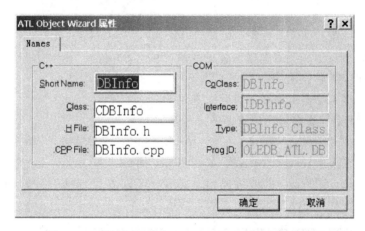

图 8 - 24 "ATL Object Wizard 属性"对话框

图 8 - 25 设置后的"ATL Object Wizard 属性"对话框

⑤ 在"ATL Object Wizard 属性"对话框里点击"确定"按钮,完成对话框资源的添加。系统自动将 IDD_DBINFO 对话框添加到工程资源里,并显示在设计平面上,如图 8 - 26 所示。

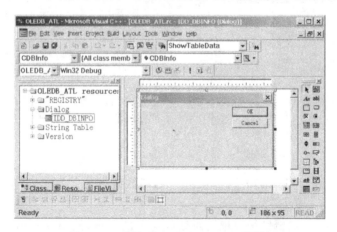

图 8 - 26 添加的 IDD_DBINFO 对话框

到此就完成了对话框资源的添加,此后就可以对 IDD_DBINFO 对话框进行设计,并编写相应代码。

8.3　ADO 技术

OLE DB 标准的 API 是 C++ API,只能供 C++ 语言调用(这也是 OLE DB 没有改名为 ActiveX DB 的原因,ActiveX 是与语言无关的组件技术)。为了使得流行的各种编程语言都可以编写符合 OLE DB 标准的应用程序,微软在 OLE DB API 之上,提供了一种面向对象、与语言无关的(Language-Neutral)应用编程接口,这就是 ActiveX Data Objects,简称 ADO。

8.3.1　ADO 的概念

ADO(Active Data Object,活动数据对象)实际上是一种基于 COM(组件对象模型)的自动化接口(IDispatch)技术,并以 OLEDB(对象连接和镶入数据库)为基础,经过 OLEDB 精心包装后的数据库访问技术,利用它可以快速的创建数据库应用程序。ADO 提供了一组非常简单,将一般通用的数据访问细节进行封装的对象。由于 ODBC 数据源也提供了一般的 OLE DB Privider,所以 ADO 不仅可以应用自身的 OLE DB Privider,而且还可以应用所有的 ODBC 驱动程序。

与 DAO、RDO 等类似,ADO 实际上是一种对象模型,不过这个对象模型相对简单,如图 8-27所示。

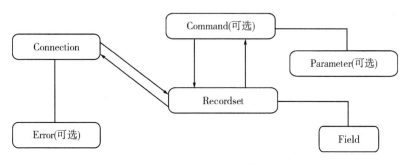

图 8-27　ADO 对象模型

ADO 只有 6 个对象,却涵盖了所有数据库应用程序的基本任务类型,包括读写数据、排序、筛选记录集及更新数据等。在这个对象模型中,Connection 类似于 RDO 的 rdoConnection 或者 DAO 的 Database,Command 类似于 RDO 的 rdoPreparedStatement 或者 DAO 的 QueryDef。

值得注意的是,与 DAO 等模型的层次结构不同,ADO 基本上是一种平行结构:Command 和 Recordset 与 Connect 之间并没有上下层次关系,这种设计主要是为了适应 Internet 应用开发的需要。因为在 Internet 上,像在局域网内那样维护一个永久性的连接、然后在连接的基础上执行查询,基本上是不可能的。

8.3.2　ADO 的主要对象

①连接(connection)对象是用来与数据库建立连接、执行查询以及进行事务处理。在连

接之前必须指定使用哪一个 OLE DB 供应者。

连接对象重要函数与属性：
- 打开和关闭连接的函数：Open 和 Close 方法
- 管理事务的函数：BeginTrans、CommitTrans 和 RollbackTrans
- 执行 SQL 语句的方法：Execute
- 设置连接字符串的属性：ConnectString
- 设置连接超时的属性：ConnectionTimeout
- 设置光标位置的属性：CursorLocation(adUseClient、adUseServer)
- 指定事务隔离层次的属性：IsolationLevel

②命令对象(command)可以执行数据库操作命令(例如查询、修改、插入和删除等)。用命令对象执行一个查询子串，可以返回一个记录集合。

③记录集(recordset)对象用来查询返回的结果集，它可以在结果集中添加、删除、修改和移动记录。当创建了一个记录集对象时，一个游标也就自动创建了，查询所产生的记录将放在本地的游标中。游标类型有四种：仅能向前移动的游标、静态游标、键集游标和动态游标。记录集(recordset)对象是对数据库进行查询和修改的主要对象。

常用的函数与属性：
- 打开关闭记录集的方法：Open 和 Close
- 保存更新的方法：Update
- 表示光标位置的属性：BOF 和 EOF
- 增加删除记录的方法：Add, Delete
- 设置光标位置的属性：CursorLocation(adUseClient、adUseServer)
- 设置光标类型的属性：CursorType
- 设置光标的加锁类型：LockType

8.3.3　ADO 与其他编程接口的关系

Windows 2000 可以使用的三个主要的数据访问接口：① ODBC(Open Database Connectivity)开放数据库互连② OLE DB ③ADO(Activex Data Object)。三个常用的数据访问接口关系示意如图 8-28 所示。

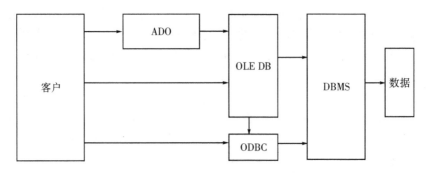

图 8-28　三种接口之间的关系

其中 ADO 总是在 OLEDB 基础上实现，OLE DB 可能在 ODBC 基础上实现，也可能不依赖于 ODBC 独立实现。

8.3.4　使用 ADO 编程

1. ADO 接口的使用

ADO 在 msado15. dll 或 msado25. dll 中以 COM 接口形式提供,有双接口并附带类库。MFC 中要使用 ADO 的类,必须通过 ADO 的 COM 接口来使用 ADO,方法有以下三种。

①用 ♯import 命令导入 ADO 类库(typelib) ,这是最常用的方法。

②用向导导入 ADO 类库,为不同接口产生 C＋＋ 包装类。

③用 COM API 直接访问 ADO COM 组件与接口。

导入 ADO 类库后,项目文件夹中会自动创建 msado15. tlh 和 msado15. tli 两个文件。

2. 在程序中使用 ADO

① 首先应在 stdafx. h 文件中用 import 指令导入 ADO 类库,如:

```
♯ import "C:\Program Files\Common Files\System\ado\msado25.tlb" no_
namespace rename("EOF","ENDOFRS")
```

（2）初始化 COM 环境

```
::CoInitialize(0);
```

（3）利用连接对象建立连接

```
_ConnectionPtr pConn;
pConn.CreateInstance(__uuidof(Connection));//创建连接对象
pConn－＞ConnectionString = "Provider = SQLOLEDB.1;Password = sa;Persist
Security Info = True;User ID = sa;Initial Catalog = pubs;Data Source = 127.0.
0.1";//设置连接字符串
pConn－＞ConnectionTimeout = 5;//设置连接的超时时间,可选
pConn－＞CursorLocation = adUseServer;//设置光标的位置,可选
pConn－＞Open("","","",－1);
```

（4）进行查询或者修改数据的操作

（5）关闭连接

```
pConn－＞Close();//关闭数据库连接
pConn.Release();//释放数据库连接对象(注意是.不是－＞)
```

（6）释放 COM 环境

```
::CoUninitialize();
```

8.4　OLE DB 客户应用程序编程实例

在前面章节里介绍 OLE DB 数据库访问的两种途径时已经表述过,用 ATL COM 开发 OLE DB 的客户程序存在很大的缺陷,它不能实现灵活的人机界面,所以本节将要介绍的实例是基于 MFC 的,即 8.2 节里介绍的第一种方法,这当然是读者在数据库应用开过程中经常使用的方法。

本节在 8.2.2 节创建的 OLEDB_MFC 工程的基础上,进一步开发一个 OLE DB 客户应

用程序编程实例。

8.4.1 实例概述

1. 需求调查与分析

某跨国公司需要在公司总部建立一个人事信息管理的数据库应用软件,该软件安装在公司总部人力资源部的办公系统上,由于需要处理大量的人事信息,因此需要多个职员对这个系统进行管理和维护,包括公司新员工的登记、公司辞职员工的注销,员工加班信息维护、员工请假信息维护等工作,系统因此是多用户的。既然是多用户的,因此就需要网络环境的支持。由于该数据库应用是限定在公司人力资源部内部的,因此建立一个客户/服务器模式的网络数据库应用是最好的方案。

2. 数据库系统及其访问技术

在 Windows 系统中支持网络操作的数据库当然首选微软的 SQL Server,这里选用该数据库系统的最新版本 7.0,作为数据库服务器。为了实现对 SQL Server 数据库服务器的数据访问,本实例选定使用 OLE DB 客户数据库访问技术,该技术具有效率高、稳定性强的特点,非常有利于数据库的网络访问。

3. 实例实现效果

OLEDB_MFC 是本书用于阐述 OLE DB 客户数据库编程的实例应用程序,该应用程序实现了对公司基本人力资源的管理,包括新员工的登记、公司辞职员工的注销,员工加班信息维护、员工请假信息维护等工作。

应用程序运行界面如图 8-29 所示。

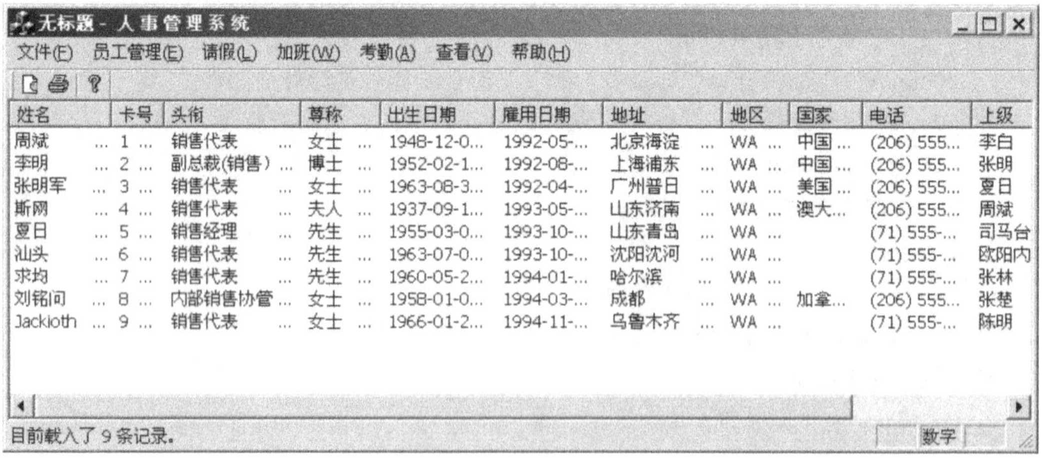

图 8-29 OLEDB_MFC 实例应用程序的运行界面

8.4.2 实例实现过程

1. 数据库设计

利用微软 SQL Server 7.0 提供的一套管理工具,可以设计并管理本实例的数据库。在本

实例里,需要利用 SQL Server 7.0 数据库存放人力资源的如下信息:

公司的雇员信息,包括雇员的自然信息、联系信息、上级信息以及部门信息;

公司的部门信息;

公司员工的考勤信息;

公司员工的加班信息;

公司员工的请假信息;

请假的类别信息。

实例为数据库设计了六个表:表"雇员"存放公司的雇员信息,表"部门"存放公司的部门信息,表"考勤"存放员工的考勤信息,表"加班"存放员工的加班信息,表"假条"存放员工的请假信息,表"请假类型"存放请假的类别信息。表 8-1 列出了表"雇员"的结构,表 8-2 列出了表"部门"的结构,表 8-3 列出了表"考勤"的结构,表 8-4 列出了表"加班"的结构,表 8-5 列出了表"假条"的结构,表 8-6 列出了表"请假类型"的结构。

表 8-1　表"雇员"的结构

字段名称	类型	字段名称	类型
雇员 ID(key)	Int	地址	char
姓名	Char	地区	char
卡号	Char	国家	char
头衔	Char	电话	char
尊称	Char	上级	char
出生日期	Datetime	部门 ID	int
雇用日期	Datetime		

表 8-2　表"部门"的结构

字段名称	类型	字段名称	类型
部门 ID(key)	Int	部门描述	char
部门名称	Char		

表 8-3　表"考勤"的结构

字段名称	类型	字段名称	类型
考勤 ID(key)	Int	上班时间	datetime
考勤日期(key)	Datetime	下班时间	datetime

表 8-4　表"加班"的结构

字段名称	类型	字段名称	类型
加班 ID(key)	Int	终止时间	datetime
雇员 ID	Int	任务描述	nvarchar
起始时间	Datetime	领导批示	bit

表 8-5　表"假条"的结构

字段名称	类型	字段名称	类型
部门 ID(key)	Int	起始时间	dateytime
雇员 ID	Int	终止时间	dateytime
类型 ID	Int	领导批示	bit
原因	Char		

表 8 - 6 表"请假类型"的结构

字段名称	类型	字段名称	类型
类型 ID(key)	Int	类型描述	char
类型名称	Char		

为了便于数据的访问,实例还创建了四个视图:v_雇员、v_考勤、v_加班、v_假条,这四个视图分别实现雇员、考勤、加班、假条信息的提取。建立这四个视图的 SQL 语句如下:

```
CREATE VIEW dbo.[v_雇员]

AS

SELECT 雇员.姓名,雇员.卡号,雇员.头衔,雇员.尊称,雇员.出生日期,
       雇员.雇用日期,雇员.地址,雇员.地区,雇员.国家,雇员.电话,雇员.
       上级,
       部门.部门名称
FROM 雇员 INNER JOIN
    部门 ON 雇员.部门 ID = 部门.部门 ID
CREATE VIEW dbo.[v_考勤]

AS

SELECT 雇员.姓名,雇员.卡号,考勤.考勤日期,考勤.上班时间,
       考勤.下班时间,部门.部门名称
FROM 雇员 INNER JOIN
    考勤 ON 雇员.雇员 ID = 考勤.雇员 ID INNER JOIN
    部门 ON 雇员.部门 ID = 部门.部门 ID
CREATE VIEW dbo.[v_加班]

AS

SELECT 雇员.姓名,雇员.卡号,加班.起始时间,加班.终止时间,
       加班.任务描述,加班.领导批示,部门.部门名称
FROM 雇员 INNER JOIN
    加班 ON 雇员.雇员 ID = 加班.雇员 ID INNER JOIN
    部门 ON 雇员.部门 ID = 部门.部门 ID
CREATE VIEW dbo.[v_假条]

AS

SELECT 雇员.姓名,雇员.卡号,请假类型.类型名称,假条.原因,
       假条.起始时间,假条.终止时间,假条.领导批示,部门.部门名称
FROM 假条 INNER JOIN
    雇员 ON 假条.雇员 ID = 雇员.雇员 ID INNER JOIN
    请假类型 ON 假条.类型 ID = 请假类型.类型 ID INNER JOIN
    部门 ON 雇员.部门 ID = 部门.部门 ID
```

在实例光盘的 Database 目录下,Employees.mdb 文件是存放公司员工信息的 Access 数据库文件,读者可以通过 SQL Server 7.0 的数据导入(import)工具,将这个数据库导入到 SQL Server 7.0 数据库里。Employees.mdb 文件里存放的数据库表的结构可以作为参考,读

者如果没有安装 SQL Server 7.0 数据库,可以通过该文件了解数据库的结构信息。

2. 创建数据源

由于实例采用了 SQL Server 作为后台数据库,又是通过 OLE DB 实现的数据库访问,这里就不必再建立 ODBC 数据源了,而是直接使用 SQL Server 的 OLE DB 服务提供程序进行数据库访问。

3. 设计应用程序界面

本实例需要设计的界面内容包括:应用程序主框架上的菜单项设计和员工登记对话框、员工辞职对话框、员工考勤对话框、员工请假对话框、员工加班对话框以及查询对话框的设计。

(1)设计应用程序的主菜单

需要为应用程序设计的菜单包括:员工管理、请假、加班、考勤。这些菜单的标识、标题以及提示信息如表 8-7 所示。

表 8-7 工程的菜单资源

	标识	标题	提示信息
员工管理	ID_EMPLOYEE_REGISTER	新员工登记(&R)	进行新员工登记
	ID_EMPLOREE_QUERY	查询(&Q)	查询员工信息
	ID_EMPLOYEE_QUIZ	员工辞职(&Q)	员工辞职
请假	ID_LEFT_ASK	登记(&R)	请假操作
	ID_LEFT_QUERY	查询(&Q)	请假情况查询
加班	ID_OWORK_REGISTER	登记(&R)	进行加班登记
	ID_OWORK_QUERY	查询(&Q)	加班情况查询
	ID_OWORK_FEE	加班费(&F)	统计员工的加班费
考勤	ID_ATTENDANCE_CARD	打卡(&C)	员工上班打卡
	ID_ATTENDANCE_QUERY	查询(&Q)	考勤情况查询

(2)设计员工登记对话框

使用 VC++的"Insert>Resource"菜单命令可以将对话框资源加入到工程里。员工登记对话框的标识为 IDD_EMPLOYEE_REGISTER,它的标题是"员工登记",员工登记对话框的其他资源如表 8-8 所示。

表 8-8 IDD_EMPLOYEE_REGISTER 对话框的资源

资源类型	资源 ID	标题	功能
编辑框	IDC_CARDNO		接收用户输入的员工卡号
编辑框	IDC_NAME		接收用户输入的员工姓名
编辑框	IDC_TITLE		接收用户输入的员工头衔
编辑框	IDC_RESPECT		接收用户输入的员工卡号尊称
编辑框	IDC_BIRTHDATE		接收用户输入的员工出生日期
编辑框	IDC_REGIDATE		接收用户输入的员工雇用日期
编辑框	IDC_ADDRESS		接收用户输入的员工地址

资源类型	资源 ID	标题	功能
编辑框	IDC_DISTRICT		接收用户输入的员工地区
编辑框	IDC_COUNTRY		接收用户输入的员工国家
编辑框	IDC_TELEPHONE		接收用户输入的员工电话
编辑框	IDC_SUPERVISOR		接收用户输入的员工上级
标签	IDC_STATIC	雇员卡号：	
标签	IDC_STATIC	雇员姓名：	
标签	IDC_STATIC	头衔：	
标签	IDC_STATIC	尊称：	
标签	IDC_STATIC	出生日期：	
标签	IDC_STATIC	雇用日期：	
标签	IDC_STATIC	地址：	
标签	IDC_STATIC	地区：	
标签	IDC_STATIC	国家：	
标签	IDC_STATIC	电话：	
标签	IDC_STATIC	上级：	
标签	IDC_STATIC	部门：	
组合框	IDC_CBDEPT		提供有户选择部门
按钮	IDOK	确定(&O)	确认输入
按钮	IDCANCEL	取消(&C)	取消输入

设计完成后，IDD_EMPLOYEE_REGISTER 对话框如图 8-30 所示。

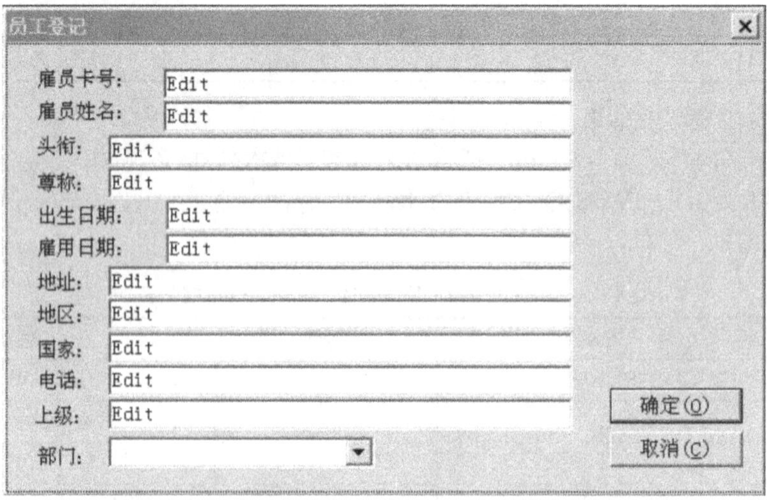

图 8-30 设计完成的 IDD_EMPLOYEE_REGISTER 对话框

（3）设计员工辞职对话框

使用 VC++ 的"Insert＞Resource"菜单命令可以将对话框资源加入到工程里。员工辞

职对话框的标识为 IDD_EMPLYEE_QUIZ,它的标题是"员工辞职",员工辞职对话框的其他
资源如表 8-9 所示。

表 8-9　IDD_EMPLYEE_QUIZ 对话框的资源

资源类型	资源 ID	标题	功能
编辑框	IDC_CARD_NO		接收用户输入的员工卡号
编辑框	IDC_EMPLOYEE_NAME		接收用户输入的员工姓名
编辑框	IDC_EMPLOYEE_DEPT		接收用户输入的员工部门
编辑框	IDC_DESC		接收用户输入的原因描述
标签	IDC_STATIC	输入卡号:	
标签	IDC_STATIC	员工姓名:	
标签	IDC_STATIC	部门:	
标签	IDC_STATIC	原因描述:	
按钮	IDOK	辞职(&Q)	确认辞职
按钮	IDCANCEL	返回(&X)	取消辞职

设计完成后,IDD_EMPLYEE_QUIZ 对话框如图 8-31 所示。

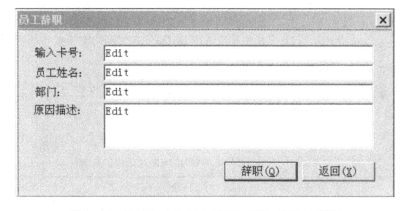

图 8-31　设计完成的 IDD_EMPLYEE_QUIZ 对话框

(4)设计员工考勤对话框

使用 VC++的"Insert>Resource"菜单命令可以将对话框资源加入到工程里。员工考
勤对话框的标识为 IDD_ATTENDANCE_CARD,它的标题是"员工考勤",员工考勤对话框的
其他资源如表 8-10 所示。

表 8-10　IDD_ATTENDANCE_CARD 对话框的资源

资源类型	资源 ID	标题	功能
编辑框	IDC_CARD_NO		接收用户输入的员工卡号
编辑框	IDC_EMPLOYEE_NAME		接收用户输入的员工姓名
编辑框	IDC_EMPLOYEE_DEPT		接收用户输入的员工部门
标签	IDC_STATIC	输入卡号:	
标签	IDC_STATIC	员工姓名:	
标签	IDC_STATIC	部门:	
标签	IDC_STATIC	时间:	

续表

资源类型	资源 ID	标题	功能
标签	IDC_EMPLOYEE_TIME		显示当前时间
单选框	IDC_ONWORDK	上班(&N)	
单选框	IDC_OFFWORDK	下班(&F)	
组框	IDC_STATIC	类别	
按钮	IDOK	打卡(&C)	
按钮	IDCANCEL	返回(&X)	

设计完成后，IDD_ATTENDANCE_CARD 对话框如图 8-32 所示。

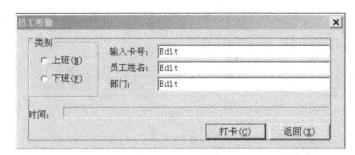

图 8-32　设计完成的 IDD_ATTENDANCE_CARD 对话框

（5）设计员工请假对话框

使用 VC++的"Insert＞Resource"菜单命令可以将对话框资源加入到工程里。员工请假对话框的标识为 IDD_LEAVE_REGISTER，它的标题是"员工请假"，员工请假对话框的其他资源如表 8-11 所示。

表 8-11　IDD_LEAVE_REGISTER 对话框的资源

资源类型	资源 ID	标题	功能
编辑框	IDC_CARD_NO		接收用户输入的员工卡号
编辑框	IDC_EMPLOYEE_NAME		接收用户输入的员工姓名
编辑框	IDC_EMPLOYEE_DEPT		接收用户输入的员工部门
编辑框	IDC_FROMDATE		接收用户输入的请假起始时间
编辑框	IDC_TODATE		接收用户输入的请假终止时间
标签	IDC_STATIC	请假类别：	
标签	IDC_STATIC	时间:从	
标签	IDC_STATIC	到	
标签	IDC_STATIC	输入卡号：	
标签	IDC_STATIC	员工姓名：	
标签	IDC_STATIC	部门：	
组合框	IDC_CBLEAVETYPE		提供请假类型选择
按钮	IDOK	请假(&L)	确认请假信息
按钮	IDCANCEL	返回(&X)	取消请假

设计完成后，IDD_LEAVE_REGISTER 对话框如图 8－33 所示。

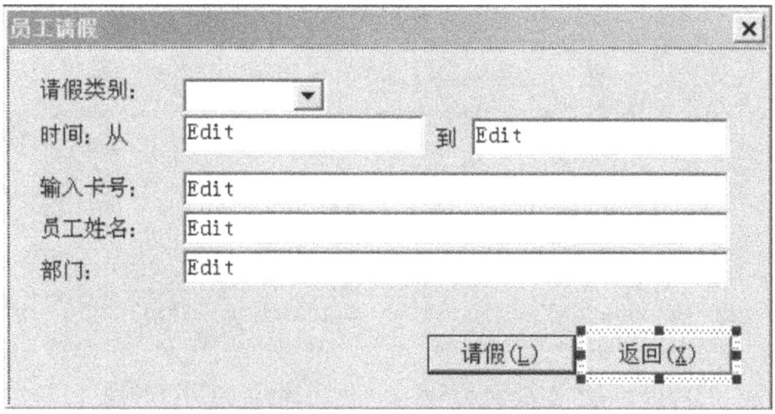

图 8－33　设计完成的 IDD_LEAVE_REGISTER 对话框

（6）设计员工加班对话框

使用 VC＋＋的"Insert＞Resource"菜单命令可以将对话框资源加入到工程里。员工加址对话框的标识为 IDD_OWORK_REGISTER，它的标题是"员工加班"，员工加班对话框的其他资源如表 8－12 所示。

表 8－12　IDD_OWORK_REGISTER 对话框的资源

资源类型	资源 ID	标题	功能
编辑框	IDC_CARD_NO		接收用户输入的员工卡号
编辑框	IDC_EMPLOYEE_NAME		接收用户输入的员工姓名
编辑框	IDC_EMPLOYEE_DEPT		接收用户输入的员工部门
编辑框	IDC_FROMDATE		接收用户输入的请假起始时间
编辑框	IDC_TODATE		接收用户输入的请假终止时间
标签	IDC_STATIC	时间:从	
标签	IDC_STATIC	到	
标签	IDC_STATIC	输入卡号:	
标签	IDC_STATIC	员工姓名:	
标签	IDC_STATIC	部门:	
按钮	IDOK	登记(&R)	确认加班信息
按钮	IDCANCEL	返回(&X)	取消加班

设计完成后，IDD_LEAVE_REGISTER 对话框如图 8－34 所示。

（7）设计查询对话框

使用 VC＋＋的"Insert＞Resource"菜单命令可以将对话框资源加入到工程里。查询对话框的标识为 IDD_QUERY_CONFIG，它的标题是"查询设置"，查询对话框的其他资源如表 8－13 所示。

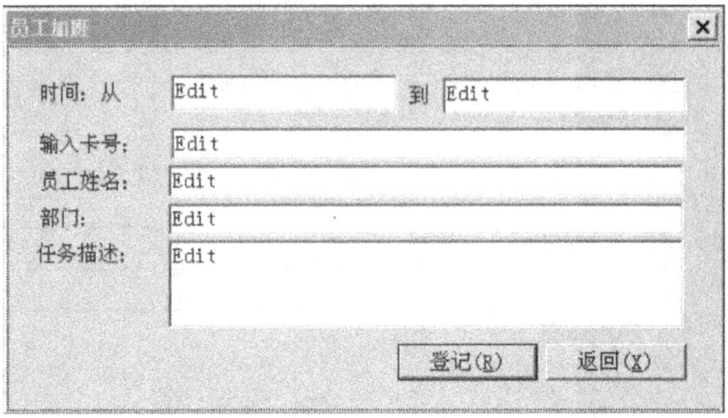

图 8-34　设计完成的 IDD_OWORK_REGISTER 对话框

表 8-13　IDD_QUERY_CONFIG 对话框的资源

资源类型	资源 ID	标题	功能
编辑框	IDC_CARD_NO		接收用户输入的员工卡号
编辑框	IDC_EMPLOYEE_NAME		接收用户输入的员工姓名
组合框	IDC_CBDEPT		提供部门选择
标签	IDC_STATIC	输入卡号:	
标签	IDC_STATIC	员工姓名:	
标签	IDC_STATIC	部门:	
复选框	IDC_CHKALL	查询所有($\&$A)	
按钮	IDOK	查询($\&$Q)	确认查询设置
按钮	IDCANCEL	返回($\&$X)	取消加班

设计完成后，IDD_QUERY_CONFIG 对话框如图 8-35 所示。

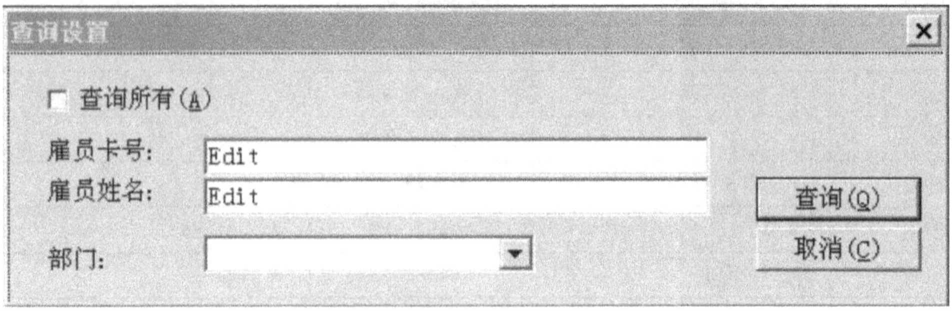

图 8-35　设计完成的 IDD_QUERY_CONFIG 对话框

到此，完成了应用程序的界面设计工作，下面开始工程代码的编写。

4. 编写工程代码

在 8.2.2 节创建的数据库应用工程，同其他一般工程的不同之处是增加了对 OLE DB 的支持，如果打开工程 stdafx.h 文件，会看到它比普通工程的 stdafx.h 文件多了下面的代码：

```
♯ include <atlbase.h>
extern CComModule _Module;
♯ include <atlcom.h>
♯ include <atldbcli.h>
♯ include <afxoledb.h>
♯ include <atldbsch.h>
♯ include <afx.h>
```

这些代码将系统对 COM、OLE DB 的支持头文件包括在工程里,在应用程序中我们就可以方便地使用 OLE DB 的 COM 对象了。

下面开始介绍 OLEDB_MFC 工程的数据库访问代码的编写过程。

(1) 声明用于数据库访问的 COM 对象

由于大多数的数据库操作是在工程的 COLEDB_MFCView 类里进行的,所以这里把 OLD DB 的 COM 对象声明在 COLEDB_MFCView 类,声明代码如下:

```
public:
    CDataSource      m_Connect;
    CSession         m_Session;
    CString          m_strCurTable;
```

其中 m_Connect 变量用于建立同数据源的连接,m_Session 变量用于启动一次数据库操作会话,通常一个应用程序里有一个连接对象和一个会话对象就足够了。m_strCurTable 变量用于存放当前操作的表的名称。

为了方便与对查询结果集列的绑定,需要为工程添加如下结构:

```
struct MYBIND
{
    MYBIND(){
        memset(this, 0, sizeof( * this));
    }

    TCHAR szValue[40];
    DWORD dwStatus;
};
```

该结构的作用是为绑定列的缓存分配内存。

(2) 初始化 COM 对象

初始化 COM 对象就是建立同数据源的连接的过程,Session 对象的 Open 方法有多种函数声明,这里采用了下面的函数:

```
HRESULT Open( LPCTSTR szProgID, DBPROPSET * pPropSet );
```

这样,函数首先要创建一个 CDBPropSet 对象,对用于连接的属性在 CDBPropSet 对象里进行设置,最后才调用 Open 方法建立同数据源的连接,并在连接成功以后创建会话对象。函数代码如下:

```
// 建立同数据源的连接
```

```
HRESULThr;
CDBPropSetdbinit(DBPROPSET_DBINIT);
dbinit.AddProperty(DBPROP_AUTH_INTEGRATED,"SSPI");
dbinit.AddProperty(DBPROP _AUTH_PERSIST_SENSITIVE_AUTHINFO,false);
dbinit.AddProperty(DBPROP_INIT_CATALOG,"Employees");
dbinit.AddProperty(DBPROP_INIT_DATASOURCE,"JACKIE");
// 开始连接
hr = m_Connect.Open("SQLOLEDB.1", &dbinit);
if (FAILED(hr))return;
// 建立会话
hr = m_Session.Open(m_Connect);
if (FAILED(hr)) return;
```

（3）编写数据库访问函数

为了后面介绍方便，这里先介绍工程里的一些数据库访问函数，这些函数在 OLEDB_MFCView.h 文件里声明如下：

```
public:
    BOOL GetDeptArray(CUIntArray &uaDeptID, CStringArray &saDeptArray);
    BOOL GetLeaveArray(CUIntArray &uaLeaveID, CStringArray &saLeaveArray);
    BOOL InsertRecord(CString strTableName, CStringArray &saValue);
    BOOL DeleteEmployee(CString strCardNo);
    CString GetQueryOrderStr(CString strTableName);
```

下面分别介绍这些函数的功能以及编写技巧。

①函数 GetDeptArray。

函数 GetDeptArray 用于从数据库的"部门"表里读取部门名称列表，以方便员工登记时对部门信息的提示。

该函数首先为数据读取绑定缓存区（pBind），然后对 CManualAccessor 存取器设置列绑定，由于只读取两个列的信息，所以只绑定两个列就可以了，AddBindEntry 方法实施列绑定操作。绑定完成后，执行存取器的 Open 方法创建查询结果集，并从绑定的缓存区里读取列信息。函数的 uaDeptID 参数用于接收部门 ID 列的信息，saDeptArray 参数用于接收部门名称列的信息。

该函数实现代码如下：

```
BOOL COLEDB_MFCView::GetDeptArray(CUIntArray &uaDeptID,
        CStringArray &saDeptArray)
{
    CString strSQLString;
    strSQLString = _T("Select 部门 ID, 部门名称 from 部门");
    CCommand<CManualAccessor> rs;
    struct MYBIND * pBind = NULL;
    UINT nColumns = 2;
    // 创建绑定缓存区
```

```
        pBind = new MYBIND[nColumns];
        int nLoaded = 0;
        TRY{
            rs.AddBindEntry(l + 1, DBTYPE_STR, sizeof(TCHAR) * 40,
                &pBind[l].szValue, NULL, &pBind[l].dwStatus);
            if (rs.Open(m_Session, strSQLString) ! = S_OK)
                AfxThrowOLEDBException(rs.m_spCommand, IID_ICommand);
            // 读取信息
            while (rs.MoveNext() = = S_OK) {
                for (ULONG j = 1; j< = nColumns; j + +){
                    if (pBind[j - 1].dwStatus = = DBSTATUS_S_ISNULL)
                        _tcscpy(pBind[j - 1].szValue, _T(""));
                }
                saDeptArray.Add(pBind[1].szValue);
                uaDeptID.Add(atoi(pBind[0].szValue));
            }
        }
        CATCH(COLEDBException, e){
            e - >ReportError();
            delete pBind;
            return FALSE;
        }
        END_CATCH

        delete pBind;
        pBind = NULL;
        return TRUE;
    }
```

② 函数 GetLeaveArray。

函数 GetLeaveArray 用于从数据库的"请假类型"表里读取部门请假类型列表,以方便员工请假时对请假类型信息的提示。

该函数的执行过程同 GetDeptArray 相似。函数的 uaLeaveID 参数用于接收请假类型 ID 列的信息,saLeaveArray 参数用于接收请假类型名称列的信息。

该函数实现代码如下:

```
    BOOL COLEDB_MFCView::GetLeaveArray(CUIntArray &uaLeaveID,
            CStringArray &saLeaveArray)
    {
        CString strSQLString;
        strSQLString = _T("Select 类型ID, 类型名称 from 请假类型");
```

```
CCommand<CManualAccessor> rs;
struct MYBIND * pBind = NULL;
UINT nColumns = 2;
pBind = new MYBIND[nColumns];
int nLoaded = 0;
TRY{
    rs.CreateAccessor(nColumns, pBind, sizeof(MYBIND));
    for (ULONG l = 0; l<nColumns; l++)
        rs.AddBindEntry(l+1, DBTYPE_STR, sizeof(TCHAR) * 40,
            &pBind[l].szValue, NULL, &pBind[l].dwStatus);
    if (rs.Open(m_Session, strSQLString) ! = S_OK)
        AfxThrowOLEDBException(rs.m_spCommand, IID_ICommand);
    while (rs.MoveNext() = = S_OK) {
        for (ULONG j = 1; j<= nColumns; j++){
            if (pBind[j-1].dwStatus = = DBSTATUS_S_ISNULL)
                _tcscpy(pBind[j-1].szValue, _T(""));
        }
        saLeaveArray.Add(pBind[1].szValue);
        uaLeaveID.Add(atoi(pBind[0].szValue));
    }
}
CATCH(COLEDBException, e){
    e->ReportError();
    delete pBind;
    return FALSE;
}
END_CATCH
delete pBind;
pBind = NULL;
return TRUE;
}
```

③函数 InsertRecord。

函数 InsertRecord 用于将特定的记录插入到特定的表里,参数 strTableName 为输入的表名称,saValue 为输入的列值数组。

函数首先进行插入记录的有效性检验,然后创建存取器并绑定列,接下来为插入操作设置属性,并将要插入的数据拷贝到绑定缓存区里,最后执行行插入操作。

函数的实现代码如下:

```
BOOL COLEDB_MFCView::InsertRecord(CString strTableName,
    CStringArray &saValue)
```

```
{
    // 有效性检验
    if(0 = = saValue.GetSize()) return FALSE;
    if(strTableName.IsEmpty()) return FALSE;
    USES_CONVERSION;
    CCommand<CManualAccessor> rs;
    TCHAR ( * lpszColumns)[50] = NULL;
    CString m_strQuery;
    m_strQuery.Format("select * from % s", strTableName);
    ULONG ulFields = 1 + saValue.GetSize();
    // 加 1 是为了不绑定第一列,因为第一列是 Identity 类型的,
    // 并没有在 saValue 数组里存放值。
    TRY{
        lpszColumns = new TCHAR[ulFields][50];
        // 创建存取器
        rs.CreateAccessor(ulFields, &lpszColumns[0],
            sizeof(TCHAR) * 50 * ulFields);
        // 绑定列
        for (ULONG l = 0; l<ulFields - 1; l + + ) //
            rs.AddBindEntry(l + 1, DBTYPE_STR, 40, &lpszColumns[l]);
        // Create a rowset containing data.
        // 建立存取器的属性对象
        CDBPropSet propset(DBPROPSET_ROWSET);
        propset.AddProperty(DBPROP_IRowsetChange, true);
        propset.AddProperty(DBPROP_UPDATABILITY,
            DBPROPVAL_UP_INSERT | DBPROPVAL_UP_CHANGE |
            DBPROPVAL_UP_DELETE);
        rs.Create(m_Session, m_strQuery);
        rs.Prepare();
        if (rs.Open(&propset) ! = S_OK)
            AfxThrowOLEDBException(rs.m_spRowset, IID_IRowset);
            // 项绑定缓存区拷贝数据
            for(ULONG i = 1;i<ulFields;i + + )
                _tcsncpy(lpszColumns[i], saValue.GetAt(I - 1), 50);
            // 执行行插入操作
            if (rs.Insert(0) ! = S_OK)
                AfxThrowOLEDBException(rs.m_spRowset, IID_IRowsetChange);
            // 清除绑定缓存区
            if (lpszColumns ! = NULL){
```

```
                delete [ulFields]lpszColumns;
                lpszColumns = NULL;
            }
        }
    CATCH(COLEDBException, e){
        if (lpszColumns ! = NULL)
            delete [ulFields]lpszColumns;
        e->ReportError();
        return FALSE;
    }
    END_CATCH
    return TRUE;
}
```

④函数 DeleteEmployee。

函数 DeleteEmployee 用于在"雇员"表里删除一个行,参数 strCardNo 用于指定该行里雇员卡号。

该函数首先创建一个 CManualAccessor 存取器,并对该存取器进行属性设置(通过 CDBPropSet 对象),使该存取器具有删除行的能力;接下来函数为了打开结果集而绑定列,并创建结果集,最后执行结果集的行删除操作,完成行的删除。

```
BOOL COLEDB_MFCView::DeleteEmployee(CString strCardNo)
{
    CCommand<CManualAccessor> rs;
    ULONG ulParams = 13;
    TCHAR (* lpszColumns)[50] = NULL;
    CDBPropSet propset(DBPROPSET_ROWSET);
    propset.AddProperty(DBPROP_IRowsetChange, true);
    propset.AddProperty(DBPROP_UPDATABILITY,
        DBPROPVAL_UP_INSERT | DBPROPVAL_UP_CHANGE |
        DBPROPVAL_UP_DELETE);
    CString strQuery;
    strQuery.Format("select * from 雇员 where 雇员卡号 = % s", strCardNo);
    lpszColumns = new TCHAR[ulParams][50];
    TRY{
        rs.CreateParameterAccessor(ulParams, lpszColumns[0],
            sizeof(TCHAR) * 40 * ulParams);
        for(ULONG i = 0;i<ulParams;i + + ){
            rs.AddParameterEntry(i + 1, DBTYPE_STR, sizeof(TCHAR) * 50,
                lpszColumns[i]);
        }
```

```
        rs.Create(m_Session, strQuery);
        // 执行查询
        HRESULT hr = rs.Open(&propset);
        if (hr = = S_OK)
            if (rs.MoveNext() = = S_OK)rs.Delete(); // 行删除
    }
    CATCH(COLEDBException, e){
        e->ReportError();
        if (lpszColumns) delete [ulParams]lpszColumns;
        return FALSE;
    }
    END_CATCH
    if (lpszColumns ! = NULL)delete [ulParams]lpszColumns;
    return TRUE;
}
```

⑤函数 GetQueryOrderStr。

函数 GetQueryOrderStr 用于从特定表里获取关键字信息,从而形成 SQL 查询中的 ORDER 子句。例如,如果表的关键字是 name 和 ID,则形成的 ORDER 子句是"ORDER BY name, ID"。

该函数通过 CPrimaryKeys 对象或取表的关键字信息,获取的过程是首先创建 CPrimaryKeys 对象,然后将表的名称作为参数传递到 CPrimaryKeys 对象的 Open 方法里,从而获得一个表的关键字段结果集,通过检索这个结果集就可以得到关键字的信息。

```
CString COLEDB_MFCView::GetQueryOrderStr(CString strTableName)
{
    CString strQueryOrder;
    CPrimaryKeys * pKeys = NULL;
    pKeys = new CPrimaryKeys;
    bool bFirst = TRUE;
    TRY{
        // 获取关键字信息
        if (pKeys->Open(m_Session, NULL, NULL, strTableName) = = S_OK) {
            while(pKeys->MoveNext() = = S_OK) {
                if (bFirst ! = FALSE){
                    strQueryOrder + = _T(" ORDER BY ");
                    bFirst = FALSE;
                }
                elsestrQueryOrder + = _T(", ");
                strQueryOrder + = pKeys->m_szColumnName;
            }
```

```
        }
    }
    CATCH(COLEDBException, e){
        e->ReportError();
        delete pKeys;
        return _T("");
    }
    END_CATCH
    delete pKeys;
    pKeys = NULL;
    return strQueryOrder;
}
```

（4）建立用于新员工登记的 CEmplRegiDlg 对话框类

以 IDD_EMPLOYEE_REGISTER 作为模板建立用于新员工登记的 CEmplRegiDlg 类。下面介绍 CEmplRegiDlg 类的创建方法，并编写该类的实现代码。

操作步骤如下：

① 使用 VC++ 的"Insert>Resource"菜单命令，VC++ 弹出"New Class" 对话框，如图 8-36 所示，设置"Name"为"CEmplRegiDlg"，设置"Base class"为"CDialog"，设置"Dialog ID"为"IDD_EMPLOYEE_REGISTER"。完成后点击"OK"按钮完成 CEmplRegiDlg 类的创建。

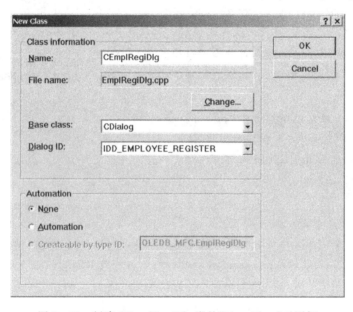

图 8-36　创建 CEmplRegiDlg 类的"New Class"对话框

② 创建与 IDD_EMPLOYEE_REGISTER 对话框中控件相关联的变量。这些变量的名称、类型以及与之关联的控件 ID 如表 8-14 所示。

表 8 - 14　CEmplRegiDlg 类的控件变量

名称	类型	关联的控件 ID	意义
m_strCardNo	CString	IDC_CARDNO	员工卡号字符变量
m_strName	CString	IDC_NAME	员工姓名字符变量
m_strTitle	CString	IDC_TITLE	头衔字符变量
m_strRespect	CString	IDC_RESPECT	尊称字符变量
m_strBirthday	CString	IDC_BIRTHDATE	生日字符变量
m_strHireDate	CString	IDC_REGIDATE	雇佣日期字符变量
m_strAddress	CString	IDC_ADDRESS	地址字符变量
m_strDistrict	CString	IDC_DISTRICT	地区字符变量
m_strCountry	CString	IDC_COUNTRY	国家字符变量
m_strSupervisor	CString	IDC_SUPERVISOR	上级字符变量
m_strTeleNo	CString	IDC_TELEPHONE	电话号码字符变量
m_CtrlDepartment	CcomboBox	IDC_CBDEPT	提供部门选择的组合框

③ 声明类的其他变量,主要是存放部门 ID 和部门名称的 CString 类型变量,存放部门名称的 CStringArray 类型的字符数组变量,以及存放部门 ID 的 CUintArray 类型的无符号整数数组变量。这些变量的声明代码如下:

```
public:
    CUIntArray m_uaDepartID;
    CStringArray m_saDepartment;
    CStringm_strDeptName;
    CStringm_strDeptID;
```

新员工登记的时候,需要有一个部门列表提供给操作选择,前两个变量就是在对话框创建的时候,用于存放"部门"表里的名称和 ID 信息。后两个变量用于对话框确认后将用户选择的部门名称和部门 ID,以备外部在对话框确认后索取数据。

④ 编写 CEmplRegiDlg 类的 OnInitDialog 函数。为了在新员工登记对话框显示的时候将部门列表显示在组合框控件里,需要编写初始化函数。

在 OnInitDialog 函数的//TODO 行后面加入如下代码:

```
for(int i = 0;i<m_saDepartment.GetSize();i+ +){
    int nIdx = m_CtrlDepartment.AddString(m_saDepartment.GetAt(i));
    m_CtrlDepartment.SetItemData(nIdx, m_uaDepartID.GetAt(i));
}
m_CtrlDepartment.SetCurSel(0);
```

AddString 函数将部门名称加入到组合框里,SetItemData 函数将对应的部门 ID 设置到该项的数据区里。

⑤ 编写 CEmplRegiDlg 类的 OnOK 函数。为了在对话框得到用户确认后能够得到用户设定的部门 ID,可在 OnOK 函数里加入如下代码:

```
UpdateData();
int nIdx = m_CtrlDepartment.GetCurSel();
if(-1 ! = nIdx){
```

```
char szDeptID[256] = {0};
UINT uDeptID;
if(-1 != nIdx){
    uDeptID = m_CtrlDepartment.GetItemData(nIdx);
    itoa(uDeptID, szDeptID,10);
    m_strDeptID = szDeptID;
    m_CtrlDepartment.GetLBText(nIdx, m_strDeptName);
    m_strDeptName.TrimLeft(); m_strDeptName.TrimRight();
}
}
```

代码显示区的用户的选择，然后从该项里读取数据，并将该数据转换成字符型，存放在 m_strDeptID 变量里。GetCurSel 函数取得当前组合框的选择，GetItemData 函数取得对应的 ID。

（5）编写"员工管理＞新员工登记"菜单命令响应代码

使用 ClassWizard 可以为 ID_EMPLOYEE_REGISTER 菜单建立命令响应函数 OnEmployeeRegister，该函数的功能是弹出新员工登记对话框，等待用户输入并确认，并在确认后将输入的新员工信息添加到数据库的"雇员"表里。该函数的实现代码如下：

```
void COLEDB_MFCView::OnEmployeeRegister()
{
    CStringArray saDeptArray;
    CUIntArray uaDepartID;
    // 从"部门"表里获取部门 ID 和部门名称的列表
    if(! GetDeptArray(uaDepartID, saDeptArray)) return;
    // 将部门 ID 和部门名称列表赋予 CEmplRegiDlg 对象
    CEmplRegiDlg EmplRegiDlg;
    EmplRegiDlg.m_saDepartment.Append(saDeptArray);
    EmplRegiDlg.m_uaDepartID.Append(uaDepartID);
    // 弹出"新员工登记"对话框并等待确认
    if(IDOK == EmplRegiDlg.DoModal()){
        // 从对话框里读取输入数据
        CStringArray saValue;
        saValue.Add(EmplRegiDlg.m_strName);
        saValue.Add(EmplRegiDlg.m_strCardNo);
        saValue.Add(EmplRegiDlg.m_strTitle);
        saValue.Add(EmplRegiDlg.m_strRespect);
        saValue.Add(EmplRegiDlg.m_strBirthday);
        saValue.Add(EmplRegiDlg.m_strHireDate);
        saValue.Add(EmplRegiDlg.m_strAddress);
        saValue.Add(EmplRegiDlg.m_strDistrict);
```

```
saValue.Add(EmplRegiDlg.m_strCountry);
saValue.Add(EmplRegiDlg.m_strTeleNo);
saValue.Add(EmplRegiDlg.m_strSupervisor);
saValue.Add(EmplRegiDlg.m_strDeptName);

CString strTableName = _T("雇员");
// 执行行插入操作,保存新员工信息
if(! InsertRecord(strTableName, saValue)){
    MessageBox("新员工登记操作失败!");
    return;
    }
  }
}
```

（6）建立用于员工辞职的 CEmplQuizDlg 对话框类

建立 CEmplQuizDlg 类的过程同建立 CEmplRegiDlg 类的过程基本相似,只是 CEmplQuizDlg 类比较简单一些。下面介绍 CEmplQuizDlg 类的创建过程。

操作步骤如下:

① 使用 VC++的"Insert>Resource"菜单命令,VC++弹出"New Class" 对话框,如图 8-37 所示,设置"Name"为"CEmplQuizDlg",设置"Base class"为"CDialog",设置"Dialog ID" 为"IDD_EMPLYEE_QUIZ"。完成后点击"OK"按钮完成 CEmplQuizDlg 类的创建。

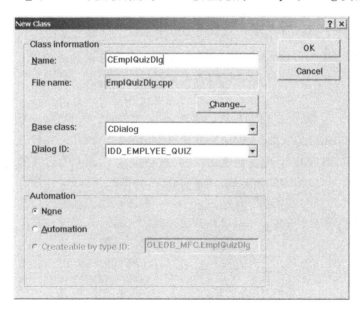

图 8-37　创建 CEmplQuizDlg 类的"New Class"对话框

② 创建与 IDD_EMPLYEE_QUIZ 对话框中控件相关联的变量。这些变量的名称、类型以及与之关联的控件 ID 如表 8-15 所示。

表 8 - 15   CEmplQuizDlg 类的控件变量

名称	类型	关联的控件 ID	意义
m_strCardNo	CString	IDC_CARD_NO	员工卡号字符变量
m_strName	CString	IDC_EMPLOYEE_NAME	员工姓名字符变量
m_strDept	CString	IDC_EMPLOYEE_DEPT	员工部门字符变量
m_strDesc	CString	IDC_DESC	员工辞职原因描述字符变量

（7）编写"员工管理＞员工辞职"菜单命令响应代码

使用 ClassWizard 可以为 ID_EMPLOYEE_QUIZ 菜单建立命令响应函数 OnEmployeeQuiz,该函数的功能是弹出员工辞职对话框,等待用户输入并确认,并在确认后将输入的员工信息从"雇员"表里删除。该函数的实现代码如下：

```
void COLEDB_MFCView::OnEmployeeQuiz()
{
    CEmplQuizDlg EmplQuizDlg;
    if(IDOK = = EmplQuizDlg.DoModal()){
        // 从"雇员"里删除该员工
        CString strEmploeeID = EmplQuizDlg.m_strCardNo;
        if(! DeleteEmployee(strEmploeeID)) return;
    }
}
```

函数主要是执行了前面介绍的 DeleteEmployee 函数将卡号是 strEmploeeID 的员工从"雇员"里删除。

（8）建立用于员工请假的 CLeaveDlg 对话框类

建立 CLeaveDlg 类的过程同建立 CEmplRegiDlg 类的过程基本相似,只是 CLeaveDlg 类比较简单一些。下面介绍 CLeaveDlg 类的创建过程。

操作步骤如下：

① 使用 VC++ 的"Insert＞Resource"菜单命令,VC++ 弹出"New Class"对话框,如图 8 - 38 所示,设置"Name"为"CLeaveDlg",设置"Base class"为"CDialog",设置"Dialog ID"为"IDD_LEAVE_REGISTER"。完成后点击"OK"按钮完成 CLeaveDlg 类的创建。

图 8 - 38   创建 CLeaveDlg 类的"New Class"对话框

② 创建与 IDD_LEAVE_REGISTER 对话框中控件相关联的变量。这些变量的名称、类型以及与之关联的控件 ID 如表 8-16 所示。

表 8-16 CLeaveDlg 类的控件变量

名称	类型	关联的控件 ID	意义
m_strCardNo	CString	IDC_CARD_NO	员工卡号字符变量
m_strDept	CString	IDC_EMPLOYEE_DEPT	员工部门字符变量
m_strName	CString	IDC_EMPLOYEE_NAME	员工姓名字符变量
m_strFromDate	CString	IDC_FROMDATE	员工请假起始时间字符变量
m_strToDate	CString	IDC_TODATE	员工请假终止时间字符变量
m_CtrlLeave	m_strToDate	IDC_CBLEAVETYPE	请假类型组合框提供用户选择请假类型

③ 声明类的其他变量，主要是存放请假类型 ID 和类型名称的 CString 类型变量，存放类型名称的 CStringArray 类型的字符数组变量，以及存放请假类型 ID 的 CUintArray 类型的无符号整数数组变量。这些变量的声明代码如下：

```
public:
    CStringArray m_saLeaveName;
    CUIntArray m_uaLeaveID;
    CStringm_strLeaveName;
    CStringm_strLeaveID;
```

员工请假的时候，需要有一个请假类型列表提供给操作选择，前两个变量就是在对话框创建的时候，用于存放"请假类型"表里的名称和 ID 信息。后两个变量用于对话框确认后保存用户选择的类型名称和类型 ID 以备外部在对话框确认后索取数据。

④ 编写 CLeaveDlg 类的 OnInitDialog 函数。为了在显示员工请假对话框的时候将请假类型列表显示在组合框控件里，需要编写初始化函数。在 OnInitDialog 函数的"//TODO"行后面加入如下代码：

```
for(int i = 0;i< m_saLeaveName.GetSize();i++){
    int nIdx = m_CtrlLeave.AddString(m_saLeaveName.GetAt(i));
    m_CtrlLeave.SetItemData(nIdx, m_uaLeaveID.GetAt(i));
}
m_CtrlLeave.SetCurSel(0);
```

AddString 函数将请假类型名称加入到组合框里，SetItemData 函数将对应的类型 ID 设置到该项的数据区里。

⑤ 编写 CLeaveDlg 类的 OnOK 函数。为了在对话框得到用户确认后能够得到用户设定的请假类型 ID，需要在 OnOK 函数里加入如下代码：

```
UpdateData();
int nIdx = m_CtrlLeave.GetCurSel();
if(-1 ! = nIdx){
    char szLeaveID[256] = {0};
    UINT uLeaveID;
```

```
        if(-1 ! = nIdx){
            uLeaveID = m_CtrlLeave.GetItemData(nIdx);
            itoa(uLeaveID, szLeaveID,10);
            m_strLeaveID = szLeaveID;
            m_CtrlLeave.GetLBText(nIdx, m_strLeaveName);
            m_strLeaveName.TrimLeft(); m_strLeaveName.TrimRight();
        }
    }
```

代码先是取得用户的选择,然后从该项里读取数据,并将该数据转换成字符型,并存放在 m_strDeptID 变量里。

GetCurSel 函数取得当前组合框的选择,GetItemData 函数取得对应的 ID。

(9) 编写"请假>请假"菜单命令响应代码

使用 ClassWizard 可以为 ID_LEFT_ASK 菜单建立命令响应函数 OnEmployeeQuiz,该函数的功能是弹出员工辞职对话框,等待用户输入并确认,并在确认后将输入的员工请假信息添加到"假条"表里。该函数的实现代码如下:

```
    void COLEDB_MFCView::OnLeftAsk()
    {
        CStringArray saLeaveArray;
        CUIntArray uaLeaveID;
        if(! GetLeaveArray(uaLeaveID, saLeaveArray)) return;
        CLeaveDlg LeaveDlg;
        LeaveDlg.m_saLeaveName.Append(saLeaveArray);
        LeaveDlg.m_uaLeaveID.Append(uaLeaveID);
        if(IDOK = = LeaveDlg.DoModal()){
            // 获取用户输入的请假信息
            CStringArray saValue;
            saValue.Add(LeaveDlg.m_strName);
            saValue.Add(LeaveDlg.m_strCardNo);
            saValue.Add(LeaveDlg.m_strLeaveName);
            saValue.Add(LeaveDlg.m_strFromDate);
            saValue.Add(LeaveDlg.m_strToDate);
            CString strTableName = _T("假条");
            if(! InsertRecord(strTableName, saValue)){
                MessageBox("请假登记操作失败!");
                return;
            }
        }
    }
```

（10）建立用于员工加班的 COWorkDlg 对话框类

建立 COWorkDlg 类的过程同建立 CEmplRegiDlg 类的过程基本相似，只是 COWorkDlg 类比较简单一些。下面介绍 COWorkDlg 类的创建过程。

操作步骤如下：

① 使用 VC＋＋的"Insert＞Resource"菜单命令，VC＋＋弹出"New Class"对话框，如图 8-39 所示，设置"Class type：为"MFC Class"，设置"Name"为"COWorkDlg"，设置"Base class"为"CDialog"，设置"Dialog ID"为"IDD_OWORK_REGISTER"。完成后点击"OK"按钮完成 COWorkDlg 类的创建。

② 创建与 IDD_OWORK_REGISTER 对话框中控件相关联的变量。这些变量的名称、类型以及与之关联的控件 ID 如表 8-17 所示。

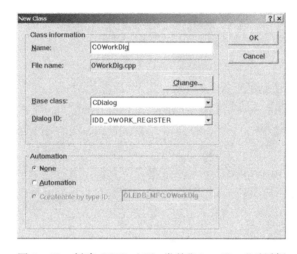

图 8-39　创建 COWorkDlg 类的"New Class"对话框

表 8-17　COWorkDlg 类的控件变量

名称	类型	关联的控件 ID	意义
m_strCardNo	CString	IDC_CARD_NO	员工卡号字符变量
m_strName	CString	IDC_EMPLOYEE_NAME	员工姓名字符变量
m_strDept	Cstring	IDC_EMPLOYEE_DEPT	员工部门字符变量
m_strDesc	Cstring	IDC_DESC	员工加班原因描述字符变量
m_strFromTime	Cstring	IDC_FROMTIME	员工加班起始时间字符变量
m_strToTime	Cstring	IDC_TOTIME	员工加班终止字符变量

（11）编写"加班＞登记"菜单命令响应代码

使用 ClassWizard 可以为 ID_OWORK_REGISTER 菜单建立命令响应函数 OnOworkRegister，该函数的功能是弹出员工加班对话框，等待用户输入并确认，并在确认后将输入的员工信息添加到"加班"表里。该函数的实现代码如下：

```
void COLEDB_MFCView::OnOworkRegister()
{
    COWorkDlg OWorkDlg;
    if(IDOK = = OWorkDlg.DoModal()){
```

```
// 获取用户输入的加班信息
CStringArray saValue;
saValue.Add(OWorkDlg.m_strName);
saValue.Add(OWorkDlg.m_strCardNo);
saValue.Add(OWorkDlg.m_strFromTime);
saValue.Add(OWorkDlg.m_strToTime);
saValue.Add(OWorkDlg.m_strDesc);
CString strTableName = _T("加班");
if(! InsertRecord(strTableName, saValue)){
    MessageBox("员工加班登记操作失败!");
    return;
    }
}
}
```

（12）建立用于员工考勤的 CAttendanceDlg 对话框类

建立 CAttendanceDlg 类的过程同建立 CEmplRegiDlg 类的过程基本相似，只是 CAttendanceDlg 类比较简单一些。下面介绍 CAttendanceDlg 类的创建过程。

操作步骤如下：

① 使用 VC++的"Insert＞Resource"菜单命令，弹出"New Class" 对话框，如图 8-40 所示，设置"Class type"为"MFC Class"，设置"Name"为"CAttendanceDlg"，设置"Base class"为 "CDialog"，设置"Dialog ID"为"IDD_ATTENDANCE_CARD"。完成后点击"OK"按钮完成 CAttendanceDlg 类的创建。

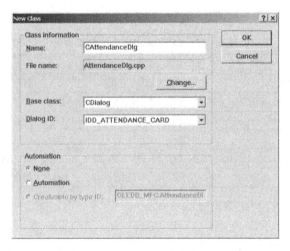

图 8-40　创建 CAttendanceDlg 类的"New Class"对话框

② 创建与 IDD_ATTENDANCE_CARD 对话框中控件相关联的变量。这些变量的名称、类型以及与之关联的控件 ID 如表 8-18 所示。

表 8 - 18　CAttendanceDlg 类的控件变量

名称	类型	关联的控件 ID	意义
m_strCardNo	Cstring	IDC_CARD_NO	员工卡号字符变量
m_strName	CString	IDC_EMPLOYEE_NAME	员工姓名字符变量
m_strDept	Cstring	IDC_EMPLOYEE_DEPT	员工部门字符变量
m_strTime	Cstring	IDC_EMPLOYEE_NAME	员工打卡时间

③ 声明类的其他变量,主要是取得当前事件的时间变量和当前打卡 BOOL 状态。这些变量的声明代码如下:

```
public:
    CTime Access_time; // 打卡时间
    BOOL m_fOnWork; // 打开状态
```

④ 编写 CAttendanceDlg 类的 OnInitDialog 函数,以根据当前时间确定打卡状态。在 OnInitDialog 函数的"//TODO"行后面加入如下代码:

```
Access_time = CTime::GetCurrentTime();
if(Access_time<CTime(Access_time.GetYear(), Access_time.GetMonth(),
        Access_time.GetDay(), 12, 0, 0, 0))
    ((CButton * )GetDlgItem(IDC_ONWORDK))->SetCheck(1);
else
    ((CButton * )GetDlgItem(IDC_OFFWORDK))->SetCheck(1);
m_strTime = Access_time.Format(" %H: %M: %S %A, %B %d, %Y");
UpdateData(FALSE);
SetTimer(1, 1000, NULL);
```

代码利用 Ctime 类的 GetCurrentTime 函数取得当前系统时间,根据这个时间确定打卡状态,将这个时间显示在对话框里,并启动一个时钟。时钟的作用是刷新时间显示,刷新时间间隔为 1 秒。

⑤ 编写 CAttendanceDlg 类的 OnOK 函数。这里的 OnOK 函数不再需要退出对话框了,因为打卡可能有许多人在排队进行,因此没有必要关闭这个对话框。这里需要在 OnOK 函数里删除 CDialog::OnOK 函数的调用并加入如下代码:

```
m_strCardNo = _T("");
m_strDept = _T("");
m_strName = _T("");
UpdateData();
// 设置输入焦点在卡号上
GetDlgItem(IDC_CARD_NO)->SetFocus();
```

⑥ 建立 CAttendanceDlg 类的始终消息映射函数 OnTimer。使用 ClassWizard 能够很方便地做到这一点。先使用快捷键"Ctrl+W"将 ClassWizard 工具显示出来,如图 8 - 41 所示。

在 ClassWizard 对话框的"Class name"列表里选择"CAttendanceDlg"类,在"Object Ids"列表里选择"CAttendanceDlg",在"Messages"列表里选择"WM_TIMER",点击"Add Function"按钮,如图 8 - 42 所示,将 OnTimer 函数添加到 CAttendanceDlg 类里。

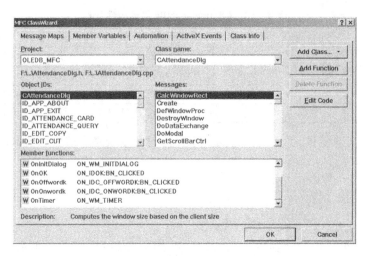

图 8－41　MFC ClassWizard 对话框

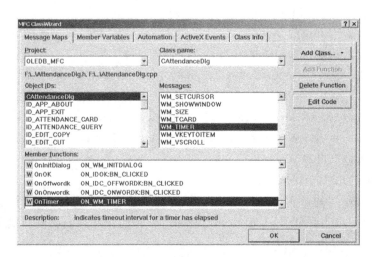

图 8－42　为 CAttendanceDlg 类添加了 WM_TIMER 消息处理的 ClassWizard 对话框

最后在 AttendanceDlg. cpp 文件的 OnTimer 函数里添加如下代码：

```
Access_time = CTime::GetCurrentTime();
m_strTime = Access_time.Format("%H:%M:%S %A, %B %d, %Y");
UpdateData(FALSE);
```

这样就完成了 CAttendanceDlg 类对 WM_TIMER 消息的映射处理。

⑦ 编写 CAttendanceDlg 类的 OnDestroy 函数

这里的代码主要是为了在对话框退出的时候将时钟关闭。为 CAttendanceDlg 类增加 OnDestroy 函数的方法同 WM_TIMER 类似，只是选择的是 WM_DESTROY 消息。在 OnDestroy 函数里添加如下代码：

```
KillTimer(1);
```

KillTimer 函数将时钟关闭。

（13）编写"考勤>打卡"菜单命令响应代码

使用 ClassWizard 可以为 ID_ATTENDANCE_CARD 菜单建立命令响应函数 OnAttendanceCard,该函数的功能是弹出员工考勤对话框,等待用户输入并确认,并在确认后将输入的员工考勤信息添加到"考勤"表里。该函数的实现代码如下:

```
void COLEDB_MFCView::OnAttendanceCard()
{
    CAttendanceDlg AttendanceDlg;
    if(IDOK == AttendanceDlg.DoModal()){
        // 获取员工考勤信息
        CStringArray saValue;
        saValue.Add(AttendanceDlg.m_strName);
        saValue.Add(AttendanceDlg.m_strCardNo);
        saValue.Add(AttendanceDlg.m_strTime);
        saValue.Add(AttendanceDlg.m_strDept);

        CString strTableName = _T("考勤");
        if(! InsertRecord(strTableName, saValue)){
            MessageBox("员工考勤操作失败!");
            return;
        }
    }
}
```

（14）建立用于查询的 CQueryCfgDlg 对话框类

建立 CQueryCfgDlg 类的过程同建立 CEmplRegiDlg 类的过程基本相似,只是 CQueryCfgDlg 类比较简单一些。下面介绍 CQueryCfgDlg 类的创建过程。

操作步骤如下:

① 使用 VC++的"Insert>Resource"菜单命令,VC++弹出"New Class"对话框,如图 8-43 所示,设置"Name"为"CQueryCfgDlg",设置"Base class"为"CDialog",设置"Dialog ID"为"IDD_QUERY_CONFIG"。完成后点击"OK"按钮完成 CQueryCfgDlg 类的创建。

② 创建与 IDD_QUERY_CONFIG 对话框中控件相关联的变量。这些变量的名称、类型以及与之关联的控件 ID 如表 8-19 所示。

表 8-19 CQueryCfgDlg 类的控件变量

名称	类型	关联的控件 ID	意义
m_strCardNo	CString	IDC_CARD_NO	员工卡号字符变量
m_strName	CString	IDC_EMPLOYEE_NAME	员工姓名字符变量
m_CtrlDepartment	CComboBox	IDC_CBDEPT	提供部门选择的组合框
m_fChkAll	BOOL	IDC_CHKALL	标志是否查询所有的布尔变量
m_CtrlChkAll	CButton	IDC_CHKALL	复选框控件

③ 声明类的其他变量,主要是存放部门 ID 和部门名称的 CString 类型变量,存放部门名

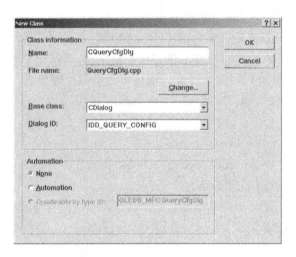

图 8-43 创建 CQueryCfgDlg 类的"New Class"对话框

称的 CStringArray 类型的字符数组变量,以及存放部门 ID 的 CUintArray 类型的无符号整数数组变量。这些变量的声明代码如下:

```
CUIntArray m_uaDepartID;
CStringArray m_saDepartment;
CStringm_strDeptID;
CStringm_strDeptName;
```

④ 编写 CQueryCfgDlg 类的 OnInitDialog 函数。为了在新员工登记对话框显示的时候将部门列表显示在组合框控件里,我们需要编写初始化函数。在 OnInitDialog 函数的"//TODO"行后面加入如下代码:

```
for(int i = 0;i<m_saDepartment.GetSize();i + +){
    m_CtrlDepartment.AddString(m_saDepartment.GetAt(i));
    m_CtrlDepartment.SetItemData(i, m_uaDepartID.GetAt(i));
}
m_CtrlDepartment.SetCurSel(0);
m_CtrlChkAll.SetCheck(0);
```

最后一行代码的作用是设置"查询所有"为否。

⑤ 编写对话框中的 IDC_CHKALL 控件的 BN_CLICKED 消息映射函数。添加的方法可以使用 ClassWizard,也可以直接在对话框中鼠标双击该控件,在产生的 OnChkall 函数里加入如下代码:

```
UpdateData();
if(m_fChkAll){
    GetDlgItem(IDC_CARDNO) - >EnableWindow(FALSE);
    GetDlgItem(IDC_NAME) - >EnableWindow(FALSE);
    GetDlgItem(IDC_CBDEPT) - >EnableWindow(FALSE);
}
else{
```

```
GetDlgItem(IDC_CARDNO)->EnableWindow(TRUE);
GetDlgItem(IDC_NAME)->EnableWindow(TRUE);
GetDlgItem(IDC_CBDEPT)->EnableWindow(TRUE);
}
```

代码的作用是在"查询所有"复选框选中时将其他查询条件的输入设置为无效,否则设置为有效。

⑥ 编写 CQueryCfgDlg 类的 OnOK 函数。为了在查询设置对话框显示的时候将部门设置信息函数保存到变量里,需要编写 OnOK 函数。在 OnOK 函数的"//TODO"行后面加入如下代码:

```
UpdateData();
if(! m_fChkAll){
    int nIdx = m_CtrlDepartment.GetCurSel();
    char szDeptID[256] = {0};
    UINT uDeptID;
    if(-1 ! = nIdx){
        uDeptID = m_CtrlDepartment.GetItemData(nIdx);
        itoa(uDeptID, szDeptID,10);
        m_strDeptID = szDeptID;
        m_CtrlDepartment.GetLBText(nIdx, m_strDeptName);
    }
}
```

(15) 编写"员工管理>查询"菜单命令响应代码

使用 ClassWizard 可以为 ID_EMPLOREE_QUERY 菜单建立命令响应函数 OnEmployeeQuery,该函数的功能是弹出查询设置对话框,等待用户输入并确认,确认后,代码以设置信息调用查询刷新显示函数 RefreshColumnTitle 与 RefreshData。该函数的实现代码如下:

```
void COLEDB_MFCView::OnEmployeeQuery()
{
    CStringArray saDeptArray;
    CUIntArray uaDepartID;
    // 取得部门名称列表
    if(! GetDeptArray(uaDepartID, saDeptArray)) return;
    // 打开查询设置对话框
    CQueryCfgDlg EmplQueryDlg;
    EmplQueryDlg.m_saDepartment.Append(saDeptArray);
    EmplQueryDlg.m_uaDepartID.Append(uaDepartID);
    if(IDOK = = EmplQueryDlg.DoModal()){
        m_strCurTable = _T("v_雇员");
        // 建立 SQL 查询条件
```

```
CString strCondition;
strCondition.Empty();
if(! EmplQueryDlg.m_fChkAll){
    if(! EmplQueryDlg.m_strDeptName.IsEmpty()){
    strCondition + = _T("部门名称 = ´");
    strCondition + = EmplQueryDlg.m_strDeptName;
    strCondition + = _T("´");
    }
    if(! EmplQueryDlg.m_strCardNo.IsEmpty()){
    if(! strCondition.IsEmpty()) strCondition + = _T(" and");
    strCondition + = _T("卡号 = ´");
    strCondition + = EmplQueryDlg.m_strCardNo;
    strCondition + = _T("´");
    }
    if(! EmplQueryDlg.m_strEmplName.IsEmpty()){
    if(! strCondition.IsEmpty()) strCondition + = _T(" and");
    strCondition + = _T("姓名 = ´");
    strCondition + = EmplQueryDlg.m_strEmplName;
    strCondition + = _T("´");
        }
    }
    // 清除视图里的显示
    CListCtrl &listCtrl = GetListCtrl();
    EraseList();
    // 刷新列显示
    ULONG uColumnNum = 0;
    if(! RefreshColumnTitle(m_strCurTable, &uColumnNum)) return;
    // 刷新数据显示
    if(! RefreshData(m_strCurTable, strCondition, uColumnNum)) return;
    }
}
```

(16) 编写"请假＞查询"菜单命令响应代码

使用 ClassWizard 可以为 ID_LEFT_QUERY 菜单建立命令响应函数 OnLeftQuery,该函数的功能是弹出查询设置对话框,等待用户输入并确认,确认后,代码以设置信息调用查询刷新显示函数 RefreshColumnTitle 与 RefreshData。该函数的实现代码如下:

```
void COLEDB_MFCView::OnLeftQuery()
{
    CStringArray saDeptArray;
    CUIntArray uaDepartID;
```

```
// 取得部门名称列表
if(! GetDeptArray(uaDepartID, saDeptArray)) return;
// 打开查询设置对话框
CQueryCfgDlg LeaveQueryDlg;
LeaveQueryDlg.m_saDepartment.Append(saDeptArray);
LeaveQueryDlg.m_uaDepartID.Append(uaDepartID);
if(IDOK == LeaveQueryDlg.DoModal()){
    m_strCurTable = _T("v_假条");
    // 建立 SQL 查询条件
    CString strCondition;
    strCondition.Empty();
    if(! LeaveQueryDlg.m_fChkAll){
        if(! LeaveQueryDlg.m_strDeptName.IsEmpty()){
            strCondition += _T("部门名称 = ´");
            strCondition += LeaveQueryDlg.m_strDeptName;
            strCondition += _T("´");
        }
        if(! LeaveQueryDlg.m_strCardNo.IsEmpty()){
            if(! strCondition.IsEmpty()) strCondition += _T(" and ");
            strCondition += _T("卡号 = ´");
            strCondition += LeaveQueryDlg.m_strCardNo;
            strCondition += _T("´");
        }
        if(! LeaveQueryDlg.m_strEmplName.IsEmpty()){
            if(! strCondition.IsEmpty()) strCondition += _T(" and ");
            strCondition += _T("姓名 = ´");
            strCondition += LeaveQueryDlg.m_strEmplName;
            strCondition += _T("´");
        }
    }
    // 清除视图里的显示
    CListCtrl &listCtrl = GetListCtrl();
    EraseList();
    // 刷新列显示
    ULONG uColumnNum = 0;
    if(! RefreshColumnTitle(m_strCurTable, &uColumnNum)) return;
    if(uColumnNum == 0) return;
    // 刷新数据显示
    if(! RefreshData(m_strCurTable, strCondition, uColumnNum)) return;
```

```
        }
    }
```

（17）编写"加班＞查询"菜单命令响应代码

使用 ClassWizard 可以为 ID ＿ OWORK ＿ QUERY 菜单建立命令响应函数 OnOworkQuery，该函数的功能是弹出查询设置对话框，等待用户输入并确认，并在确认后将设置信息调用查询刷新显示函数 RefreshColumnTitle 与 RefreshData。该函数的实现代码如下：

```
void COLEDB_MFCView:.OnOworkQuery()
{
    CStringArray saDeptArray;
    CUIntArray uaDepartID;
    // 取得部门名称列表
    if(! GetDeptArray(uaDepartID, saDeptArray)) return;
    // 打开查询设置对话框
    CQueryCfgDlg OWorkQueryDlg;
    OWorkQueryDlg.m_saDepartment.Append(saDeptArray);
    OWorkQueryDlg.m_uaDepartID.Append(uaDepartID);
    if(IDOK = = OWorkQueryDlg.DoModal()){
        m_strCurTable = _T("v_加班");
        // 建立 SQL 查询条件
        CString strCondition;
        strCondition.Empty();
        if(! OWorkQueryDlg.m_fChkAll){
            if(! OWorkQueryDlg.m_strDeptName.IsEmpty()){
                strCondition + = _T("部门名称 = ´ ");
                strCondition + = OWorkQueryDlg.m_strDeptName;
                strCondition + = _T("´ ");
            }
            if(! OWorkQueryDlg.m_strCardNo.IsEmpty()){
                if(! strCondition.IsEmpty()) strCondition + = _T(" and ");
                strCondition + = _T("卡号 = ´ ");
                strCondition + = OWorkQueryDlg.m_strCardNo;
                strCondition + = _T("´ ");
            }
            if(! OWorkQueryDlg.m_strEmplName.IsEmpty()){
                if(! strCondition.IsEmpty()) strCondition + = _T(" and ");
                strCondition + = _T("姓名 = ´ ");
                strCondition + = OWorkQueryDlg.m_strEmplName;
                strCondition + = _T("´ ");
```

```
                    }
                }
                // 清除视图里的显示
                CListCtrl &listCtrl = GetListCtrl();
                EraseList();
                // 刷新列显示
                ULONG uColumnNum = 0;
                if(! RefreshColumnTitle(m_strCurTable, &uColumnNum)) return;
                // 刷新数据显示
                if(! RefreshData(m_strCurTable, strCondition, uColumnNum)) return;
        }
    }
```

（18）编写"考勤＞查询"菜单命令响应代码

使用 ClassWizard 可以为 ID_ATTENDANCE_QUERY 菜单建立命令响应函数 OnAttendanceQuery，该函数的功能是弹出查询设置对话框，等待用户输入并确认，确认后，代码以设置信息调用查询刷新显示函数 RefreshColumnTitle 与 RefreshData。该函数的实现代码如下：

```
        void COLEDB_MFCView::OnAttendanceQuery()
        {
            CStringArray saDeptArray;
            CUIntArray uaDepartID;
            // 取得部门名称列表
            if(! GetDeptArray(uaDepartID, saDeptArray)) return;
            // 打开查询设置对话框
            CQueryCfgDlg AttendQueryDlg;
            AttendQueryDlg.m_saDepartment.Append(saDeptArray);
            AttendQueryDlg.m_uaDepartID.Append(uaDepartID);
            if(IDOK == AttendQueryDlg.DoModal()){
                m_strCurTable = _T("v_考勤");
                // 建立 SQL 查询条件
                CString strCondition;
                strCondition.Empty();
                if(! AttendQueryDlg.m_fChkAll){
                    if(! AttendQueryDlg.m_strDeptName.IsEmpty()){
                        strCondition += _T("部门名称='");
                        strCondition += AttendQueryDlg.m_strDeptName;
                        strCondition += _T("'");
                    }
                    if(! AttendQueryDlg.m_strCardNo.IsEmpty()){
```

```
                    if(! strCondition.IsEmpty()) strCondition + = _T(″ and ″);
                    strCondition + = _T(″卡号 = ′ ″);
                    strCondition + = AttendQueryDlg.m_strCardNo;
                    strCondition + = _T(″′ ″);
                }
                if(! AttendQueryDlg.m_strEmplName.IsEmpty()){
                    if(! strCondition.IsEmpty()) strCondition + = _T(″ and ″);
                    strCondition + = _T(″姓名 = ′ ″);
                    strCondition + = AttendQueryDlg.m_strEmplName;
                    strCondition + = _T(″′ ″);
                }
            }
            // 清除视图里的显示
            CListCtrl &listCtrl = GetListCtrl();
            EraseList();
            // 刷新列显示
            ULONG uColumnNum = 0;
            if(! RefreshColumnTitle(m_strCurTable, &uColumnNum)) return;
            // 刷新数据显示
            if(! RefreshData(m_strCurTable, strCondition, uColumnNum)) return;
        }
    }
```

(19) 编写 COLEDB_MFCView 类的 RefreshColumnTitle 函数

RefreshColumnTitle 函数从表里获取列信息，以列的名称填充列表试图的列名称。

RefreshColumnTitle 函数的实现代码如下：

```
    BOOL COLEDB_MFCView::RefreshColumnTitle(CString strTableName,
            ULONG * ulColumnsNum)
    {
        CColumns * pColumns = NULL;
        // 建立属性对象
        CDBPropSetpropset(DBPROPSET_ROWSET);
        propset.AddProperty(DBPROP_CANFETCHBACKWARDS, true);
        propset.AddProperty(DBPROP_IRowsetScroll, true);
        propset.AddProperty(DBPROP_IRowsetChange, true);
        propset.AddProperty(DBPROP_UPDATABILITY,
                            DBPROPVAL_UP_CHANGE |
                            DBPROPVAL_UP_INSERT |
                            DBPROPVAL_UP_DELETE );
        // 创建属性对象
```

```
            pColumns = new CColumns;
            CListCtrl &listCtrl = GetListCtrl();
            ULONG ulColumns = 0;

            TRY{
                if(S_OK ! = pColumns->Open(m_Session, NULL, NULL, strTableName))
                    AfxThrowOLEDBException(pColumns->m_spRowset,
                                            IID_IDBSchemaRowset);

                // 视图刷新列
                while (pColumns->MoveNext() = = S_OK)
                {
                    ulColumns + + ;
                    int nWidth = listCtrl.GetStringWidth(
                            pColumns->m_szColumnName) + 15;
                    listCtrl.InsertColumn(ulColumns, pColumns->m_szColumnName,
                            LVCFMT_LEFT, nWidth);
                }
            }
            CATCH(COLEDBException, e){
                e->ReportError();
                delete pColumns;
                * ulColumnsNum = 0;
                return FALSE;
            }
            END_CATCH
            delete pColumns;
            pColumns = NULL;
            * ulColumnsNum = ulColumns;
            return TRUE;
        }
```

（20）编写 COLEDB_MFCView 类的 RefreshRow 函数

RefreshRow 函数从表里读取数据并显示在列表视图里，最后显示数据读取信息。该函数代码如下：

```
        BOOL COLEDB_MFCView::RefreshRow (CString strSQLString, ULONG ulColumnNum)
        {
            CCommand<CManualAccessor> rs;
            int nItem = 0;
            CListCtrl& ctlList = (CListCtrl&) GetListCtrl();
```

```
struct MYBIND * pBind = NULL;
if((strSQLString.IsEmpty()) || (0 = = ulColumnNum)) return FALSE;

// 创建列绑定缓存区
pBind = new MYBIND[ulColumnNum];
int nLoaded = 0;
TRY{
    rs.CreateAccessor(ulColumnNum, pBind,
                      sizeof(MYBIND) * ulColumnNum);
    for (ULONG l = 0; l<ulColumnNum; l++)
        rs.AddBindEntry(l + 1, DBTYPE_STR, sizeof(TCHAR) * 40,
        &pBind[l].szValue,NULL, &pBind[l].dwStatus);
    if (rs.Open(m_Session, strSQLString) ! = S_OK)
        AfxThrowOLEDBException(rs.m_spCommand, IID_ICommand);
    // 显示数据
    nLoaded = DisplayData((CRowset * )&rs, pBind, ulColumnNum);
}
CATCH(COLEDBException, e){
    e - >ReportError();
    delete pBind;
    return FALSE;
}
END_CATCH
delete pBind;
pBind = NULL;
// 显示数据读取信息
CString strRecCount;
strRecCount.Format(_T("目前载入了 %d 条记录。"), nLoaded);
UpdateWindow();
((CFrameWnd * ) AfxGetMainWnd()) - >SetMessageText(strRecCount);
return TRUE;
}
```

(21) 编写 COLEDB_MFCView 类的 DisplayData 函数

DisplayData 函数使用 CRowset 对象的 MoveNext 方法移动当前数据库光标,由于列是绑定的,所有只要从绑定缓存区里读取数据即可。InsertItem 和 SetItemText 函数分别用于为列表视图插入数据。

```
int COLEDB_MFCView::DisplayData (CRowset * pRS, struct MYBIND * pBind,
                                 UINT uColumnNum)
{
```

```
CListCtrl &listCtrl = (CListCtrl&)GetListCtrl();
int nLoaded = 0;
int nItem = 0;
TRY{
    while (pRS->MoveNext() = = S_OK) {
        nLoaded + + ;
        listCtrl.InsertItem(nItem, pBind[0].szValue);
        for (ULONG j = 1; j< = uColumnNum; j + + )
        {
            if (pBind[j-1].dwStatus = = DBSTATUS_S_ISNULL)
                _tcscpy(pBind[j].szValue, _T(""));
                listCtrl.SetItemText(nItem, j, pBind[j].szValue);
        }
        nItem + + ;
    }
}
CATCH(COLEDBException, e){
    e->ReportError();
    return 0;
}
END_CATCH
return nLoaded;
}
```

(22) 编写 COLEDB_MFCView 类的 RefreshData 函数

RefreshData 函数是对 RefreshRow 函数的进一步封装，函数先建立起 SQL 查询中的 ORDER 子句列，然后组装并执行 SQL 语句，进行数据刷新。

```
BOOL COLEDB_MFCView::RefreshData(CString strTableName,
        CString strCondition, UINT uColumnNum)
{
    CString strOrderStr;
    // 建立表查询的 ORDER 从句
    strOrderStr = GetQueryOrderStr(strTableName);
    CString strSQLString;
    // 建立查询语句
    if(strOrderStr.IsEmpty())
        strSQLString.Format("select * from % s", strTableName);
    else
        strSQLString.Format("select * from % s % s", strTableName, strOrderStr);
    if(! strCondition.IsEmpty()){
```

```
        strSQLString + = _T("where");
        strSQLString + = strCondition;
    }
    // 执行数据刷新
    if(! RefreshRow(strSQLString, uColumnNum)) return FALSE;
    return TRUE;
}
```

（23）编写 COLEDB_MFCView 类的 EraseList 函数

EraseList 函数将列表视图的列和内容全部清除，函数代码如下：

```
    void COLEDB_MFCView::EraseList()
    {
        CListCtrl& ctlList = (CListCtrl&) GetListCtrl();
        ctlList.DeleteAllItems();
        while(ctlList.DeleteColumn(0));
        UpdateWindow();
    }
```

8.4.3　编译并运行工程

到此就完成了工程所有代码的编写，下面就可以编译并运行 OLEDB_MFC 工程了。编译并运行 OLEDB_MFC 工程的操作步骤如下：

① 执行"Build＞Build OLEDB_MFC.exe"菜单项，或者按下快捷键【F7】，VC＋＋开始编译 OLEDB_MFC 工程，最终产生 OLEDB_MFC.exe 可执行程序。

② 执行"Build＞Execute OLEDB_MFC.exe"菜单项，或者按下快捷键【Ctrl】＋【F5】，VC＋＋开始运行 OLEDB_MFC.exe 应用程序，启动界面如图 8-44 所示。

图 8-44　OLEDB_MFC.exe 应用程序的启动界面

③ 执行"员工管理＞查询"菜单命令，弹出"查询设置"对话框，如图 8-45 所示。

④ 在"查询设置"对话框里选中"查询所有"复选框，然后点击"查询按钮"，应用程序开始

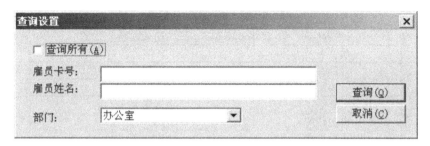

图 8-45　执行"员工管理＞查询"菜单命令弹出的"查询设置"对话框

执行查询操作,运行结果如图 8-46 所示。

　　⑤ 执行"员工管理＞新员工登记"菜单命令,弹出"员工登记"对话框,如图 8-47 所示。

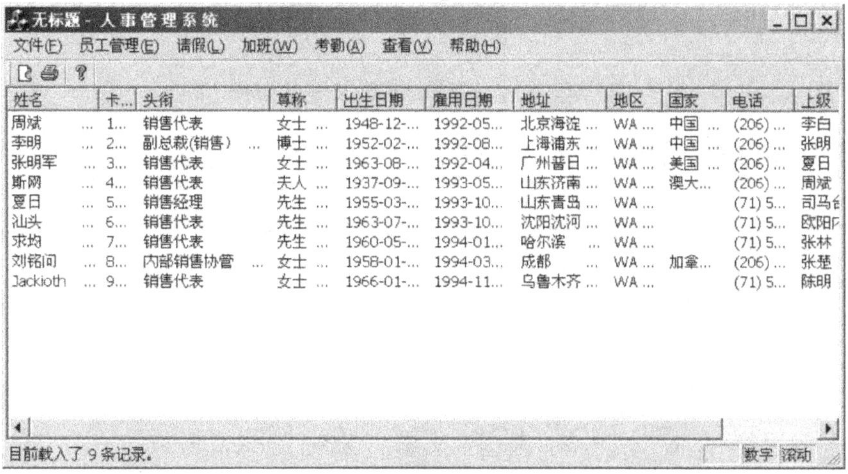

![人事管理系统窗口，员工查询结果列表]

图 8-46　员工查询结果

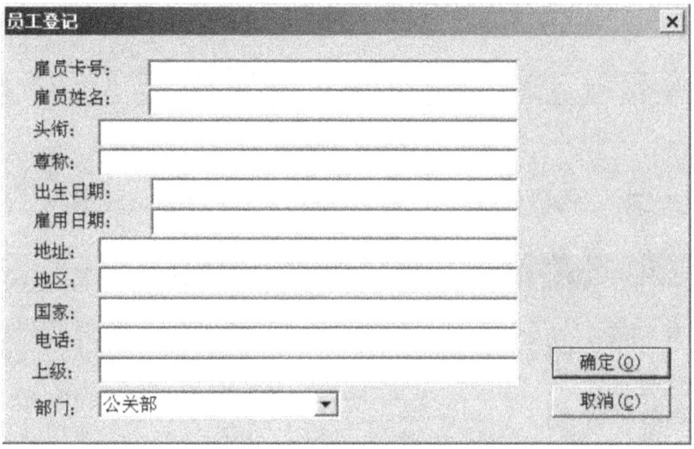

![员工登记对话框]

图 8-47　"员工登记"对话框

　　⑥ 在对话框里输入如表 8-20 所示的信息,点击"确定"按钮,应用程序将该信息添加到"雇员"表里。

表 8－20　输入的员工信息

编辑区	输入内容
雇员卡号	10
雇员姓名	夏天
头衔	办公室主任
尊称	先生
出生日期	1972－11－27
雇用日期	1999－12－1
地址	吉林
地区	SA
国家	中国
电话	933333
上级	李白
部门	研发部

⑦ 执行步骤③，执行"查询所有"操作，运行结果如图 8－48 所示。

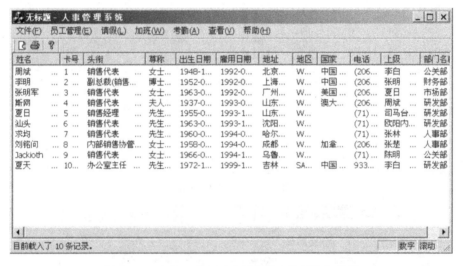

图 8－48　新员工登记后重新进行查询的执行结果

⑧ 执行"员工管理＞辞职"菜单命令，弹出"员工辞职"对话框，如图 8－49 所示。

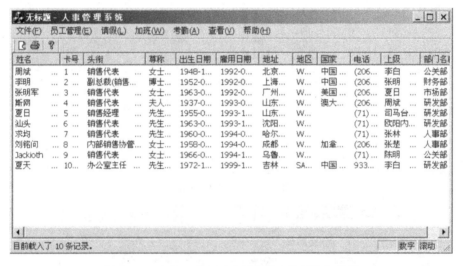

图 8－49　"员工辞职"对话框

⑨ 在"员工辞职"对话框的卡号编辑区里输入 10,姓名编辑区里输入"夏天",其他内容可以不输入,点击"辞职"按钮,系统将该员工信息从"雇员"表里删除,再次执行步骤③,执行"查询所有"操作,执行结果如图 8 - 46 所示。

⑩ 执行"请假＞查询"菜单命令,弹出"查询设置"对话框,如图 8 - 45 所示。选择"查询所有"复选框,点击"查询"按钮,运行结果如图 8 - 50 所示。

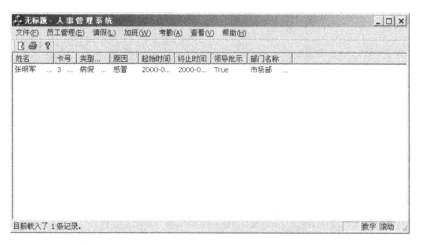

图 8 - 50 请假查询结果

⑪ 执行"请假＞登记"菜单命令,弹出"员工请假"对话框,如图 8 - 51 所示。

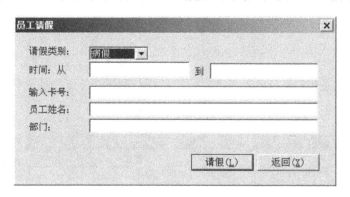

图 8 - 51 "员工请假"对话框

⑫ 在"员工请假"对话框的"请假类型"列表里选择"婚假",在"时间:从"编辑区里输入"2000 - 11 - 9",在"到"编辑区域里输入"2000 - 11 - 11",在"卡号"编辑区域里输入"1",其他内容可以不输入,点击"请假"按钮,重新执行步骤③,运行结果如图 8 - 52 所示。

⑬ 执行"加班＞查询"菜单命令,弹出"查询设置"对话框,如图 8 - 45 所示。选择"查询所有"复选框,点击"查询"按钮,运行结果如图 8 - 53 所示。

⑭ 执行"加班＞登记"菜单命令,弹出"员工加班"对话框,如图 8 - 54 所示。

⑮ 在"员工加班"对话框的"时间:从"编辑区里输入"2000 - 11 - 9 18:10:00",在"到"编辑区域里输入"2000 - 11 - 9 21:10:00",在"卡号"编辑区域里输入"2",其他内容可以不输入,点击"登记"按钮,重新执行步骤⑬,运行结果如图 8 - 55 所示。

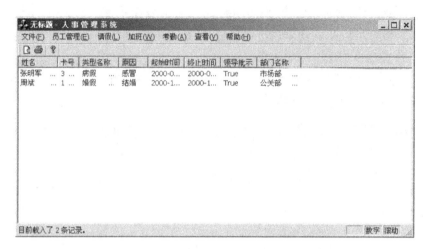

图 8-52　请假后的请假查询结果

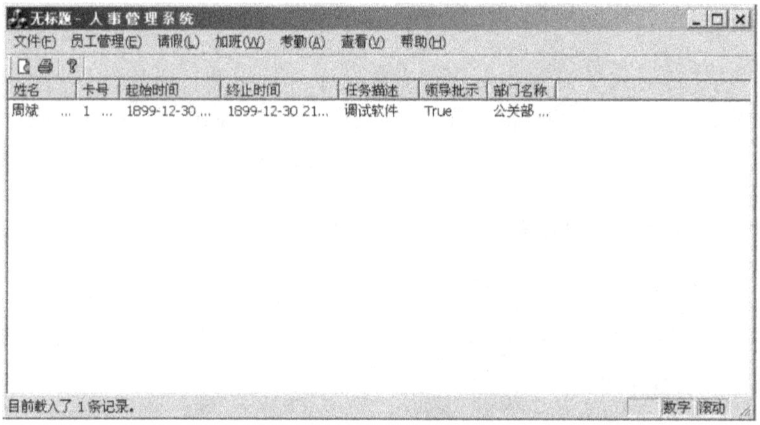

图 8-53　加班查询结果

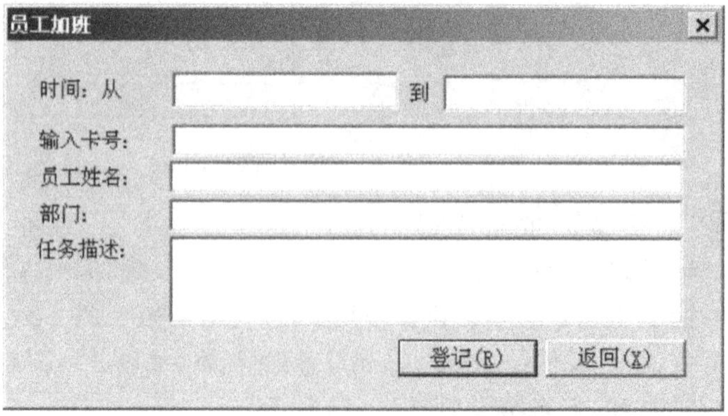

图 8-54　"员工加班"对话框

⑯ 执行"考勤＞查询"菜单命令,弹出"查询设置"对话框,如图 8-55 所示。选择"查询所有"复选框,点击"查询"按钮,运行结果如图 8-56 所示。

⑰ 执行"考勤＞打卡"菜单命令,弹出"员工考勤"对话框,如图 8-57 所示。

图 8-55　加班登记后的加班查询结果

图 8-56　考勤查询结果

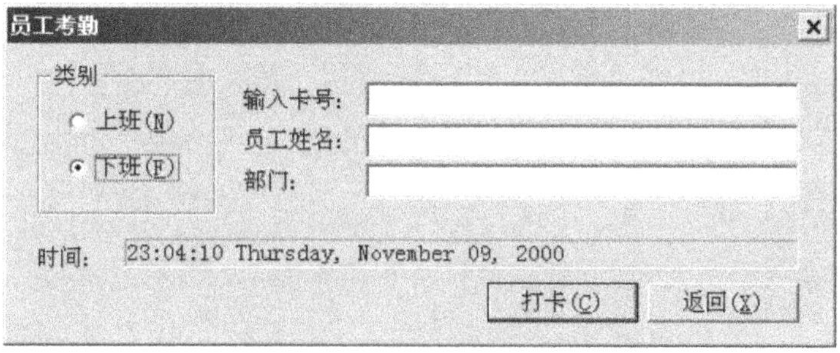

图 8-57　"员工考勤"对话框

⑱ 在"员工考勤"对话框的"卡号"编辑区域里输入"4",其他内容可以不输入,点击"打卡"按钮,重新执行步骤⑯,运行结果如图 8-58 所示。

⑲ 执行"文件＞退出"菜单命令,退出应用程序。

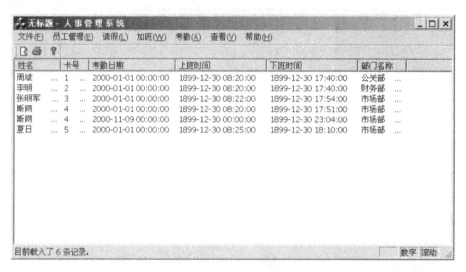

图 8-58 考勤后的考勤查询结果

小结

本章介绍了三种数据库访问接口 ODBC、OLE DB 和 ADO 技术。以一个实例详细介绍了 OLE DB 客户应用程序编程过程,涉及到 OLE DB 中最常用的接口的使用。要求学生掌握 OLE DB 的接口层次,对应于数据源、会话、事务、命令、行集、错误等对象的接口属性和方法,通过 OLE DB 接口进行数据访问的步骤,以及 ADO 对象 Connection、Command、Recordset 等对象的属性和方法,掌握使用 ADO 接口进行编程的步骤。

第9章　DCOM分布式应用技术

DCOM(分布式组件对象模型,分布式组件对象模式)是一系列微软的概念和程序接口,利用这个接口,客户端程序对象能够请求来自网络中另一台计算机上的服务器程序对象。DCOM基于组件对象模型(COM),COM提供了一套允许同一台计算机上的客户端和服务器之间进行通信的接口(运行在Windows95或者其后的版本上)。

Microsoft Distributed Component Object Model(DCOM)是Component Object Model(COM)的扩展,它支持不同的两台机器上的组件间的通信,而且不论它们是运行在局域网、广域网、还是Internet上。借助DCOM你的应用程序将能够任意进行空间分布。

由于DCOM是COM组件技术的无缝升级,所以你能够从你现有的有关COM的知识中获益,你的以前在COM中开发的应用程序、组件、工具都可以移入分布式的环境中。DCOM将为你屏蔽底层网络协议的细节,你只需要集中精力于你的应用。

例如,你可以为一个网站创建应用页面,其中包括了一段能够在网络中另一台更加专业的服务器电脑上处理(在将它们发送到发出请求的用户之前)的脚本或者程序。使用DCOM接口,网络服务器站点程序(现在以客户端对象方式发出动作)就能够将一个远程程序调用(RPC)发送到一个专门的服务器对象,它可以通过必要的处理,并给站点返回一个结果。结果将发送到网页浏览器上。

DCOM还可以工作在位于企业内部或者除了公共因特网之外的其他网络中。它使用TCP/IP和超文本传输协议。DCOM是作为Windows操作系统中的一部分集成的。DCOM将很快在所有的主流UNIX平台和IBM的大型服务器产品中出现。DCOM替代了OLE远程自动控制。

在提供一系列分布式范围方面,DCOM通常与通用对象请求代理体系结构(CORBA)相提并论。DCOM是微软给程序和数据对象传输的网络范围的环境。CORBA则是在对象管理组织(OMG)的帮助下,由信息技术行业的其他商家提供赞助的。

9.1　DCOM概述

Microsoft的分布式COM(即DCOM)扩展了组件对象模型技术(COM),使其能够支持在局域网、广域网甚至Internet上不同计算机的对象之间的通信。使用DCOM,你的应用程序就可以在位置上达到分布性,从而满足你的客户和应用的需求。

因为DCOM是世界上领先的组件技术COM的无缝扩展,所以你可以将你现在对基于COM的应用、组件、工具以及知识转移到标准化的分布式计算领域中来。当你在做分布式计算时,DCOM处理网络协议的低层次的细节问题,从而使你能够集中精力解决用户所要求的问题。

9.1.1　从 COM 转向 DCOM

进程内组件与客户程序之间的通信过程比较简单。本地进程外组件与客户程序之间的通信并不是直接进行的,而是用到了操作系统支持的一些跨进程通信方法。

DCOM 只是简单地把本地跨进程通信用一个网络协议传输过程来代替,只是中间数据传递的路线更长一些。当然,网络通信比单机系统环境下的跨进程通信要脆弱得多,所以为了保证协作过程的可靠性以及程序对异常事件的应变能力,客户程序和组件程序需要考虑更多的细节。

9.1.2　为什么要做分布式应用

将应用分布化并不是问题的结束。分布式应用引入了一个全新的设计和扩展概念,它增加了软件产品的复杂性,但是带来了可观的回报。某些应用本身就带有分布性,例如多人对战游戏、聊天程序以及远程会议系统等等。因此,一种健壮的分布式计算框架所带来的好处是不言自明的。很多其他的应用也是分布式的,即它至少有两个组件运行在不同的计算机上,但是因为它不是为分布性应用而设计的,所以它们的规模和可扩展性就有很大的局限性。任何的工作流或群件应用程序,大多数的客户机/服务器应用程序一些桌面办公系统本质上都控制着它们的用户的通信和协作。将这些系统作为分布式系统并能够在正确的地方运行正确的组件会给用户带来好处,并且使人们对网络和计算机资源的运用更加充满信心。设计应用程序时考虑到分布性,能通过在客户端运行组件使应用适用于具有不同性能的不同的客户。

设计应用时考虑分布性能够使系统在扩展上具有很高的灵活性。

分布式应用与它们的非分布式版本比起来具有更大的可扩展性。如果整个复杂应用的逻辑结构可以用一个简单的模型来表示,那么仅仅只有一种方法来增加系统的工作效率:用更快的机器,而无需的应用本身进行调整。虽然现在的服务器和操作系统升级很快,但是买一个同样性能的机器还是比将服务器的速度升级为原来的两倍所花的钱少。有了一个设计适当的分布式应用系统,一台功能不怎么强大的服务器就能够运行所有的组件。当负载增加时,可以将一些组件扩展到价格便宜的附加的机器上。

9.2　DCOM 的结构与特性

DCOM 是组件对象模型(COM)的进一步扩展。COM 定义了组件和它们的客户之间互相作用的方式。它使得组件和客户端无需任何中介组件就能相互联系。客户进程直接调用组件中的方法。图 9-1 说明了组件对象模型的表示法:

图 9-1　同一进程中的 COM 组件

在现在的操作系统中,各进程之间是相互屏蔽的。当一个客户进程需要和另一个进程中的组件通信时,它不能直接调用该进程,而需要遵循操作系统对进程间通信所做的规定。COM 使得这种通信能够以一种完全透明的方式进行:它截取从客户进程来的调用并将其传送到另一进程中的组件。图 9-2 表明了 COM/DCOM 运行库是怎样提供客户进程和组件之间的联系的。

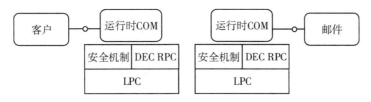

图 9-2　不同进程中的 COM 组件

当客户进程和组件位于不同的机器时,DCOM 仅仅只是用网络协议来代替本地进程之间的通信。无论是客户还是组件都不会知道连接它们的线路比以前长了许多。

图 9-3 显示了 DCOM 的整体结构:COM 运行库向客户和组件提供了面向对象的服务,并且使用 RPC 和安全机制产生符合 DCOM 线路协议标准的标准网络包。

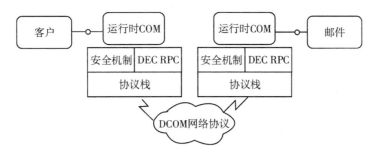

图 9-3　DCOM:不同机器上的 COM 组件

9.2.1　组件和复用

大多数分布式应用都不是凭空产生的。现存的硬件结构、软件、组件以及工具需要集成起来,以便减少开发和扩展时间以及费用。DCOM 能够直接且透明地改进现存的对 COM 组件和工具的投资。对各种各样组件需求的巨大市场使得将标准化的解决方案集成到一个普通的应用系统中成为可能。许多熟悉 COM 的开发者能够很轻易地将他们在 COM 方面的经验运用到基于 DCOM 的分布式应用中去。

任何为分布式应用开发的组件都有可能在将来被复用。围绕组件模式来组织开发过程使得你能够在原有工作的基础上不断的提高新系统的功能并减少开发时间。基于 COM 和 DCOM 的设计能使你的组件在现在和将来都能被很好地使用。

9.2.2　位置独立性

当你开始在一个真正的网络上设计一个分布式应用时,以下几个相互冲突的设计问题会很清楚地反映出来:相互作用频繁的组件彼此间应该靠得更近些。某些组件只能在特定的机器或位置上运行。小组件增加了配置的灵活性,但它同时也增加了网络的拥塞。大组件减少了网络的拥塞,但它同时也减少了配置的灵活性。

当你使用 DCOM 时,这些设计上的限制将很容易解决,因为配置的细节并不是在源码中说明的。DCOM 使得组件的位置对你来说完全透明,无论它是位于客户的同一进程中或是在地球的另一端。在任何情况下,客户连接组件和调用组件的方法的方式都是一样的。DCOM不仅无需改变源码,而且无需重新编译程序,一个简单的再配置动作就改变了组件之间相互连接的方式。

DCOM 的位置独立性极大地简化了将应用组件分布化的任务,使其能够达到最合适的执行效果。例如,设想某个组件必需位于某台特定的机器上或某个特定的位置,并且此应用有许多小组件,你可以通过将这些组件配置在同一个 LAN 上,或者同一台机器上,甚至同一个进程中来减少网络的负载。当应用是由比较少的大组件构成时,网络负载并不是问题,此时你可以将组件放在速度快的机器上,而不用去管这些机器到底在哪儿。

图 9-4 显示了相同的"有效性检查组件"在两种不同情况下是如何分别配置的。一种情况是当"客户"机和"中间层"机器之间的带宽足够大时,它是怎样配置在客户机上的;另一种情况是当客户进程通过比较慢的网络连接来访问组件时,它又是怎样配置在服务器上的。

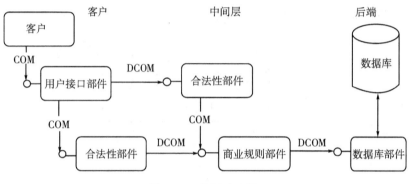

图 9-4　位置独立性

有了 DCOM 的位置独立性,应用系统可以将互相关联的组件放到靠得比较近的机器上,甚至可以将它们放到同一台机器上或同一个进程中。即使是由大量的小组件来完成一个具有复杂逻辑结构的功能,它们之间仍然能够有效地相互作用。当组件在客户机上运行时,将用户界面和有效性检查放在客户端或离客户端比较近的机器上会更有意义;集中的数据库事务应该将服务器靠近数据库。

9.2.3　语言无关性

在设计和实现分布式应用系统时,一个普遍的问题就是为开发一个特定的组件而选择语言以及工具的问题。语言选择是一个典型的在开发费用、可得到的技术支持以及执行性能之间的折衷。作为 COM 的扩展,DCOM 具有语言独立性。任何语言都可以用来创建 COM 组件,并且这些组件可以使用更多的语言和工具。Java、Microsoft Visual C++、Microsoft Visual Basic、Delphi、PowerBuilder 和 Micro Focus COBOL 都能够和 DCOM 很好地相互作用。

因为 DCOM 具有语言独立性,应用系统开发人员可以选择他们最熟悉的语言和工具来进行开发。语言独立性还使得一些原型组件开始时可以用诸如 Visual Basic 这样的高级语言来开发,而在以后用一种不同的语言,例如 Visual C++和 Java 来重新实现,而这种语言能够更好地支持诸如 DCOM 的自由线程/多线程以及线程共用这些先进特性。

9.2.4　连接管理

网络连接本身就比同一台机器中的连接更脆弱。当一个客户不再有效,特别是当出现网络或硬件错误时,分布式应用中的组件需要加以注意。

DCOM 通过给每个组件保持一个索引计数来管理对组件的连接问题,这些组件有可能是仅仅只连到一个客户上,也有可能被多个客户所共享。当一个客户和一个组件建立连接时,DCOM 就增加此组件的索引计数。同理,当客户释放连接时,DCOM 就减少此组件的索引计数。如果索引计数为零,组件就可以被释放了。

DCOM 使用有效的地址合法性检查(pinging)协议来检查客户进程是否仍然是活跃的。客户机周期性地发送消息,当经过大于等于三次 ping 周期而组件没有收到 ping 消息时,DCOM 就认为这个连接中断了。一旦连接中断,DCOM 就减少索引计数,当索引计数为零时就释放组件。从组件的这一点看来,无论是客户进程自己中断连接这种良性情况,还是网络或者客户机崩溃这种致命情况,都被同一种索引计数机制处理。

在很多种情况下,组件和它的客户进程之间的信息流是没有方向性的:组件需要在客户端进行某些初始化操作,例如一个长进程的结束,用户所观看数据的更新,或者诸如电视以及多用户游戏这些协作环境中的下一条信息等。许多协议使得完成这种对称性的通信十分困难。使用 DCOM,任何组件都既可以是功能的提供者,又能是功能的使用者。通信的两个方向都用同一种机制来管理使得完成对等通信和客户机/服务器之间的相互作用一样容易。

DCOM 提供了一个对应用完全透明的分布式垃圾收集机制。DCOM 是一个天生的对称性网络协议和编程模型。它不仅提供传统的单向的客户机－服务器之间的相互作用方式,还提供了客户机和服务器以及对等进程之间丰富的交谈式的通信方式。

9.2.5　可扩展性

分布式应用的一个重要因素是它的处理能力能够随着用户的数量、数据量所需性能的提高而增加。当需求比较小时,应用系统就比较小而速度快,并且它要能够在不牺牲性能和可靠性的前提下处理附加的需求。DCOM 提供了许多特性来增强应用的可扩展性。

9.2.6　对称的多进程处理(SMP)

DCOM 提高了 Windows NT 对于多进程处理的支持。对于使用自由线程模式的应用,DCOM 使用一个线程队列来处理新来的请求。在多处理器机上,线程队列是由可利用的处理器的数量来决定的:太多的线程会导致经常性的上下文切换,而太少的线程又会使处理器处于空闲状态。DCOM 只提供一个手工编码的线程管理器,从而使开发者从线程的细节中解脱出来并获得最好的性能。

DCOM 通过使用 Windows NT 对于对称性多进程处理的高级支持功能就能轻易地将应用从一个单处理机扩展到庞大的多处理机系统上去。

9.2.7　灵活的配置

当负载增加时,即使你的预算支持你买一台最快的多处理机,它也有可能不能适应需求。DCOM 的位置独立性提供了一个简单而便宜的方法来提高扩展性,那就是将分布性的组件放到其他机器上。

　　对于无状态或无需和其他组件共享状态的组件来说,再配置是再容易不过的事了。对于这样一些组件来说,可以在不同的机器上运行它们的多个复本。用户负载可以被平等地分配到各个机器中去,甚至可以考虑到机器的处理能力以及当时负载这些因素来进行分配。使用DCOM,可以很容易地改变客户进程同组件以及组件之间的连接方式。同一组件无需作别的改动甚至无需重新编译就可以被动态地重新配置。所有必须做的工作只是更新登记、文件系统以及所涉及的组件所在的数据库而已。

　　例子:一个组织在多个地方有办工室,例如纽约、伦敦、旧金山和华盛顿等,它可以将组件安装到服务器上。如图9-5所示,两百个用户同时在能达到预期的性能的前提下访问五十个组件。当新的事务应用发送给用户时,应用系统中同时在使用一些现存的以及新的组件,服务器的负载增长到六百个用户,同时事务组件的数目增加到七十。有了这些附加的用户和组件后,峰值时间的响应时间变得不能接受。管理员将其中的三十个组件单独配置在另一台服务器上,而将二十个组件单独放在原来的服务器上,同时剩下的二十个组件同时在两台服务器上运行。

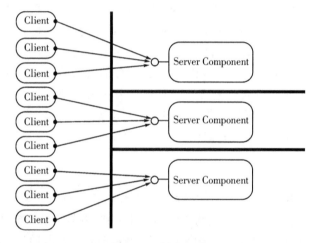

图9-5　并行配置

　　绝大多数现实的应用系统都有一个或多个涉及到大多数操作的关键性组件。这种组件有数据库组件或者事务规则组件,它们必须被串行地执行以保证"先来的先服务"这一策略被执行。这些组件不能被复用,因为它们的唯一任务就是为应用系统的所有用户提供一个单一的时间同步点。为了增强分步式应用系统的整体功能,必须将这些瓶颈组件放到一个专门的、功能强大的服务器上去。如图9-6所示,DCOM在设计阶段就将这些关键性组件分开,最初将多个组件放在一台功能简单的机器上,以后再把关键性的组件放到专门的机器上去。这一过程无需组件的再设计,甚至无需重新编译。

　　DCOM对于这些决定性的瓶颈组件的处理使得整个任务能够迅速执行。这些瓶颈组件往往是过程执行序列的一部分,例如电子交易系统中的买卖命令,它们必须按照接收的顺序执行(先来的先被服务)。对于此问题的一个解决方法是将任务分成许多小的组件,并将这些组件配置到不同的机器上。如图9-7所示,这种效果类似于当今微处理器中的管道Pipelining技术:第一个请求来了,第一个组件执行(例如一致性检查),然后将请求传递给下一个组件(例

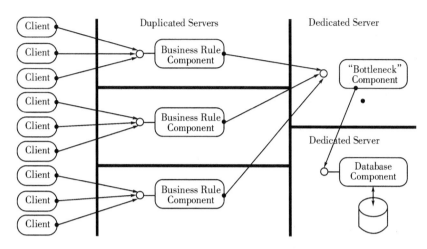

图 9 - 6　关键性组件的分离

如,可能是更新数据库)。一旦第一个组件将一条请求传递给下一个组件,它就准备执行下一条请求。实际上有两台机器在并行的执行多个请求,并且能够保证按照请求来到的顺序执行。也可以在同一台机器上使用 DCOM 来达到同样的效果:多个组件在不同的线程或者不同的进程中执行。这种方法在以后可以简化扩展,我们可以将线程分布到一个带多处理器的机器上,或者可以将进程配置到不同的机器上。

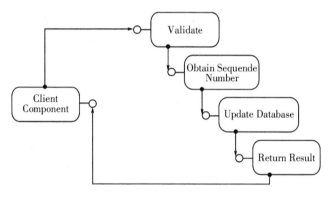

图 9 - 7　Pipelining

　　DCOM 的位置独立性编程模型使得随着应用增加而改变配置设计变得容易。最初,一个功能简单的服务器就可以容纳所有的组件。随着需求的增加,其他的机器被添加进来,而组件能够不做任何代码上的改动就被分布到这些机器中去。

9.2.8　功能的发展:版本化

　　除了随着用户的数量以及事务的数量而扩展规模外,当新的特性加入时应用系统也需要扩展规模。随着时间的推移,新的任务被添加进来,原有的任务被更新。传统的做法是或者客户进程和组件都需要同时被更新,或者旧的组件必须被保留直到所有的客户进程被更新,当大量的地理上分布的站点和用户在使用系统时,这就成为一个非常费力的管理问题。

　　DCOM 为组件和客户进程提供了灵活的扩展机制。使用 COM 和 DCOM,客户进程能够动态地查询组件的机能。一个 COM 组件不是将其机能表现为一个简单、统一的方法和属性组,而是对于不同的客户进程表现为不同的形式。使用特定特性的客户进程只需要访问它所需要使用的方法和属性。客户进程也能够同时使用一个组件的多个特性。当新的特性加入组件时,它不会影响不涉及这些特性的老的客户进程。如图 9－8 所示。

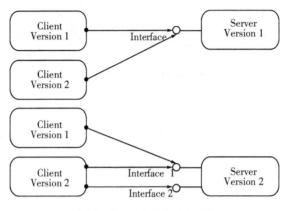

图 9－8　　健壮的版本发展

用这种方法来组织组件,使得我们能够有一种新的方法来发展组件功能:最初的组件表现为诸如 COM 界面的一套核心特性,这些特性是每个客户进程都需要使用的。当组件需要新的特性时,大多数(甚至是全部)的界面仍然是必须的,我们根本无须更改原来的界面就可以将新的功能和属性放到附加的界面中去。老的用户进程就好像什么事也没发生似的继续访问核心界面。新的客户进程既可以测试新的界面是否存在以便能使用它,也可以仍然只使用原来的界面。

因为在 DCOM 编程模型中机能被分组放入界面中,可以设计使用老的服务器程序的新的客户程序,也可以设计使用老的客户程序的新的服务器程序,或者将这些混合起来以便能够适合你的需求和编程资源。使用传统的对象模型时,哪怕是对一个方法的细微改动都可能在根本上改变客户和组件之间的协议。在一些模型中,可以将方法加到方法队列的队尾,但是却不能在老的组件上测试新的方法。从网络发展的前景看来,这些事情将会变得越来越复杂:编码以及其他的一些功能典型地依赖于方法和参数的顺序。增加或改动方法和参数也会显著地改变网络协议。DCOM 为对象模式和网络协议设计了一个简单、优雅和统一的方法来解决这些问题。

9.2.9　执行性能

如果最初的执行性能不能让人满意,可扩展性就不会带来太多好处了。经常考虑到更多更好的硬件会使得应用向下发展是非常有益的,但是这些需求是怎样的呢? 这些尖端扩展特性是否有用呢? 是否对从 COBOL 到汇编这每一种语言的支持会危害到系统的执行性能呢? 使组件能够在地球的另一面运行的能力是否妨碍了当它和客户在同一个进程中时的执行性能呢?

在 COM 和 DCOM 中,客户并不能自己看到服务器,但是除非是在必要的情况下,否则客户进程决不会被系统组件将自己同服务器分开。这种透明性是通过一个简单的思想来实现的:客户进程同组件交互的唯一方式就是通过方法调用。客户进程从一个简单的方法地址表

（一个"vtable"）中得到这些方法的地址。当客户进程想要调用一个组件中的某个方法时，它先得到方法的地址，然后调用它。在 COM 和 DCOM 模型中调用一个传统的 C 或汇编函数的唯一开支就是对方法地址的简单查询。如果组件是和客户运行在同一个线程中的过程中组件，那么无需调用任何 COM 或系统代码就可以直接找到方法的地址，COM 仅仅只定义了找到方法地址表的标准。

当用户和组件不是那么靠近——在另一个线程中，在另一个程序中或者在地球另一面的一台机器中时情况又是怎样的呢？COM 将它的远程过程调用（RPC）框架代码放到 vtable 中，然后将每个方法调用打包放到一个标准的缓冲器结构中，这个缓冲器结构将被发送给组件，组件打开包并且重新运行最初的方法调用。从这方面来说，COM 提供了一个面向对象的 RPC 机制。

这种 RPC 机制的速度有多快呢？下面是需要考虑的不同的性能尺度：

一个"空"方法调用有多快？

"真正的"需要发送和接收数据的方法调用有多快？

在网络上转一圈有多快？

下表显示了 COM 和 DCOM 的一些真实的执行性能参数，使我们能够对 DCOM 和其他的协议的相关的执行性能有一定的了解。

表 9－1　COM 和 DCOM 的执行性能参数

Parameter Size	4 bytes		50 bytes	
	ms / call	calls / sec	ms / call	calls / sec
"Pentium® ，，" in-process	3,224,816	0.00031	3,277,973	0.00031
"Alpha™，" in-process	2,801,630	0.00036	2,834,269	0.00035
"Pentium，" cross-process	2,377	0.42	2,023	0.49
"Alpha，" cross-process	1,925	0.52	1634	0.61
"Alpha，" to Pentium remote	376	2.7	306	3.27

开始两列表示一个"空"方法调用（发送和接收一个 4 字节长的整数）。最后两列可以认为是一个"真正的"COM 方法调用（50 字节长的参数）。

此表显示了进程中组件是怎样得到零开支的执行性能的（第一排和第二排）。

进程之间的方法调用（第三排和第四排）需要将参数存入缓冲器并将其发送给其他的进程。在一个标准的桌面办公系统硬件中，每秒钟大约可以执行 2000 个方法调用，这可以满足大多数的执行性能需求。所有的本地调用是完全由处理器速度（一定程度上由存储器容量）决定的，并且能够很好地适用于多处理器型机器。

远程调用（第五排和第六排）主要受限于网络速度，同时可以看出 DCOM 的开支大约比 TCP/IP 多了 35％（TCP/IP 的循环时间是两秒）。

微软很快会提供许多平台上的正式的 DCOM 性能参数，它将显示出 DCOM 与客户数量以及服务器中处理器数量相关的扩展能力。

9.2.10　带宽及潜在问题

分布式应用利用了网络的优点将组件结合到一起。理论上来说，DCOM 将组件在不同的机器上运行这一事实隐藏起来。实际上，应用必须考虑到网络连接带来的两个主要限制：

· 带宽:传递给方法调用的参数的大小直接影响着完成方法调用的时间。

· 潜在问题:物理距离以及相关的网络器件(例如路由器合传输线)甚至能使最小的数据包都被显著地延迟。

DCOM 怎样帮助应用解决这些局限呢? DCOM 自己将网络循环时间最小化,使得避免网络中潜在的拥塞成为可能。DCOM 选择了 TCP/IP 协议套件中的无连接 UDP 协议作为自己的传输协议。协议的无连接特性使得 DCOM 能够将许多低级别的确认包和实际的数据以及地址合法性检查(pinging)信息混合起来,从而改善了性能。即使是运行在面向连接的协议上,DCOM 也优于传统的面向特殊应用的协议。

9.2.11　在应用间共享连接管理

大多数的应用级别的协议需要某种从头到尾地管理。当客户机出现了严重的硬件故障或者客户和组件之间的网络连接中断已经超过一定时间时,应该及时通知组件。

解决这一问题的一个普遍方法是隔一段时间(pinging)发送保持活跃 keep-alive 消息。如果服务器在一定的时间间隔内没有收到一条 ping 消息,它就断定客户进程"死掉了"。

如图 9-9 所示,DCOM 对每台机器使用一个 keep-alive 消息。即使一台客户机使用了某一台服务器上的 100 个组件,仅仅只要一条 ping 消息就能使所有这些客户连接保持活跃状态。为了将所有的 ping 消息组合起来,DCOM 使用 delta pinging 机制来将这些 ping 消息的大小最小化。对于这 100 个连接,它并不是发送 100 个客户标识符,而是创造了一个可变标识符来重复代表这 100 个引用。当引用集改变时,仅仅只是两套引用相交的部分被互相交换。最终,DCOM 将所有 ping 消息转化为正常消息。只有当对于服务器来说某台客户机完全是空闲的时,它才定时发送 ping 消息(每隔两分钟一次)。

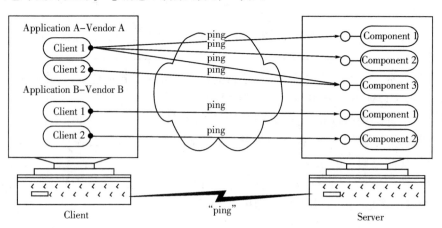

图 9-9　组合的生命期管理

COM 允许多个应用(甚至来自不同的卖主)共享一个简单而且优化的生命期管理和网络错误检测协议,这样可以显著地减少带宽。如果在一台服务器上运行使用 100 个不同的传统协议的 100 个不同的应用,对于每一个客户连接上的每一个应用来说,服务器都要接收一条 ping 消息。只有这些协议当在它们的 pinging 策略上相互合作时,整个网络的开销才有可能减少,而 DCOM 在任意的基于 DCOM 的协议中自动地提供了这种协作。

9.2.12　优化网络的来回旋程

设计分布式应用的一个普遍问题是减少不同机器上组件之间在网络上的过度的来回绕圈数。

在 Internet 上,每一次网络绕圈就会引入 1 秒甚至更多的延迟。即使在速度快的局域网上,旋程时间也是以微秒来计算的——它超过了本地操作所需时间的量级。

减少网络绕圈数的一个普遍的方法是将多个方法调用捆绑起来。DCOM 将这种技术扩展使用,用来解决诸如连接一个对象或者创造一个对象查询对象的机能的任务中。这种技术对于一般组件的不足之处是它在本地和远程情况下的编程模型差别太大。

例:一个数据库组件提供了一个能够分行或多行显示结果的方法。在本地的情况下,开发者只需使用这个方法将结果一列一列地加入列表框即可。而在远程的情况下,每列出一行就会引起一定的网络旋程。使用批量方式的方法需要开发者分配一个能容纳查询出的所有列的缓冲器,然后在一次调用将其取回并将其一列一列地加入到列表框中。因为编程模型变化很大,开发者需要对设计做大的改动以便应用能够在分布式环境中有效地工作。

DCOM 使得组件开发者能够轻易地执行批量技术而无需客户端也使用批量形式的 API。DCOM 的 marshling 机制使得组件可以将代码加到客户端,这叫做"代理对象",它可以拦截多个方法调用并将其捆绑到一个远程调用中去。

例:因为应用系统的逻辑结构的需要(列表框 API 的要求),上面例子的开发者仍然需要一个一个地列举方法。然而,为了列举查询结果的第一次调用应用中特殊的代理对象,它取得了所有列(或者一批列)并将其缓存到代理对象中。如图 9 - 10 所示,后来的调用就直接从这个缓存中发出,避免了网络旋程。开发者仍然使用一个简单的编程模型,而整个应用却得到了优化。

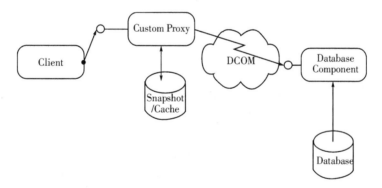

图 9 - 10　组件模型:客户端的缓存

DCOM 同样允许从一个组件到另一个组件的有效的指引。如果一个组件保存了到另一台机器上的一个组件的索引,它可以将其传递给在第三方机器上运行的一个客户进程(假设此客户进程正在使用另一台机器上运行的另一个组件)。客户进程使用此索引就可以直接和第二个组件通信。DCOM 缩短了这种索引,并且使得第一个组件和机器可以完全从这个过程中脱离出来。这使得能够提供索引的传统的目录服务适用于远程组件的范围。

例:一个棋类应用系统能够使正在等待对手的用户将自己登录到一个棋类目录服务中。其他用户可以浏览并查询正在等待对手的用户的列表。当一个用户选择了自己的对手后,棋类目录服务系统将对手的客户组件索引返回给该用户。DCOM 自动连接两个用户,目录服务系统无需涉及任何其他的事务处理过程。

例:一个"经纪人"组件监控着运行着同一个组件的 20 台服务器,它监测服务器的负载量和服务器的加入和删除情况。如图 9-11 所示,当一个客户需要使用该组件时,它连接到"经纪人"组件,此组件返回负载最轻的服务器上的一个组件的索引。DCOM 自动连接客户和服务器,此时"经纪人"组件和以后的过程就无关了。

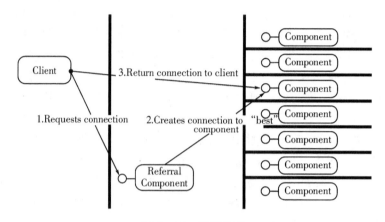

图 9-11　索引指示

如果需要的话,DCOM 甚至允许将组件插入任意一个传统的协议中,这个协议可以使用不在 DCOM 机能范围内的方法。组件可以使用传统的配置方法将任意的代理对象放到客户进程中,此进程能够使用任何协议将信息传回组件。

例:一个服务器端组件可以使用一个 ODBC 连接来和一个 SQL Server 数据库通信。当客户取得对象后,客户机直接和 SQL Server 数据库(使用 ODBC)比使用 DCOM 和服务器通信,同时服务器和 SQL Server 数据库通信更有效。在 DCOM 的传统配置情况下,数据库组件能够将自己复制到客户机上,并将自己同 SQL Server 相连接,而此时客户并没有意识到自己已经不再和服务器上的数据库组件相连了,而是和该组件的一个本地副本连接着。

例:一个商业系统需要两种通信机制,一种是从客户端到中央系统的一条安全而经过鉴定的通道,它用来发出和撤消命令;另一种是一条分布式的通道,它用来将命令信息同时发送给连接在系统上的客户。使用 DCOM 的安全而同步的连接方式可以简单而有效地操作客户机/服务器之间的通道,同时广播通道需要一种更为尖端的机制,它使用多点广播技术以便容纳大量的侦听者。DCOM 允许将传统的协议("可靠的广播协议")无缝地插入到应用系统的体系结构中:一个数据接收端组件能够将此协议封装起来,并使其对客户和服务器完全透明。当用户数量少安装量小时,标准的 DCOM 点到点协议就足够了;而对于有很多用户的站点来说,就需要使用高级的广播协议。DCOM 将来会提供一个标准的多通道广播传输协议,它能够无缝地移植到应用系统中。

9.3　安全性

使用网络来将应用系统分布化是一个挑战,这不仅是因为带宽的物理限制以及一些潜在

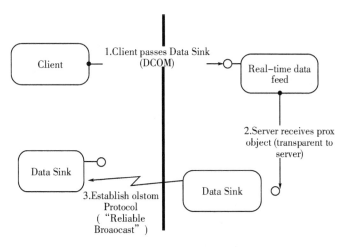

图 9 - 12　用 custom 协议代替 DCOM

的问题,而且也由于它产生一些诸如关系到客户间、组件间以及客户和组件之间的安全问题。因为现在的许多操作可以被网络中的任何一个人访问,所以对这些操作的访问应该被限制在一个高级别上。

如果分布式开发平台没有提供安全支持,那么每一个分布式应用就必需完成自己的安全机制。一种典型的方法是用某种登录的方法要求用户通过用户名及密码的检测,这些一般来说都是被加密了的。应用系统将通过用户数据库或者有关目录来确认以上用户身份,并返回动态的标识符以便用户以后用来进行方法调用。以后每次涉及到调用有安全检查的方法时,用户都需要通过这种安全认证。每个应用系统都要存储和管理许多用户名和密码,防止用户进行未授权的访问,管理密码的改动以及处理在网络上传递密码而带来的危险。

因此分布式平台必需提供一个安全性框架来确切地区分不同的用户或者不同组的用户以便系统或应用有办法知道谁将对某组件进行操作。DCOM 使用了 Windows NT 提供的扩展的安全框架。Windows NT 提供了一套稳固的内建式安全模块,它用来提供从传统的信用领域的安全模式到非集中管理模式的复杂的身份确认和鉴定机制,极大地扩展了公钥式安全机制。安全性框架的中心部分是一个用户目录,它存储着用来确认用户凭据(用户名、密码、公钥)的必要信息。大多数并非基于 Windows NT 平台的系统提供了相似或相同的扩展机制,我们可以使用这种机制而不用管此平台上用的是哪种安全模块。大多数 DCOM 的 UNIX 版本提供了同 Windows NT 平台相容的安全模块。

9.3.1　安全性设置

DCOM 无需在客户端和组件上进行任何专门为安全性而做的编码和设计工作就可以为分布式应用系统提供安全性保障。就像 DCOM 编程模型屏蔽了组件的位置一样,它也屏蔽了组件的安全性需求。在无需考虑安全性的单机环境下工作的二进制代码能够在分布式环境下以一种安全的方式工作。

DCOM 通过让开发者和管理员为每个组件设置安全性环境而使安全性透明,就像 Windows NT 允许管理员为文件和目录设置访问控制列表(ACL)一样,DCOM 将组件的访问控制列表存储起来。这些列表清楚地指出了哪些用户或用户组有权访问某一类的组件。使用

DCOM 的设置工具（DCOMCNFG）或者在编程中使用 Windows NT 的 registry 以及 Win32
的安全函数可以很简单地设置这些列表。

　　只要一个客户进程调用一个方法或者创建某个组件的实例，DCOM 就可以获得使用当前
进程（实际上是当前正在执行的线程）的用户的当前用户名。Windows NT 确保这个用户的凭
据是可靠的，然后 DCOM 将用户名正在运行组件的机器或进程。然后组件上的 DCOM 用自
己设置的鉴定机制再一次检查用户名，并在访问控制列表中查找组件（实际上是查找包含此组
件的进程中运行的第一个组件）。如果此列表中不包括此用户（既不是直接在此表中又不是某
用户组的一员），DCOM 就在组件被激活前拒绝此次调用。这种安全性机制对用户和组件都
完全是透明的，而且是高度优化的。它基于 Windows NT 的安全框架，而此框架是 Windows
NT 操作系统中最经常被使用的部分，对每一个对文件或者诸如一个事件或信号的同步线程
的访问都需要经过相同的访问检查。Windows NT 能够和同类的操作系统以及网络操作系统
竞争并超过它们的事实可以显示出这种安全性机制是多么有效。

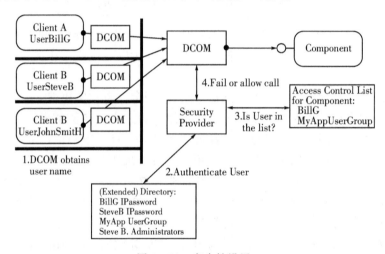

图 9－13　安全性设置

　　DCOM 提供了一个非常有效的缺省的安全性机制，它使开发员能够在无需但心任何安全
性问题的情况下开发出安全的分布式应用。

9.3.2　对安全性的编程控制

　　对某些应用系统来说，仅仅是组件级的访问控制列表是不够的，因为一个组件中的某些方
法是只能被特定的用户访问的。

　　例子：一个商务结算组件可以有一个方法用来登录新事务，以及另一个方法用来获得已经
存在的事务。仅仅只有财务组（"Accounting"用户组）的成员才能够添加新事务，同时仅仅只
有高级管理人员（"Upper Management"用户组）才能查看事务。

　　正如上一部分所说，应用系统能够通过管理自己的用户数据库以及安全凭据来达到本身
的安全。然而，在一个标准的安全框架下工作将会给最终用户带来更多的好处。没有一个统
一的安全性框架时，用户需要为他们所使用的每一个应用记住和管理相应的登录凭据。开发
者为每一个组件靠虑到安全性问题。

　　DCOM 通过加入 Windows NT 提供的非常灵活的安全性标准将安全性用户化的要求简

化为对某些特定组件和应用的需求。

使用 DCOM 安全性标准的应用如何达到上面例子所要求的有所选择的安全性呢？当一个方法调用来到时，组件要求 DCOM 提供客户的身份。然后根据其身份，被调用线程就仅仅执行允许该客户执行的安全对象中的某些操作。接着组件就试着访问诸如登录字之类的安全对象，这些对象中有一个访问控制列表 ACL，如果访问失败，说明客户不在 ACL 中，组件就拒绝方法调用。通过根据所调用的方法的不同而选择的不同的登录字，组件就能够用一种非常简单，但却灵活而有效的方式提供有选择的安全性。

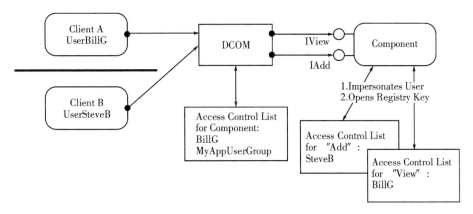

图 9 - 14　使用登录字的安全接口

组件也能够很轻易地得到客户的用户名并且利用它在自己的数据库中查找有关的许可和策略。这一策略使用了 Windows NT 的安全性框架（密码/公钥，传输线上加过密的密码等等）所提供的鉴定机制。应用系统无需为储存密码和其他有关的敏感信息担心。新版本的 Windows NT 将提供一个扩展的目录服务，它允许应用系统将用户信息存储到 Windows NT 的用户数据库中。

DCOM 的做法更为灵活。组件能够要求不同级别的加密以及不同级别的鉴定，同时可以在自己进行身份认证时阻止组件使用自己的凭据。

9.3.3　Internet 上的安全性

设计在 Internet 上工作的应用系统时需要面对两个主要问题。即使是在最大的公司，在 Internet 上用户的数量都会比原来提高好几个数量级。最终用户希望对他们所使用的所有应用使用相同的公钥或密码，即使这些应用是由不同的公司所提供的。提供服务的公司不能在应用系统或安全性框架中储存用户的私人密码。

DCOM 的灵活的安全性结构怎样帮助应用来解决这些问题呢？对于这一问题，DCOM 使用了 Windows NT 的安全框架（参看安全性部分）。Windows NT 的安全性体系结构提供了多个安全性模块，其中包括：

Windows NT NTLM 鉴别协议，它在 Windows NT 4.0 以及以前版本的 Windows NT 中使用。

Kerveros Version 5 鉴别协议，它在处理 Windows NT 中以及 Windows NT 间的访问时代替 NTLM 成为最主要的安全性协议。

分布式密码鉴定(DPA)，诸如 MSN 和 CompuServe 这些最大的 Internet 成员组织中的某些公司所使用的共享的密码鉴别协议。

安全性通道服务，它被用来完成 Windows NT 4.0 中的 SSL/PCT 协议。下一版本的 Windows NT 将加强对支持 SSL 3.0 客户鉴定系统的公钥协议的支持。

一个 DCE 提出的安全性模块，它可以作为第三方工具加在 Windows NT 中。

所有这些模块都是在标准 Internet 协议上工作的，都各有其优缺点。NTLM 安全性模块以及在 Windows NT 5.0 中替带它的基于 Kerberos 的模块都是私人密钥基础协议。它们在集中式管理环境以及使用相互或者单方面信任关系的基于 Windows NT 服务器的局域网中是非常有效而安全的。对大多数 UNIX 系统来说，都可以使用 NTLM 来进行商业实现。（例如 AT&T 的"Unix 系统的高级服务器（Advanced Server for Unix Systems)"。）

使用 Windows NT 4.0 的目录服务，可以很好地扩展到大约 100 000 个用户。使用 Windows NT 5.0 的扩展目录服务，一个 Windows NT 域控制器可以扩展到大约一亿个用户。通过将多个域控制器结合到 Windows NT 5.0 的目录树中，在一个域中所能支持的用户实际上是无限的。

Windows NT 5.0 的基于 Kerberos 的安全性模块引入了例如在客户进行身份认证时对组件行为的控制等更先进的安全性概念。它在执行鉴别时比 NTLM 安全性提供模块所占用的资源更少。

Windows NT 5.0 还提供了基于安全性模块的一个公共密钥。这一模块可以在基于 Windows NT 的应用以及基于 DCOM 的应用中将对于安全性凭据的管理分布化。使用公共密钥进行身份鉴别不如使用私人密钥有效，但是它允许在无需储存客户的私人凭据的情况下进行身份鉴别。

因为有如此多的互不相同的基本的安全性提供模块（私人密钥、公共密钥）可以被使用，所以基于 DCOM 的分布式应用系统可以无需对其进行任何改动就能完成甚至更为先进，对安全性敏感的应用。Windows NT 的安全性框架使得无需牺牲灵活性和执行性能就能很容易地扩展应用并保证应用的安全性。

9.4　负载平衡

一个分布式应用系统越成功，由于用户数量的增长而给应用系统中的所有组件带来的负载就越高。一个经常出现的情况即使是最快的硬件的计算能力也无法满足用户的需求。

这一问题的一个无法避免的解决方案是将负载分布到多个服务器中去。在"可扩展性"部分简要地提到了 DCOM 怎样促进负载平衡的几种不同的技术：并行配置，分离关键组件和连续进程的 pipelining 技术。

"负载平衡"是一个经常被使用的名词，它描述了一整套相关技术。DCOM 并没有透明地提供各种意义上的负载平衡，但是它使得完成各种方式的负载平衡变得容易起来。

9.4.1　静态负载平衡

解决负载平衡的一个方法是不断地将某些用户分配到运行同一应用的某些服务器上。因为这种分配不随网络状况以及其他因素的变化而变化，所以这种方法称为静态负载平衡。

　　基于 DCOM 的应用可以很容易地通过改变登记入口将其配置到某些特定的服务器上运行。顾客登记工具可以使用 Win32 的远程登记函数来改变每一个客户的设置。在 Windows NT 5.0 中,DCOM 可以使用扩展的目录服务来完成对分布的类的储存,这使得将这些配置改变集中化成为可能。

　　在 Windows NT 4.0 中,应用系统可以使用一些简单的技术达到同样的效果。一个基本的方法是将服务器的名字存到诸如数据库和一个小文件这样的众所周知的集中环境中。当组件想要和服务器相连接时,它就能很轻易地获得服务器的名字。对数据库或文件内容的改动也就同时改变了所有的用户以及有关的用户组。

　　一个灵活得多的方法使用了一个精致复杂的指示组件。这个组件驻留在一台为大家所共知的服务器中。客户组件首先和此组件连接,请求一个指向它所需服务的索引。指示组件能够使用 DCOM 的安全性机制来对发出请求的用户进行确认,并根据发出请求者的身份选择服务器。指示组件并不直接返回服务器名,它实际上建立了一个到服务器的连接并将此连接直接传递给客户。然后 DCOM 透明地将服务器和客户连接起来,这时指示组件的工作就完成了。我们还可以通过在指示组件上建立一个顾客类代理店之类的东西而将以上机制对客户完全屏蔽起来。

　　当用户需求增加时,管理员可以通过改变组件而为不同的用户透明地选择不同的服务器。此时客户组件没有做任何改动,而应用可以从一个非集中式管理的模式变为一个集中式管理的模式。DCOM 的位置独立性以及它对有效的指示的支持使得这种设计的灵活性成为可能。

9.4.2　动态负载平衡

　　静态负载平衡方法是解决不断增长的用户需求的一个好方法,但它需要管理员的介入,并且只有在负载可预测时才能很好地工作。

　　指示组件的思想能够提供更加巧妙的负载平衡方法。指示组件不仅可以基于用户 ID 来选择服务器,它还可以利用有关服务器负载、客户和可用服务器之间的网络拓扑结构以及某个给定用户过去需求量的统计数字来选择服务器。每当一个客户连接一个组件时,指示组件将其分配给当时最合适的可用的服务器。当然,从客户的观点看来,这一切都是透明发生的。这种方法叫做动态负载平衡法。

　　对某些应用来说,连接时的动态负载平衡法可能仍然是不充分的。客户不能被长时间中断,或者用户之间的负载分布不均衡。DCOM 本身并没有提供对这种动态重连接以及动态的方法分布化的支持,因为这样做需要对客户进程和组件之间相互作用的情况非常熟悉才行,此时组件在方法激活过程中保留了一些客户的特殊的状态信息。如果此时 DCOM 突然将客户和在另一台机器上的另一个不同的组件再连接,那么这些信息就丢失了。

　　然而,DCOM 使得应用系统的设计者能够很容易地将这种逻辑结构清楚地引入到客户和组件之间的协议中来。客户和组件能够使用特殊的界面来决定什么时候一个连接可以被安全地经过再寻径接到另一台服务器上而不丢失任何重要的状态信息。从这一点看来,无论是客户还是组件都可以在下一个方法激活前初始化一个到另一台机器上的另一个组件的再连接。DCOM 提供了用来完成这些附加的面向特殊应用的协议的所有的丰富的协议扩展机制。

　　DCOM 结构也允许将面向特殊组件的代码放到客户进程中。无论什么时候客户进程要激活一个方法时,由真实组件所提供的代理组件在客户进程中截取这一调用,并能够将其再寻径到另一台服务器上。而客户根本无需了解这一过程,DCOM 提供了灵活的机制来透明地建立这些"分布式组件"。

有了以上独特的特性,DCOM 使得开发用来处理负载平衡和动态方法寻径的一般底层结构成为可能。这种底层结构能够定义一套标准界面,它可以用来在客户进程和组件之间传递状态信息的出现和消失情况。一旦组件位于客户端的部分发现状态信息消失,它就能动态地将客户重连接到另一台服务器上。

例子:微软的事务服务器(以前叫做"Viper")使用这一机制来扩展 DCOM 编程模型。通过一套简单的标准状态信息管理界面,事务服务器能够获得必要的信息来提供高级别的负载平衡。在这种新的编程模型中,客户和组件之间的相互作用被捆绑到事务中,它能够指出什么时候一系列的方法调用所涉及的组件的状态信息都是清楚的。

DCOM 提供了一个用来完成动态负载平衡的强大的底层结构。简单的指示组件在连接时可以用来透明地完成动态服务器分配工作。用来将单一的方法调用再寻径到不同的服务器的更尖端的机制也能够轻易地完成,但是它需要对客户进程和组件之间的相互作用过程有更为深入的了解。微软的完全基于 DCOM 建立的事务服务器("Viper")提供了一个标准的编程模型用来向事务服务器的底层结构传递面向这一附加的特殊应用的有关细节问题,它可以用来执行非常高级的静态和动态的重配置与负载平衡。

9.5　容错性

容错性对于需要高可靠性的面向关键任务的应用系统来说是非常重要的。对于错误的恢复能力通常是是通过一定量的硬件、操作系统以及应用系统的软件机制来实现的。

DCOM 在协议级提供了对容错性的一般支持。前面的"应用系统间的共享式连接管理"部分所描述的一种高级 pinging 机制能够发现网络以及客户端的硬件错误。如果网络能够在要求的时间间隔内恢复,DCOM 就能自动地重新建立连接。

DCOM 使实现容错性变得容易起来。一种技术就是上一部分所说的指示组件的技术。当客户进程发现一个组件出错时,它重新连接到建立第一个连接的那个指示组件。指示组件内有哪些服务器不再有效的消息,并能提供在另一台机器上运行的这一组件的一个新的实例。当然,在这种情况下应用系统仍然需要在高级别上(一致性以及消息丢失问题等)处理错误的恢复问题。

因为 DCOM 可以将一个组件分别放到服务器方和客户方,所以可以对用户完全透明地实现组件的连接和重连接以及一致性问题。

例子:微软的事务服务器("Viper")提供了一个在应用级处理一致性问题的一般性机制。将多个方法调用组合到一个原子事务中就能够保证一致性,并使应用能够很容易地避免信息的丢失。

另一技术经常被称为"热备份"。同一服务器组件的两个副本并行地在不同的机器上运行,它们处理相同的信息。客户进程能够明确地同时连接这两台机器。DCOM 的"分布式组件"通过将处理容错性的服务代码放到客户端使得以上过程对用户应用完全透明。另一种方法是使用另一台机器上运行的一个协作组件,由它代表客户将客户请求发送给那两个服务器组件。

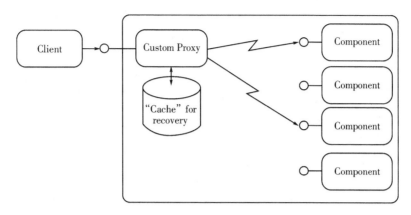

图 9-15　用于容错的分布式组件

当错误发生时试图将一个服务器组件转移到另一台机器上经事实证明是失败的。Windows NT 组的最初版本使用了这一方法，当然它可以在应用级完成。DCOM 的"分布式组件"使得完成这一机能更容易了，并且它对用户隐蔽了实现细节。

DCOM 使得完成高级的容错技术变得更为容易。使用 DCOM 提供的部分在客户进程中运行的分布式组件技术能够使解决问题的细节对用户透明。开发者无需改动客户组件，甚至无需对客户机进行重新配置就能够增强分布式应用系统的容错性。

9.6　配置管理

如果不容易安装和管理，即使是最好的应用系统也是没有用的。对于分布式应用来说，能够集中管理和尽可能简单的客户安装过程是非常关键的。同时，提供一些办法使系统管理员能够在潜在的错误造成任何损害之前尽可能早的发现它，对于分布式应用也是非常必要的。

DCOM 提供了什么技术能够让一个应用更加易于管理呢？

9.6.1　安装

简化客户端安装的一种普遍方法可以概括为一个词："稀薄的客户"，意思是驻留在客户端的机能越少，安装以及可能发生的维护问题也就越少。

然而，客户组件越"稀薄"，整个应用的用户友好度就越低，对网络和服务器的需求也就越高。稀薄的客户还不能充分利用当今桌面办工系统所能得到的强大的计算能力，而由于诸如字处理软件以及电子表格软件这些桌面生产应用系统本身就具有统一而庞大的特性，所以大多数用户对于这种系统的强大的计算能力的需求也不会减弱。因此在正确的级别实现"浓厚"对于分布式应用的设计来说是一个非常重要的决定。DCOM 通过让开发者甚至管理员来选择每个组件的位置来促进配置的简单性和灵活性之间的平衡。可以通过对配置的简单改动使同一个事务组件（例如数据登录检查组件）分别在服务器和客户端执行。应用能够动态地选择所使用的用户界面组件（服务器上的 HTML 产生器或者客户端的 ActiveX 控件）。

保持"肥胖的"客户的一个最大的问题是将这些客户更新到最新版本的问题。现在通过对代码下载的支持，微软的 Internet Explorer 3.0 提供了解决这一问题的一个办法。只要用户在浏览一页页面,微软的 Internet Explorer 就会检查页面中所使用的 ActiveX 控件,并在必要时自动对其进行更新。应用也可以在不明确使用浏览器的时候使用这一被微软直接支持的特性(ActiveX 的 CoCreateClassFromURL 函数)。

在 Windows NT 5.0 中,代码下载的概念被扩展到本地 COM 类库中。这一类库使用扩展目录来储存组件的配置信息和到实际代码的索引,它改变了当前使用的本地登记概念。这个类库将向 Intranet(扩展目录)和 Internet(代码下载,Internet 路径搜索)提供代码仓库,并使它们对已存在的应用完全透明。

安装和更新服务器组件通常不是一个严重的问题。然而,在一个高度分布化的应用中,同时更新所有的客户一般来说是不太可能的。如第一部分中"功能的发展:版本化"部分所述的 DCOM 的健壮的版本化支持允许服务器在保持向后兼容的基础上加入新的功能。服务器组件既可以处理旧客户进程,又可以处理新客户进程。一旦所有的客户都被更新,组件就可以停止对新客户所不需要的功能的支持。

使用代码下载技术以及以后它的扩展技术,类库,管理员能够有效而安全地集中安装和更新客户,并能在不用削减太多功能的情况下将"肥胖的"客户变为灵巧的客户。DCOM 对于健壮性版本化的支持使得无需先更新所有客户就可以更新服务器程序。

9.6.2 管理

安装和更新客户组件的部分工作是对这些组件的配置和对这些配置的保持。DCOM 所涉及的最重要的配置信息是运行客户所需组件的服务器的消息。

使用代码下载和类库技术,我们可以在一个集中位置管理配置信息。对配置信息和安装包的一个简单改动就能够透明地更新所有的客户。

管理客户配置的另一种技术是"负载平衡"部分所描述的指示组件技术。所有客户都连接到指示组件,指示组件中包含所有的配置信息,它向每个客户返回合适的组件。只需改动指示组件就可以改变所有的客户。

一些组件,特别是服务器组件,需要附加的特殊组件配置。这些组件能够使用 DCOM 来显示允许改变配置和恢复现有配置的界面。开发者可以使用 DCOM 的安全性底层框架使得这些界面只能被有合适访问权限的管理员使用。对于加速开发过程的工具的广阔的支持使我们能够很容易地写出使用管理界面的前端界面。同样的界面可以用诸如 Visual Basic Script 或 Java Script 这样的简单脚本语言写的代码来完成自动地配置变换。

代码下载和类库技术可用于集中配置组件,而指示组件方法是一种使配置信息更加集中化的方法。某些组件可以使附加的 DCOM 界面只能被管理员看到并使用,这就使同样的 DCOM 底层结构能够被用来进行组件的配置和管理。

9.6.3 协议无关性

许多分布式应用需要集成到一个顾客或者公司的现存的网络结构中。这时可能需要一个特殊的网络协议,而这需要更新所有潜在的客户,这在大多数情况下是不可能的。因此应用的开发者需要小心地使应用对下面的网络底层结构尽可能地保持独立性。

DCOM 使得这一过程变得透明了:因为 DCOM 能够支持包括 TCP/IP、UDP、IPX/SPX 和 NetBIOS 在内的任何一种传输协议。DCOM 提供了基于所有这些无连接和面向连接的协议的一个安全性框架。开发者能够轻易地使用 DCOM 提供的特性并可以确信他们的应用系统是完全对协议无关的。

9.6.4　平台无关性

分布式应用系统经常要把不同的平台集成到客户端以及服务器端。开发者经常要面对那些平台之间在许多方面的重要差别:不同的用户界面原理,不同的系统服务甚至是整套网络协议的不同。这一切使得使用和综合多平台变得十分困难。

这个问题的一个解决办法是所有平台中最特殊的一个并使用一个抽象层来保存基于所有平台的简单代码。这一方法被传统的跨平台开发框架系统所使用,例如 Java 虚拟机环境。它的实现依赖于对于所有可支持平台都适用的一个代码集甚至二进制代码。

然而,这种简单化是要付出代价的。抽象层的引入带来了额外的开支,并且不能使用与平台有关的一些强大的服务和优化。对于用户界面组件来说,这一方法意味着与别的应用在界面上相似程度会非常少,从而导致使用起来更加困难以及要花更多的钱来进行培训。对服务器组件来说,这一方法对任一平台来说牺牲了协调重要组件的执行性能的能力。

DCOM 技术对于所有的跨平台开发工作都是公开的。它不排斥基于特殊平台的服务和优化,也不会专门适用于某些系统。

DCOM 结构允许将平台无关性框架和虚拟机环境(Java)以及高执行性能、平台优化的顾客组件综合到一个分布式应用中。

9.6.5　平台二进制标准

从某一方面来说,DCOM 定义了一个平台二进制标准,因此顾客和开发者可以将使用由不同卖主提供的工具开发的组件互相混合和匹配起来,甚至可以在不同的 DCOM 运行库中使用它们。虽然 DCOM 运行库的细节可能随着完成时间的不同而改变,但是运行库和组件以及组件之间的相互作用是标准化的。与其他更加抽象的对象摸型不同,使用 DCOM 可以将一个二进制版本的组件分布到一个运行着所有其他组件和运行库的平台上去。

9.6.6　跨平台的互操作性标准

从另一方面来说,DCOM 为面向对象的分布式计算定义了跨平台服务(或抽象),其中包括连接组件、创建组件、组件的定位、激活组件的方法以及一个安全性框架。

除了这些以外,DCOM 仅仅使用了每一个平台上都有的服务来完成多线程化和并发控制、用户界面、文件系统之间的相互作用、非 DCOM 网络的相互作用以及实际的安全性模块。

9.6.7　使用大多数的 DCE RPC

DCOM 的线路协议是基于 DCE RPC 的,所以在一个可以使用 DCE RPC 的平台上实现 DCOM 系统是比较容易的。DCE RPC 定义了经过证实是有效的标准来将存储器中的数据结构和参数变换为网络包。它的网络数据表示标准(NDR)是与平台无关的,并且提供了一套丰富的可用数据类型。

COM 和 DCOM 也借用了 DCE RPC 的全球独特标识符(GUID)的观念。DCE RPC 提供了冲突自由以及不受管制的对象和界面命名机制,这一概念构成了 COM 健壮的版本化的基础。

　　DCOM 的可插拔的安全性模块可以实现同基于 DCE 的安全性环境的无缝结合。现在 Windows NT 4.0 可以作为支持 ORPC ——增强型 DCE RPC(DCOM)的平台和仅仅提供标准 DCE RPC 支持的平台之间的网关。这对于综合别的平台上的许多现存的基于 DCE RPC 的应用是非常有用的,而且还可以使这些应用转化为能够利用 DCOM 的众多优良特性的应用。

9.6.8　和其他 Internet 协议的无缝集成

　　Internet 的内核是一个全球化的、非集中管理和共享的基于 TCP/IP 的网络。它使全球可连接性成为事实。导致 Internet 吸引了众多用户的关键的应用是一个简单、标准化的页面描述语言(HTML)和一个同样简单的文档下载协议(HTTP)。

　　分布式应用可以以多种不同的方式从 Internet 中获得益处。

9.6.9　虚拟私人网络上的 DCOM

　　即使在最低的级别上来说,全球 TCP/IP 网络为公司提供了连接到远方站点和个人用户的新的机会。

　　诸如 Windows NT 4.0 的点到点通道协议(PPTP)之类的虚拟私人网络是使用网络在 Internet 上安全地传递私人信息的一种方式。基于 DCOM 的应用能够透明地移植到虚拟私人网络上。

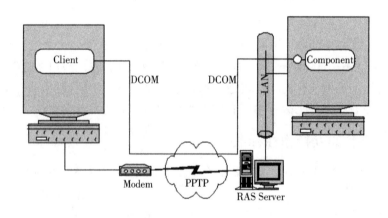

图 9-16　私人虚拟网络上的 DCOM

9.6.10　Internet 上的 DCOM

　　因为 DCOM 天生就是一个安全的协议,它能够无需封装就在一个虚拟私人网络上使用:DCOM 应用能够很容易地使用全球化的 TCP/IP 网络。大多数公司没有提供通过 Internet 对公司的桌面计算机的直接访问。几乎所有的精致复杂的服务器都在防火墙的保护之下,防火墙一般是由协议级(基于端口号)和应用级(代理服务器)过滤器构成的。DCOM 能够在这两类防火墙下很好地工作。

　　DCOM 使用一个端口来初始化连接并将一定范围的端口分配给正在机器上运行的实际

组件,可以很容易地创建应用级的代理。它们既可以是一般的又可以是面向应用的。

　　服务器管理员也可以通过 HTTP 来建立 DCOM 通道,这一通道可以有效地避开现在大多数的防火墙。

　　有了以上这些功能,基于 DCOM 的应用可以使用 Internet 在公司内建立私人连接,和公司外的顾客或合作伙伴的私人通信以及同世界上任何客户的大量的公开的连接。在以上每一种情况下,DCOM 都能在必要时提供灵活的安全机制。

9.6.11　集成 HTML 和分布式计算

　　除了将 Internet 仅仅作为一个便宜的 TCP/IP 网络使用以外,分布式应用还可以利用现存的标准协议和格式的优点。对于无需相互作用的,文本的或者简单的图形信息,HTML 页面可以为用户访问所需信息提供一个著名而有效的方式。

　　对于更加复杂、结构化和相互作用的信息来说,可以用组件来扩展 HTML 页面,使其以一种用户友好、安全和有效的方式实现真正的分布式任务,可以在客户端应用一些简单的事务规则来为用户提供迅速的反馈。更加复杂的事务规则能够透明地激活 DCOM 上的组件。因为 DCOM 的语言独立性,这些组件可以用任何一种编程语言来完成,其中包括 C++、Java、Visual Basic 或者 COBOL。现存的组件(ActiveX 控件)能够被结合到客户端或者用 Visual Basic Script 或 Java Script 写的服务器端顾客组件上。

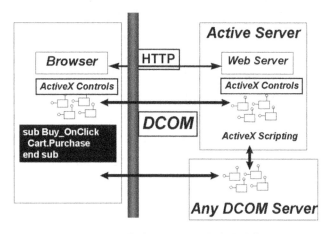

图 9 - 17　集成 HTML 和分布式计算

　　不管开发者是否使用 HTML 元件丰富了分布式应用,或者利用分布式计算的因素丰富了基于 HTML 的"应用",DCOM 都可以提供必要的组件将它们结合起来。

小　结

　　对于组件程序与客户程序不在同一主机的情形,DCOM 则把 COM 的进程模型的透明性拓展为位置透明性,把 COM 中本地跨进程(同一主机不同进程)通信用一个网络协议传输过程来替代,组件程序和客户程序均感觉不到中间发生的过程,只是中间数据传递的路线更长一些。由于 DCOM 的所有扩充对用户均是透明的,因而从用户的角度来看,DCOM 与 COM 几乎没有差别。

第 10 章　COM＋应用

在 Windows 2000 众多功能和特性之中,对于开发人员来说,COM＋是最值得关注的一个焦点。在 Windows 2000 中,我们已经看到了 COM＋的面貌,也感受到了 COM＋将带给我们程序设计和开发过程中思路上的变化。本书旨在从技术的角度对 COM＋作一个基本的介绍,以便开发人员更好地了解 COM＋。

COM＋并不是 COM 的新版本,我们可以把它理解为 COM 的新发展,或者为 COM 更高层次上的应用。COM＋的底层结构仍然以 COM 为基础,它几乎包容了 COM 的所有内容。有一种说法这样认为,COM＋是 COM、DCOM 和 MTS(Microsoft Transaction Server)的集成,这种说法有一定的道理,因为 COM＋确实综合了这些技术要素。但更重要的一点是,COM＋倡导了一种新的概念,它把 COM 组件软件提升到应用层而不再是底层的软件结构,它通过操作系统的各种支持,使组件对象模型建立在应用层上,把所有组件的底层细节留给操作系统。

我们知道,COM 是个开放的组件标准,它有很强的扩充和扩展能力,从 COM 到 DCOM,再到 MTS 的发展过程也充分说明了这一点。对 COM 有使用经验的读者一定可以感觉到,虽然 COM 已经改变了 Windows 程序员的应用开发模式,把组件的概念融入到 Windows 应用中,但是由于种种原因,DCOM 和 MTS 的许多优越性还没有为广大的 Windows 程序员所认识。MTS 针对企业应用和 Web 应用的特点,在 COM/DCOM 的基础上又添加了许多功能和特性,包括事务特性、安全模型、管理和配置等,MTS 使 COM 成为一个完整的组件体系结构。由于历史的原因,COM、DCOM 和 MTS 相互之间并不很融洽,难以形成统一的整体,不过,这种状况很快就要结束,因为 COM＋将把这三者有效地统一起来,形成一个全新的、功能强大的组件体系结构,并且把 DCOM 和 MTS 的各种优势以更为简捷的方式带给 Windows 2000 程序员和用户。

10.1　COM＋基本结构

COM＋不再局限于 COM 的组件技术,它更加注重于分布式网络应用的设计和实现,已经成为 Microsoft 系统平台策略和软件发展策略的一部分。COM＋继承了 COM 几乎全部的优势,同时又避免了 COM 实现方面的一些不足。COM＋紧紧地与操作系统结合起来,通过系统服务为应用程序提供全面的服务,这一部分介绍 COM＋的基本结构。

10.1.1　Windows DNA 策略

在介绍 COM＋结构之前,我们首先看看 Microsoft 推出的 Windows DNA(Distributed interNet Application Architecture)策略,因为 COM＋将在 DNA 策略中扮演重要的角色。Windows DNA 是 Microsoft 多年积累下来的技术精华集合起来而形成一个完整的、多层结构的企业应用总体方案,它使 Windows 真正成为企业应用平台。

　　熟悉 MTS 的读者一定知道,Microsoft 在 MTS 的基础上提出了多层软件结构的概念。从大的方面来讲,一个企业应用或者分布式应用可以分为表现层、业务层和数据层。表现层为应用的客户端部分,它负责与用户进行交互;业务层构成了应用的业务逻辑规则,它是应用的核心,通常由一些 MTS 组件构成;数据层为后台数据库,它既可以位于专用的数据服务器,也可以与业务层在同一台服务器上。MTS 主要位于中间层,它为业务组件提供了一个运行和管理的统一环境。图 10－1(a)显示了这种多层结构的技术组成模型。Windows DNA 是一个简化了的三层结构,如图 10－1(b)所示。

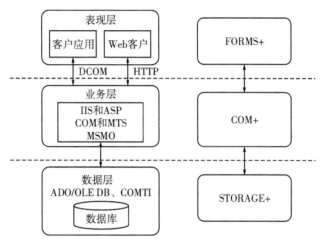

(a) 三层结构技术组成模型　　　(b) Windows DNA 结构

图 10－1　Windows DNA

　　在现有的系统平台以及软件开发工具条件下,为了实现多层结构的企业应用,我们必须使用各种分离的技术,开发人员要学习每一种软件技术,包括使用 Win32 API 以及系统提供的一些服务。图 10－1(a)列出了某些可能用到的软件或者技术,学习这些知识本身就不是一件轻松的事情,更何况要开发出优秀的应用程序来。在 Windows 平台上使用过这些技术的程序员一定深有体会。

　　图 10－1(b)则要简明得多,这是一个尚未实现的结构模型,但是 Microsoft 正在朝这个方向努力。在表现层,我们现在开发应用程序,要么使用 Win32 API 开发客户应用,要么利用 HTML 或 DHTML 直接把浏览器用作客户应用。在 DNA 结构中,FORMS＋还只是一个技术框架,它将把 Win32 GUI 和 Web API 结合起来,并朝着 DHTML 的方向发展,我们可以从已经发布的 Microsoft Internet Explorer 5 的结构模型中看到 FORMS＋的一些端倪。在数据层,STORAGE＋还只是一种提法,不过 Microsft 已经把数据库接口从 ODBC 转移到 ADO 和 OLE DB 上,这将最终促进数据层接口技术的统一。

　　在中间业务层,COM＋已经成为现实,它以系统服务的形式把原先散落的众多技术综合起来,并提供简单的编程模型,以直接应用层的编程接口为应用程序提供服务。COM＋是 DNA 结构的核心,是企业应用或者分布式应用的基本工具。

10.1.2 COM＋基本结构

COM＋的基本结构并不复杂,简单说起来,它把 COM 和 MTS 的编程模型结合起来,同时又增加了一些新的特性。

从 COM 的发展角度来看,COM 最初作为桌面操作系统平台上的组件技术,主要为 OLE 服务。但是随着 Windows NT 与 DCOM 的发布,COM 通过底层的远程支持使组件技术延伸到了分布式应用领域,充分体现了 COM 的扩展能力以及组件结构模型的优势。MTS 为 COM 增添了许多新的内容,弥补了 COM 和 DCOM 的一些不足,它注重于服务器一端的组件管理和配置环境。COM＋进一步把 COM、DCOM 和 MTS 统一起来,形成真正适合于企业应用的组件技术。COM、DCOM、MTS 以及 COM＋的结构关系如图 10－2 所示。

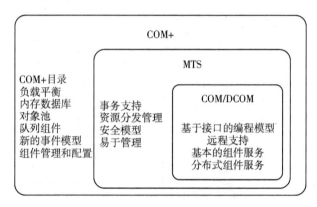

图 10－2 COM＋组成结构图

COM＋不仅继承了 COM、DCOM 和 MTS 的许多特性,同时也新增了一些服务,比如负载平衡、内存数据库、事件模型、队列服务等。COM＋新增的服务为 COM＋应用提供了很强的功能,建立在 COM＋基础上的应用程序可以直接利用这些服务而获得良好的企业应用特性。

COM＋还提供了一个比 MTS 更好的组件管理环境,如图 10－3 所示。COM＋管理程序

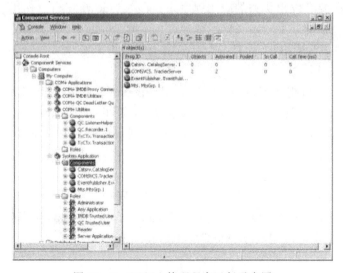

图 10－3 COM＋管理程序运行示意图

(COM＋ Explorer)也采用了 MMC(Microsoft Management Console)标准界面。对应于 MTS 中的包(Package)，COM＋称之为 COM＋应用(COM＋ Application)，每一个 COM＋应用也包括一个或多个 COM＋组件以及与应用有关的角色信息。通过 COM＋管理程序，我们可以设置 COM＋应用和 COM＋组件的属性信息，比如组件的事务特性、安全特性等等。如图 10－4所示。

图 10－4　COM＋组件的属性配置示意图

我们知道，COM 和 MTS 把组件的所有配置信息都保存在 Windows 的系统注册表中，然而，COM＋的做法有所不同，它把大多数的组件信息保存在一个新的数据库中，称为 COM＋目录(COM＋ Catalog)。COM＋目录把 COM 和 MTS 的注册模型统一起来，并提供了一个专门针对组件的管理环境。我们既可以通过 COM＋管理程序检查或设置 COM＋目录信息，也可以在程序中通过 COM＋提供的一组 COM 接口访问 COM＋目录信息。

COM＋一方面提供了许多新的服务和一个一致的管理环境，另一方面它支持说明性编程模型(declarative programming model)，也就是说，开发人员可以按尽可能通用的方式开发组件程序，把一些细节留到配置时刻再确定。举例来说，我们开发一个 COM＋组件，它支持负载平衡特性，但是我们在开发组件的时候，并不确定它是否使用负载平衡特性，而把是否支持负载平衡特性留待配置时刻再作决定。有的应用可能会需要负载平衡特性，而有的应用可能并不需要，我们可以通过 COM＋管理程序配置组件的属性来决定组件是否支持负载平衡特性。MTS 安全模型实际上是一个典型的说明性编程技术，它把组件的安全角色信息留到配置时刻再给出确切的定义，而非编程时刻。COM＋继承了 MTS 的安全模型。

利用 COM＋的服务和管理工具，以及随后发布的一些开发工具，开发一个 COM＋组件要比开发一个 COM 组件容易得多，因为 COM＋组件实际上是建立在 COM＋系统服务基础上的应用程序，我们可以避免底层繁琐的细节处理。通过 COM＋系统服务，我们在获得可靠性的同时，也使我们的组件或者应用程序更趋于标准化，在更广泛的范围内体现组件或者应用的多态性。

10.1.3　对象环境

COM＋组件的可管理性和可配置性是如何获得的呢？如同 MTS 组件一样，COM＋为每一个对象提供了一个对象环境（object context），COM＋系统可以在创建 COM＋对象的时候为其分配一个环境对象，这种技术也被称为截取（intercept），下面的步骤可以进一步说明截取的概念：

①组件对象通过说明性属性（declarative attributes）指定它的一些基本要求；

②当客户程序调用 CoCreateInstance 函数时，COM＋系统检查客户代码是否运行在与对象类兼容的对象环境中；

③如果客户代码的运行环境与对象类所要求的兼容，那么不必使用截取技术，直接创建对象并返回对象的接口引用；

④如果不兼容，那么 CoCreateInstance 函数切换到一个与对象类兼容的环境中，然后创建对象并返回一个代理对象；

⑤在以后的接口方法调用过程中，代理对象在调用前和调用后都要做一些处理以便方法的运行环境能够满足对象的要求。

COM＋引入了环境（context）的概念，它是指共享同一套运行要求的对象集合。由于不同的对象类可能使用了不同的配置信息，所以一个进程通常包含一个或多个环境，这些环境的配置互不兼容。所有无配置信息的对象都驻留在调用方的环境中。每一个环境都有一个对象，即对象环境，运行在此环境中的对象可通过 CoGetObjectContext API 函数得到此对象环境，利用对象环境的 IObjectContextInfo 接口可以访问到环境的属性信息。

COM＋的对象引用即客户拥有的对象接口指针与环境相关，所以我们不能简单地把对象引用从一个环境传递到另一个环境。当客户从一个环境调用到另一个环境中的对象时，中间必须经过代理对象和存根代码，由代理对象截取调用，负责进行环境切换，这个过程类似于 COM 的跨进程列集（marshaling）处理，如图 10－5 所示。

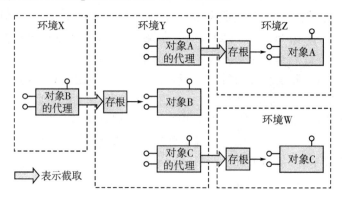

图 10－5　跨环境调用示意图

从图 10－5 我们可以看出，环境与 COM 线程模型中的套间（apartment）非常类似，当对象引用（即对象接口指针）从一个环境传递到另一个环境时，它也要经过列集（marshaling）处理，即调用 CoMarshalInterface 和 CoUnmarshalInterface 函数。这样才能保证客户代码和对象分别在自己的环境中执行，对于支持事务特性、安全特性或其他特殊要求的应用，这是很重要的。

虽然跨环境的调用必须经过代理和存根代码,但是这并不意味着需要经过线程切换,这是环境与套间的重要区别。在跨套间调用过程中,影响性能的主要因素在于线程切换,而不是参数列集(marshaling)和散集(unmarshaling)处理,因此跨环境调用比跨套间调用的效率可能要高得多。COM＋引入了环境概念,但套间的概念仍然存在,两者的区别在于,套间是线程模型的基本单元,而环境则是列集机制的基本边界。环境和套间没有包含关系,一个环境中的对象可以运行在不同的套间,此时跨套间调用也必须经过代理对象;一个套间中的对象也可以包含多个环境对象,此时跨环境调用也必须经过代理对象。

从以上对 COM＋的介绍我们可以看出,COM＋的底层结构仍然以 COM 为基础,但在应用方式上则更多地继承了 MTS 的处理机制,包括 MTS 的对象环境、安全模型、配置管理等。但 COM＋并不是对 COM 和 MTS 进行简单的封装,它也引入了许多新的内容,正是这些新特征使得 COM＋更加适合于企业应用的组件对象模型,这些新特征通过一组系统服务来体现,下一部分介绍这些系统服务。

10.2　COM＋系统服务介绍

COM＋的系统服务充分体现了 COM＋的特征,通过这些系统服务,我们可以很容易地开发出多层结构的应用系统,因为这些系统服务本身已经满足了多层应用的一些基本要求。COM＋以系统服务的形式为应用提供了许多新特性,这有多方面的好处,首先,客户或者组件程序可以直接利用这些系统服务,避免了底层的细节处理,减少开发成本,降低代码量,同时也减小了犯错误的可能性;其次,有一些系统服务涉及到较复杂的逻辑,可能要访问底层的系统资源,应用层很难实现这些系统服务;另外,使用系统服务可增强可靠性,因为这些系统服务已经经过严格的测试,应用系统要获得同样的可靠性需要很高昂的代价。

COM＋的系统服务有的从 MTS 继承过来,有的是新增加的。这一部分重点对新增的一些系统服务作初步的介绍,包括队列组件、负载平衡、内存数据库和事件服务,最后介绍其他一些在 MTS 中已经引入的,但 COM＋又增强了的系统服务,包括事务、对象池、安全模型以及管理特性。

10.2.1　COM＋队列组件

我们知道,COM 客户与远程组件之间的交互是基于 RPC 连接的,客户连接到一个组件对象,请求指定的接口,然后通过接口指针执行同步调用。虽然 COM 也允许异步调用,但客户与组件的生存期必须保持一致,调用必须在连接有效期范围内进行。

COM＋除了支持这种基于 RPC 连接的运行方式,它还支持另一种运行模式,我们称为基于消息的通信过程,它可以有效地把客户与组件的生存期分离开。这种模式通过 COM＋的队列组件服务实现,图 10－6 是队列组件的基本模型结构。

队列组件并没有使用直接的 RPC 连接,而是采用了底层的消息系统 MSMQ(Microsft Message Queue Server)。通过底层的队列机制,客户与组件的生存周期可以被分离在不同的时间点上。客户程序不再直接调用组件对象,它利用消息机制与组件对象进行通信,即使组件对象并没有运行,客户程序仍然可以执行操作。

COM＋应用可以以透明方式支持同步和异步两种调用方式,当客户和组件程序建立了连

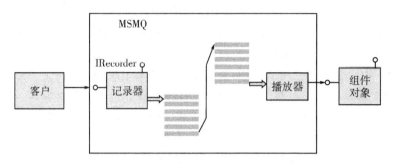

图 10-6　队列组件模型结构图

接之后,客户以同步方式直接调用组件的方法;如果客户与组件没有建立直接的连接,那么客户以异步方式与组件进行通信。如果组件对象被标识为"队列化",那么它支持队列方式运行,于是一个被称为"COM+记录器"的代理对象自动把所有该组件的调用请求记录到一个永久队列中,该队列被保存在客户机上;以后当客户机连接到网络上,位于服务器上的"COM+播放器"从永久队列中获得调用信息,执行真正的调用操作。队列组件以透明的方式把同步和异步两种程序运行方式统一在一个单一的编程模型中,所以 COM+应用系统为获得异步特性并不需要作额外的工作。我们仍然可以按通常的方式开发组件和客户程序,但是由于队列方式的特殊性,所以组件必须满足两个限制条件:第一,组件的接口成员函数只能有输入参数,不能包含输出参数,这些输入参数将被传递到 MSMQ 消息中;第二,组件接口成员函数的返回值 HRESULT 的含义不能与应用相关,它不标识与应用有关的信息。

在队列组件的异步交互过程中,客户程序创建一个组件对象,它实际上创建了一个记录器代理对象,所有的调用都通过记录器进行,记录器把调用请求记录下来,然后通过 MSMQ 传递到服务器组件,服务器上的播放器再执行这些方法调用。使用这种异步方法的难点在于,客户程序如何获得返回信息,这包含几种可能情况以及解决办法:第一,客户并不关心执行结果;第二,我们可以用响应队列来实现客户程序;第三,客户也可以把自己的一些特征信息传递给组件对象,以便组件对象以同样异步的方式通知客户应用。选择什么样的解决方法取决于应用的需要,我们可以灵活使用各种技术。

队列组件对于分布式应用非常有意义,尤其是在慢速网络上运行的应用系统,这种机制可以保证应用系统能够可靠地运行。在应用系统包含大量客户节点但服务器数量又比较少的情况下,客户应用程序可以把它们的请求放到队列中,当服务器负载比较轻的时候再处理这些请求,因此队列机制也从另一个角度实现了应用系统的负载平衡以及可伸缩特性。

10.2.2　COM+事件模型

COM 不仅定义了客户调用组件对象的通信过程,它也定义了反向的通信过程,这就是 COM 可连接对象(connectable object)机制。组件对象定义了出接口(outgoing interface)的所有特征,客户程序实现出接口,当客户程序与对象建立连接之后,客户通过连接点对象建立它与客户端接收器对象之间的反向连接。实际上,这时的连接点对象成了接收器对象的客户方。

COM 的可连接对象有很大的优势,它的扩展能力非常强,几乎总是可以满足应用的需要。但是从实际应用的情况来看,它也存在一些缺点,表现在以下几个方面:第一,事件源和客户方紧紧绑定在一起,双方程序代码依赖于出接口的定义,我们必须在编译时刻知道对方的信息;第二,源对象需要编写大量代码来支持这种机制,尤其是为了支持多通道事件;第三,连接点接口的设计模式并没有考虑到分布式环境的特点,所以它在分布式环境下并不很有效。

COM＋事件模型改进了 COM 的可连接对象机制,它采用了多通道的发布/订阅(multicasting publish/subscribe)事件机制,它允许多个客户去"订阅"事件,这些事件由各种组件对象"发布"。COM＋事件服务维护一个事件数据库,数据库包含各种事件、发布者、订阅者以及所有的订阅信息。当发布者激发事件时,COM＋事件服务对事件数据库中有关的订阅信息进行检查,然后通知对应的订阅者。COM＋事件模型的基本结构如图 10 - 7 所示。

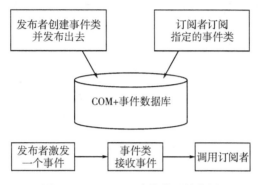

图 10 - 7　COM＋事件模型结构图

COM＋事件模型通过事件类来传递源对象的出接口事件信息,以便它可以与客户方的入接口事件方法相匹配,这种方式与 COM 可连接对象机制很类似,所以老式的 COM 组件和客户程序可以很方便地使用新的 COM＋事件模型。

COM＋事件模型用中心服务和中心管理的方式把发布者与订阅者之间的依赖关系分离开,它用事件类作为发布者和订阅者之间的中间对象,发布者必须通过事件类发布信息。事件类是由 COM＋事件服务提供的对象,它实现了事件接口,所以对于发布者来说,它扮演了订阅者的角色。当发布者要激发事件时,它创建一个事件类对象,调用相应的事件方法,然后释放对象的接口。COM＋事件服务会决定如何通知订阅者,决定什么时候通知订阅者。如同队列组件情形一样,发布者和订阅者的生存时间可以被分离,从这个意义上讲,所有事件接口函数只能包含输入参数。

订阅者订阅事件也很方便,它只要通过 COM＋事件服务创建一个订阅对象,并注册到事件数据库中,以后它就会接收到来自发布者的事件通知。

COM＋事件系统不仅仅为应用程序提供事件服务,它也为操作系统的内部实现提供事件服务,比如,它也用来实现 Windows 2000 的底层系统事件通知服务(SENS),包括用户登录事件、网络连接事件等等,我们可以创建和注册一个订阅对象来接收这些系统事件。这是 COM＋事件系统的一个应用,当然接收这种系统事件必须符合一定的安全策略。

10.2.3　负载平衡

负载平衡是分布式应用的一种高层次需求,如果没有很好的工具支持,那么实现负载平衡需要付出很大的代价。我们可以使用 DCOM 和 MTS 的配置特性实现静态负载平衡,但是要实现真正的动态负载平衡并不容易,我们很难根据当前系统的负载状态把对象创建请求传递到负载最轻的机器上,我们必须编写大量的代码来间接支持这种特性。

COM＋提供了一个负载平衡服务,它可以以透明方式实现动态负载平衡。但是为了使组件支持负载平衡,首先我们必须定义一个应用群集(application cluster),应用群集是指一组已经安装了服务器端组件的机器(至多可达 8 台机器),然后我们把一台机器配置成负载平衡路由器(router),负载平衡路由器会把对象的创建请求传递到应用群集中的某一台机器上。

COM＋负载平衡以 NT 系统服务的形式运行在路由器机器上,当路由器的 SCM(Service Control Manager)接收到远程创建对象请求时,它把请求传递到负载最轻的机器上。实现负载平衡的一个难点是如何确定应用群集中的哪台机器是负载最轻的。COM＋负载平衡引擎使用缺省的负载平衡算法,它根据每台机器上每个对象实例的方法调用的响应时间作为参考值计算出负载平衡参数,这种算法不一定是最佳算法,但对于大多数应用已经足够了。COM＋也允许应用程序使用自定义的负载平衡引擎。

COM＋负载平衡应用模型中对象创建过程如图 10-8 所示。

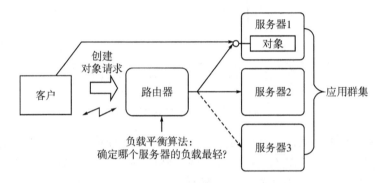

图 10-8　负载平衡模式下对象创建示意图

客户程序仍然可以按通常的方式创建远程对象,在 CoCreateInstanceEx 函数中指定路由器机器名,当创建成功之后,它得到的对象实例运行在当前负载最轻的服务器上。路由器检查COM＋目录,看请求创建的组件对象是否支持负载平衡,如果是,则它根据路由算法,把创建请求路由到负载最轻的服务器上。然后,应用群集中的服务器接收到创建请求之后,它就创建对象,并把对象引用直接返回给客户机。因此,一旦对象已经被成功创建,那么客户与对象之间的连接是直接进行的,而不必再通过路由器。

COM＋应用程序的负载平衡特性并不需要编写代码来支持,客户程序和组件程序都可以按通常的方式实现。因此,获得负载平衡特性不是一种程序设计和开发的行为,而是一种配置行为,通过配置实现分布式应用程序的负载平衡。当然我们在编写负载平衡组件时,要避免使用与当前机器环境相关的信息,比如当前机器的名字或者依赖与本地机器上某个路径下的某个文件,等等。

10.2.4　内存数据库(IMDB)

COM＋的内存数据库(In Memory Database)服务是一个全新的服务,它用于保存应用的非永久状态信息。我们知道,对于以数据为中心的应用软件,为了提高系统的运行效率,它应该尽可能让更多的数据驻留在内存中,尤其是客户程序频繁访问的数据信息。IMDB 是一个驻留在内存中的支持事务特性的数据库系统,它可以为 COM＋应用程序提供快速的数据访问。

　　IMDB 的基本功能在于优化数据查询和数据获取,它可以装载后台数据库系统中的数据表,也可以装载应用程序的非永久数据信息。使用 IMDB 的最典型的例子是 Web 应用,它把客户频繁访问的数据信息放在 IMDB 中,以便成百上千的客户得到快速的响应。因为物理内存容量越来越大,并且价格越来越便宜,所以通过 IMDB,我们只要增加物理内存就可以提高系统的响应速度,而且把频繁访问的数据从数据层移到业务层可以有效地减少网络流量。图10－9 给出了基于 IMDB 的 Web 应用基本结构。

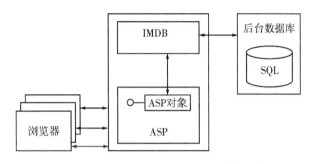

图 10－9　基于 IMDB 的 Web 应用结构示意图

　　IMDB 的接口为 OLE DB 和 ADO,所以组件对象可以通过这些标准接口访问 IMDB。由于 IMDB 是内存中的数据库,所以 IMDB 只对本机器上的 COM＋组件有效,也就是说,IMDB不支持分布式概念,并且多个 IMDB 机器不能装入同一个数据表,如果多个组件要共享 IMDB中的信息,那么这些组件必须运行在同一台机器上。

　　IMDB 以 NT 系统服务的形式运行在服务器上,在服务启动时,IMDB 从后台数据库中把所有指定的数据表装入到共享内存中。IMDB 以整个数据表为单位装载数据,如果内存不够,装不下整个表,那么 IMDB 会产生错误。组件对象通过进程内代理对象访问 IMDB 中的数据表。因为 IMDB 为了使数据访问尽可能快速,它并没有实现 SQL 查询处理器,所以我们不能使用 SQL 命令访问 IMDB 数据,只能通过标准的 ISAM 技术访问 IMDB 数据,也就是说我们必须通过索引访问数据。

　　IMDB 不仅可以把数据表缓冲起来,它也可以管理应用系统的非永久状态信息,如果运行在同一台机器上的不同组件需要共享大量的信息,那么选择 IMDB 是一个理想的解决方案。

10.2.5　对其他服务的增强

　　前面介绍的几个系统服务是 COM＋针对分布式应用新增加的服务,这些服务以及其他一些原先在 MTS 中已经提供的服务合起来构成了 COM＋的底层服务体系。我们知道,COM已经提供了组件对象与客户程序之间的基本通信过程,包括对象创建、跨进程机制、接口管理等等,而 COM＋提供的底层服务则着眼于一些高层次的应用需求,特别是构建大型软件系统或者分布式软件系统需要支持的一些特性。下面对 COM＋在 MTS 基础上增强的一些服务作一简要说明。

　　(1) 事务特性

　　事务允许组件可以把一组独立的操作形成一个整体操作,事务操作要么成功,要么失败。COM＋仍然支持 MTS 的事务语义,通过 SetAbort 或 SetComplete 完成事务操作。COM＋还支持其他的事务操作模式,如果一个对象被标为"AutoAbort",那么在事务操作过程中,若发生异常,则系统自动调用 SetAbort。同样地,如果一个对象被标为"AutoComplete",那么在每一个方法调用之后,除非此方法显式调用了 SetAbort,否则系统会自动调用 SetComplete。而且 COM+还支持 BYOT(Bring Your Own Transaction),即允许 COM+组件参与非 MTS 事务处理环境管理的事务。

(2) 安全性

COM+的安全模型仍然沿用了 MTS 的基于角色的安全模型,根据用户的角色访问应用的有关功能模块。这种安全模型需要开发人员与管理人员协同完成,在开发阶段,开发人员负责定义各种角色,并且在实现组件功能时,只允许指定角色的用户才可以执行这些功能;在配置阶段,管理员负责为所有的角色指定有关的用户账号。COM+扩充了 MTS 安全模型,它允许开发人员和管理员指定到方法一级的安全控制,在 MTS 安全模型中,我们只能在 MTS 包一级指定安全角色。通过 COM+对象环境信息,COM+的安全模型更为细致,比如,它允许开发人员控制每一个接口、或者每一个方法如何扮演客户,等等。

(3) COM+对象池

对象池是指把对象的实例保留在内存中,以便当客户请求创建对象时可以马上用到这些对象。对象池如同 IMDB 一样,完全是出于效率考虑的原因,用来建立大型的应用系统。对象池的概念在 MTS 2.0 中已经被引入了,因为 MTS 组件的 IObjectControl 接口的三个成员函数 Activate、Deactivate 和 CanBePooled 用于对象池的管理。但是 MTS 2.0 实际上并没有支持对象池,也就是说,不管对象是否支持对象池缓存操作,它的 IObjectControl::CanBePooled 函数永远不会被调用到。COM+继承了 MTS 对象池的概念,并且真正实现了对象池的功能。

(4) 管理服务

在前面已经介绍了 COM+管理程序,它代替了 MTS 管理程序(MTS Explorer)和 DCOM 配置程序(DCOMCNFG.EXE)。对于多层结构应用,COM+管理程序是个不可缺少的工具,应用系统的安全特性以及事务特性等基本配置都需要通过管理程序实现。由于 MMC 界面操作简单、直观,所以管理员无须学习其他的管理工具,就可以配置所有的应用系统。而且 COM+管理程序支持脚本语言,因此,开发人员和管理员可以创建一些脚本代码以便实现管理工作的自动化。COM+还引入了一个新的"ApplID",它是一个 128 位 GUID,标识一个与一组属性值相联系的 CLSID。通过"ApplID",管理员可以为应用配置和维护多个版本。

这一部分重点讨论了 COM+的各个系统服务,尤其是 COM+新增加的几个系统服务,这些系统服务使 COM+更加适合于分布式应用的开发。有些系统服务并不需要 COM+应用通过编程来获得,比如负载平衡和队列组件服务等;而有的服务则可以简化编程模型,比如事件服务;其他有一些服务可以用来提高系统的性能,比如内存数据库、对象池等。

10.3　COM+应用开发

在介绍了 COM+的基本概念以及系统服务之后,第三部分我们讨论 COM+应用开发的一些问题。首先我们讨论从 COM 转向 COM+对于应用开发模式带来的变化,然后介绍基于属性的 C＋＋编程语言。

10.3.1　应用开发支持

COM 规范的一个重要特征是它定义的 COM 接口与开发语言无关,因此我们可以在各种开发语言中实现 COM 对象或者使用 COM 对象,事实也确实如此。但是,我们可以发现,虽然 COM 与 C＋＋的二进制结构最为接近,但我们在 C＋＋语言中实现 COM 对象并不轻松,编写一个 C＋＋类与实现一个 COM 对象有很大的差别,即使使用了 MFC 或者 ATL 这样的类库或模板库,我们仍需要学习 COM 的一些底层知识,否则难以编写出正确无误的组件程序。

用过 Visual Basic 6.0 的读者一定有这样的体会,在 VB6 中编写自动化(automation)组件非常简单,只要按常规的方法编写“Class Module”即可实现 COM 组件。VB6 编译器承担了所有的底层细节处理任务,对于程序员而言只是一些“Class Module”。虽然这种开发模式限制了程序员的控制能力,但对于大多数情况,VB6 不失为一个快速实现 COM 组件的开发环境。

COM＋推出之后,它的开发模式也将有一些转变,尤其对于 Visual C＋＋程序员,在编译时刻程序员可以在代码中使用一些说明性的语句来设置 COM＋组件的属性,比如 CLSID、ProgID、线程模型以及双接口等,如果不指定这些属性,编译器将使用缺省值。以前我们为了使 COM 组件支持某些非缺省的特性,必须通过编写代码来实现这些特性,所以程序员一定要对各种特性了解得非常清楚才能够编写出正确的代码来,这也是实现 COM 组件的一个难点。COM＋一方面与操作系统紧密结合,另一方面从开发的角度来讲,COM＋进一步与编译器结合,它扩展 C＋＋的一些语法,使得我们可以在代码中描述 COM＋特性,然后由编译器直接提供这些特性的支持,从而减少程序员的工作量,提高 COM＋组件的生产效率。

在代码中利用说明性的语句指示编译器产生与 COM＋组件有关的元数据(metadata),COM＋运行系统将利用这些元数据管理 COM＋组件。从某种意义上讲,我们可以认为元数据是一些类型库信息,所以,实际上支持 COM＋组件的 C＋＋开发系统将把 IDL/ODL 的语法与 C＋＋语法结合起来。后面讲到基于属性的编程模型时我们将会看到这种情况。

全面支持 COM＋组件的开发工具是在 Windows 2000 发布之后。作为一种兼容的方案,在现在的 Visual C＋＋版本中,编译器仍然只支持原先的 C＋＋语法,当它在预处理过程中,碰到说明性的描述信息时,它把这些属性信息交给属性分析器去处理,属性分析器是一个编译扩展模块,它把属性信息转换成 C＋＋代码,然后送回编译器,编译器再把这些源代码编译到目标代码中。属性分析器产生的其他一些信息,比如类型信息,也被编入最终代码。编译器的结构如图 10 - 10 所示。

10.3.2　基于属性的 C＋＋编程语言

基于属性的编程模型将直接把 COM＋组件的属性信息写到 C＋＋源代码中,指导编译器产生 COM＋组件,这样可以使程序员不必编写底层的处理代码,因为这些代码对于几乎所有的组件都差不多,因此让开发工具直接产生这些代码可避免重复劳动。这种方式比 MFC 的宏以及 ATL 的模板类更为直接。

属性并没有影响基本的 C＋＋语义,并且属性的语法也比较简单。属性可以用在任何说明性的语句前面,比如 C＋＋类的声明、变量的声明都可以在其前面用方括号指定其属性。需

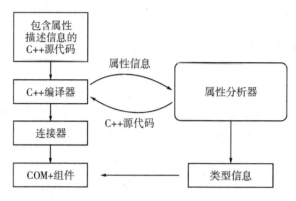

图 10-10　COM＋组件编译过程示意图

要注意的是,通常我们不在类型或者实例定义语句中指定属性信息。下面的代码说明了属性的用法:

```
[
    uuid("346bf467 - 3467 -  d211 - 23c6 - 000000000000"),
    helpstring("IMyInterface Interface"),
]
interface IMyInterface : IUnknown
{
    HRESULT Func1 ( [in] long, [out,retval] long *  );
    HRESULT Func2 ( [in] long, [out,retval] long *  );
};
[
    coclass,
    progid("MyComp.MyObj.1"),
    uuid("346bf468 - 3467 -  d211 - 23c6 - 000000000000"),
    helpstring("MyObj Class")
]
class CMyObj : public IMyInterface
{
    public:
    CMyObj ();
    // IMyInterface
    public:
    HRESULT Func1 ( [in] long, [out,retval] long *  );
    HRESULT Func2 ( [in] long, [out,retval] long *  );
    ...
};
```

如果读者熟悉 IDL 或者 ODL 语法,那么对上面例子中的属性描述一定非常清楚。Visual

C＋＋的属性分析器分析属性关键字,并产生相应的 C＋＋源代码(实际上是 ATL 代码)。下表列出了属性分析器支持的一些常用属性关键字。

表 10 - 1　常用属性关键字列表

属性关键字	说明
coclass	加入 COM 特性支持,产生相应的 IDL 文件
dual	把一个接口标记为双接口,支持两种访问方式:vtable 或者 IDispatch
emitidl	指示后续所有的属性信息都被写到 IDL 文件中
id	指定自动化接口中方法的分发 ID(DISPID)
in/out	指定参数的传递方向
progid	指定组件的 ProgID
retval	指示此参数为方法的返回值
threading	指定组件的线程模型
uuid	指定类、类型库或者接口的 GUID 标识
module	指定组件程序的信息,包括程序类型、文件名、类型库 GUID、版本等信息

基于属性的编程模型为 Visual C＋＋程序员开发 COM＋组件提供了捷径,它避免了MFC 宏定义和 ATL 模板类。属性编程模型还包括其他一些语义或语法,比如事件定义、对象构造等。

小　结

虽然 COM＋仍然以 COM 和 MTS 为底层基础,但是由于它定位的原因,所以 COM＋新增加的内容较多。与 COM 相比较,COM＋与 Windows 操作系统结合得更为紧密,反过来,Windows 操作系统也更加依赖于 COM＋;与 MTS 相比较,COM＋更加适合于分布式应用的开发,它提供了许多大型分布式应用系统才可能用到的一些功能。

COM＋标志着 Microsoft 的组件技术达到了一个新的高度,它不再局限于一台机器上的桌面系统,它把目标指向了更为广阔的企业内部网,甚至 Internet 国际互联网络。COM＋与多层结构模型以及 Windows 操作系统为企业应用或 Web 应用提供了一套完整的解决方案。

第 11 章 .NET 组件技术

所有的软件技术和思想的出现都是为了解决软件开发的复杂性，Windows 平台上的软件开发始终贯穿着组件技术的思想，从最初的动态链接库到 COM，再从 COM＋/DCOM 在到现在的中间件，.NET 是组件思想走过的轨迹。.NET 是微软提出的用来实现 XML、Web Services、SOA（面向服务的体系结构 Service Oriented Architecture）的最新技术。.NET 框架（.NET Framework）是微软为技术人员提供的具体的软件开发平台，其致力于敏捷软件开发、快速应用开发、平台无关性和网络透明化开发。作为微软的新一代技术平台，.NET 框架的目标是为敏捷商务构建互联互通的应用系统，这些系统是基于标准的、联通的、适应变化的、稳定的和高性能的。.NET 框架是一个多语言组件开发和执行环境，它提供了一个跨语言的统一编程环境，便于开发人员更容易地建立 Web 应用程序和 Web 服务，使得 Internet 上的各应用程序之间，可以使用 Web 服务进行沟通。

.NET 是经过全新设计的，旨在简化组件的开发和部署，并支持各种编程语言间的互操作。.NET 的应用范围广泛，其组件可用于创建多种多样的基于组件的应用程序，既包括独立的桌面应用程序，也包括基于 Web 的应用程序和服务。当然，.NET 不仅仅是一种组件技术，事实上它是一整套技术的总称。.NET 提供了许多专门的应用程序框架，其中包括用于富 Windows 客户端的 Windows Forms，用于数据访问的 ADO.NET，用于 Web 应用的 ASP.NET，用于公开和使用远程服务（这些服务使用 SOAP 和其他基于 XML 的协议）的 Web Services。.NET 至今已经历了长足的发展以及充分的完善，引入了众多的组件技术思想，其主要发展历程如表 11-1 所示。

表 11-1 .NET Framework 发展历程

版本	发行日期	Visual Studio 版本	Windows 默认安装
1.0	2002-02-13	Visual Studio .NET 2002	Windows XP
1.1	2003-04-24	Visual Studio .NET 2003	Windows Server 2003
2.0	2005-11-07	Visual Studio 2005	
3.0	2006-11-06		Windows Vista Windows Server 2008
3.5	2007-11-19	Visual Studio 2008	Windows 7 Windows Server 2008 R2
4.0	2010-04-12	Visual Studio 2010	
4.5	2012-02-20	Visual Studio 2012 RC	Windows 8 RP Windows Server 8 RC

11.1 .NET 框架

.NET Framework 是用于 Windows 的一种新托管代码编程模型。从层次结构来看，.NET框架包括三个主要组成部分：公共语言运行时（CLR：Common Language Runtime）、服务框架（Services Framework）和上层的两类应用模板——传统的 Windows 应用程序模板和基于 ASP.NET 的面向 Web 的网络应用程序模板。一个.NET 应用是一个使用.NET Framework 类库来编写，并运行于公共语言运行时 Common Language Runtime 之上的应用程序。

.NET Framework 是以一种采用系统虚拟机运行的编程平台，以公共语言运行时为基础，支持多种语言（C♯、VB、C++、Python 等）的开发。.NET 也为应用程序接口（API）提供了新功能和开发工具，这些革新使得程序设计员可以同时进行组件和服务（web 服务）的开发。.NET Framework 覆盖了在操作系统上开发软件的所有方面，为集成 Microsoft 或任意平台上的显示技术、组件技术和数据技术提供了最大的可能。创建出来的整个体系可以使 Internet 应用程序的开发就像桌面应用程序的开发一样简单。.NET Framework 实际上"封装"了操作系统，把用.NET 开发的软件与大多数操作系统特性隔离开来，例如文件处理和内存分配，这样为.NET 开发的软件就可以移植到许多不同的硬件和操作系统上。

11.1.1 .NET 框架结构

表 11-2 显示了.NET Framework 的主要组件。

表 11-2 .NET Framework 框架结构

.NET Framework 外部接口的类			
ASP.NET	Windows 窗体	Windows Presentation Foundation	Windows Communication Foundation
Web 窗体	控件和窗体		
Web 服务	绘图功能	页面、动画等	管道、端点等
.NET Framework 用于内部和本地的基类			
ADO.NET	XML	线程处理	IO	工作流
组件模型	安全性	诊断	异常	其他
公共语言运行库			
内存管理	公共类型系统	生命周期监控	JIT 编译器

可以看到，.NET Framework 的底层是内存管理和组件加载层，最高层提供了显示用户和程序界面的多种方式。在这两者之间的层仅提供开发人员需要的任一系统级功能。底层公共语言运行库是.NET Framework 的核心，是驱动关键功能的引擎。它包括数据类型的公共系统等。这使得公共类型和标准接口约定使跨语言继承成为可能。除了内存的分配和管理之外，CLR 还负责对象引用的跟踪，处理垃圾回收。中间层包括下一代的标准系统服务，例如管理数据和 XML 的类。这些服务在架构的控制之下，可以在各处通用，而且在各种语言中的用法也一致。顶层包括用户和程序界面。

11.1.2   .NET 公共语言运行库

.NET CLR 提供一个公共上下文来执行所有的.NET 组件,而不考虑具体的编写语言。CLR 管理代码运行时的方方面面,包括提供内存管理,安全的运行环境,以及访问底层操作系统服务。因为 CLR 管理着代码行为的这些方面,所以针对 CLR 的代码被称为托管代码。CLR 提供了足够强的语言互操作能力,允许组件在开发和运行时高度交互。这是因为 CLR 基于一个严格的类型系统,.NET 所有的语言都必须遵守该类型系统——每个.NET 语言的所有构造(如类、接口、结构和基本类型)都必须编译成 CLR 兼容类型。但是,这种语言互操作性是以无法再使用 Windows 和 COM 开发人员数年来一直使用的语言和编译器为代价的。原因是,原来的编译器产生的代码不是针对 CLR 的,这类代码并不遵守 CLR 类型系统(CLR type system),因此 CLR 就不能管理这类代码。.NET CLR 管理代码编译,编译代码使其符合.NET 平台(有点类似以前的汇编语言)。CLR 有两个有趣的特征:其一,它的规范是开放式的,因而它同样适用于非视窗平台(non-Windows);其二,大多数语言都可以用来使用.NET框架类,并且都将获得 CLR 的支持。

表 11-3 显示了 CLR 的主要组成部分。

表 11-3   CLR 组成结构

公共类型系统（数据类型等）		
针对本机代码编译器的中间语言(IL)	执行支持（传统的运行库功能）	安全性
垃圾回收、堆栈遍历、代码管理器		
类加载器和内存分配		

CLR 的设计基于下述主要目标:

- 更简单快速的开发;
- 自动处理系统级任务,例如内存管理和进程通信;
- 极佳的工具支持;
- 更简单安全的部署;
- 可伸缩性。

CLR 支持多种语言,允许在这些语言中进行空前的集成。通过公共类型系统以及全面地控制接口调用,CLR 允许语言比以前更透明地协同工作。COM 的跨语言集成问题在.NET 中已不存在。提供多语言支持的一个关键功能是公共类型系统,它把所有常用的数据类型,甚至基本类型(如 Long 和 Boolean)都实现为对象。类型的强制现在可以在较低的层次上实现,使语言具有更多的一致性。另外,因为所有的语言都使用相同的类型库,所以从一种语言中调用另一种语言就不需要类型转换约定或调用约定了。

Microsoft .NET 的一个重要概念是命名空间。命名空间有助于组织对象库和层次结构,简化对象引用,防止引用对象时出现歧义,控制对象标识符的作用域。类的命名空间允许 CLR 明确地指定可以加载的可用.NET 库中的类。

11.1.3   .NET 基础类库

.NET Class Framework 含有上千个类和接口。下面是其中的一些功能:

- 数据访问和处理；
- 执行线程的创建和管理；
- 从 .NET 到外界的接口—— Windows 窗体、Web 窗体、Web 服务和控制台应用程序；
- 应用程序安全性的定义、管理和实施；
- 加密、磁盘文件 I/O、网络 I/O、对象的串行化和其他系统级的功能；
- 应用程序配置；
- 使用目录服务、事件日志、性能计数器、消息队列和计时器；
- 使用各种网络协议发送和接收数据；
- 访问存储在程序集中的元数据信息。

过去程序员认为上面的许多功能是编程语言的一部分，但现在已经移到了基类中。所有基于 .NET Framework 的语言都可以使用这些架构类。例如，COBOL 就可以使用架构类中的 System.Math.Sqrt( ) 函数方法得到平方根，这就使这种基本功能得以广泛使用，并在各种语言中具有高度的一致性，所有对 Sqrt 的调用基本相同（除了各语言之间的语法差异），并且访问相同的底层代码。

基本架构类中的许多功能都位于命名空间 System 中，例如上面提及的 System.Math.Sqrt( ) 方法。System 命名空间包含了数十个这样的类别。表 11 - 4 仅列出了 System 命名空间中的部分子空间。

表 11 - 4　System 命名空间中的一些子命名空间

命名空间	内容	类和子命名空间的示例
System.Collections	创建和管理各种类型的集合	Arraylist、Hashtable、SortedList
System.Data	与基本数据库管理相关的类和类型	DataSet、DataTable、DataColumn
System.Diagnostics	调试应用程序和跟踪代码执行的类	Debug、Trace
System.IO	可以读写文件和其他数据流的类型	File、FileStream、Path、StreamReader、StreamWriter
System.Math	计算常见数学量的成员，例如三角函数和对数函数	Sqrt（平方根）、Cos（余弦）、Log（对数）、Min（最小值）
System.Reflection	可以检查元数据	Assembly、Module
System.Security	支持安全功能的类型	Cryptography、Permissions、Policy

11.1.4　.NET 的用户和程序接口

.NET 提供了显示和管理用户界面的五种方式：

- Windows 窗体；
- Web 窗体；
- Windows Presentation Foundation；
- 控制台应用程序；

- Web 服务和 Windows Communication Foundation。

.NET 还提供了在同一台机器或不同机器上的进程之间通信的几种方式，包括 Web 服务、.NET Remoting 和新的 Windows Communication Foundation。高效地使用.NET 需要理解这些技术的优点和使用场合，以及如何为特定的场合选择合适的技术。

1. Windows 窗体

Windows 窗体是显示标准 Win32 屏幕的一种较高级的集成方式。.NET Framework 上的所有语言都能使用 Windows 窗体引擎，它具有 VB 窗体引擎的功能，提供了一组丰富而统一的控件和绘图函数。它有效地替代了 Windows 图形 API，把它封装在 Windows GDI 的核心，开发人员在进行绘图操作或执行屏幕函数时，一般不需要直接使用 Windows API。

2. Web 窗体

.NET 中处理与 Internet 通信的部分称为 ASP.NET。它包含一个窗体引擎，叫做 Web 窗体，用于创建基于浏览器的用户界面。把布局与逻辑分离开来，Web 窗体可分为两个部分。

- 模板：它包含基于 HTML 的、用于所有用户界面元素的布局信息；
- 组件：它包含与用户界面相关的所有逻辑。

这似乎是把标准的 VB 窗体分为两个部分，一部分包含控件及其属性和布局的信息，另一部分包含代码。与 VB 一样，代码在控件的"后面"执行，控件中的事件激活代码中的事件例程。与 Windows 窗体一样，Web 窗体也可以用于所有的.NET 语言。这就为各种语言带来了完整、灵活的 Web 接口功能。

3. Windows Presentation Foundation

改变硬件功能常常会引起软件平台和开发工具的改变。显示技术的最新改进就是一个例子，视频卡变得更强大了，显示设备可以用于许多不同的尺寸、分辨率和纵横比。开发人员习惯于确定用什么样的分辨率来支持他们的应用程序，是 800600，还是 1024768，由于选项众多，决策将变得越来越复杂，所以人们希望找到一种更全面的解决方案，支持各种显示设备。Microsoft 提供的方案是 Windows Presentation Foundation（WPF）。WPF 是基于矢量的，而不是基于位图的。这样，控件和图形等用户界面对象就可以缩放为任意尺寸或分辨率。使用基于矢量的绘图程序的用户很熟悉这个特性，但使用 WPF，这种特性就可以用于一般的编程。

WPF 还集成了许多其他与显示相关的技术，例如动画、样式设置和三维观察功能。媒体，如视频播放等，也很容易放在任意用户界面上。Microsoft 希望 WPF 不仅仅是对本地界面的 Windows 窗体的补充。WPF 的版本是为非 Windows 系统规划的，它的名称暂定为 WPF/e，有时称为 WPF Everywhere。WPF/e 允许浏览器页面使用许多 WPF 的专用 UI 特性，这些页面甚至可以运行在非 Windows 系统上，如 Apple Macintosh。

4. 控制台应用程序

尽管 Microsoft 没有强调编写基于字符的应用程序的.NET Framework 能力，但.NET Framework 为这类控制台应用程序提供了一个接口。例如，批处理过程目前可以把组件集成进来，写到控制台接口上。与 Windows 窗体和 Web 窗体一样，这个控制台接口可以用于任何.NET 语言编写的应用程序。在 VB.NET 以前的版本中编写基于字符的应用程序总是比较费劲，因为它是完全面向 GUI 的。现在 VB 独立于用户界面技术，除了用于基于窗体和基于浏览器的用户界面之外，还可以用于真正的控制台应用程序。

5．Web 服务和 Windows Communication Foundation

应用程序开发目前已经进入分散化的下一个阶段。应用程序最古老的理念是一个访问基本操作系统服务的软件，例如文件系统和图形系统。接着，应用程序使用其他系统级应用程序中的许多基本功能，例如数据库——这种应用程序把一般功能应用于特定的问题，提高了其价值。开发人员的工作是增加商务价值，而不是打好基础。

Web 服务是沿着这个方向进行的下一阶段。在 Web 服务中，软件功能变成了一个不必关心服务的用户是谁（除非要考虑安全性）的服务。Web 服务允许开发人员把本地资源和远程资源组合起来，建立一个全面集成的分布式解决方案，以创建应用程序。在 .NET 中，Web 服务作为 ASP.NET 的一部分来实现，负责处理所有的 Web 接口。它允许程序使用 SOAP 标准，彼此直接通过 Web 通信。这样就可以动态改变 Web 应用程序的体系结构，允许服务运行在 Web 上，以集成到本地应用程序中。

在 Web 服务之后，Windows Communication Foundation（WCF）是分散化的下一阶段。WCF 是 .NET Framework 3.0 中的新增组件，包含了 .NET 的以前版本中用于进程之间通信的大多数技术。例如，Web 服务就完全包含在 WCF 中。其他 Microsoft 技术完全封装在 WCF 中，或其部分功能封装在 WCF 中。这些技术包括 Enterprise Services、Microsoft Message Queue（MSMQ）和 .NET Remoting。所有这些技术都通过一个统一的 API 实现，所以在 .NET 中不再需要学习各种 API 继续跨进程或跨机器的交互操作。

Microsoft 开发 WCF 的目的是为使用面向服务的体系结构（SOA）创建应用程序提供了一个平台。这种体系结构使用消息进行进程之间的通信，而不是使用函数调用。消息必须满足一个约定要求，即指定消息及其中所有信息的格式。只要通信的每一方都懂得如何使用该合同，则他们存储数据的方式就是彼此不相关的。这类体系结构允许应用程序的各个部分是松散耦合的。各部分不需要相互了解，只需理解约定即可。因此，很容易用类似的功能替换应用程序的某个部分，而无须对应用程序的其他部分做重大修改。

11.1.5　中间语言和 JIT 编译器

有个细节经常会困扰 .NET 初学者，即从高级语言（比如 C♯ 或者 Visual Basic）到托管代码再到机器代码，是如何转换的。弄懂这个过程，是理解 .NET 是如何支持语言互操作性（即语言独立性的核心原则）的关键，同时理解 .NET 代码生成过程还是处理一些特殊安全问题的关键。

编译 .NET 托管代码的过程有两个阶段。第一阶段，高级代码被编译到一个叫做中间语言（Intermediate Language，IL）的语言中。IL 的构造看起来更像机器代码，而不是高级语言，但 IL 的确包含一些抽象概念（例如：基础类和异常处理），这就是为什么这个语言被称为中间语言。IL 被封装在 DLL 或 EXE 中。.NET 中的 EXE 程序集和 DLL 程序集的主要区别是，虽然 DLL 和 EXE 都可被加载到一个已经运行的程序中，但只有 EXE 可以直接执行。由于计算机的 CPU 只能执行原始机器代码，而不是 IL，所以在运行时需要进一步编译，让 IL 转变成真正的机器代码（第二阶段），即时（JIT）编译器就是处理第二阶段编译过程的。

第一次编译高级代码时，高级语言编译器处理两件事情：首先它将 IL 保存在 EXE 或 DLL 中，然后为每个类方法创建一个机器代码存根。该存根调用 JIT 编译器，并将自身方法地址作为参数传入。JIT 编译器从 DLL 或 EXE 中找到对应的 IL，将它编译成机器代码，然后用新生成的机器代码来取代内存中的存根。当一个已经被编译的方法调用另一个未被编译的方法时,它实际上调用的是存根。存根首先调用 JIT 编译器,JIT 编译器将 IL 代码编译成原始机器代码。然后,.NET 再次调用该方法,从而真正地执行程序。从这以后,对该方法的调用,将以本地代码方式执行。应用程序对每个被调用的方法只需要编译一次,从未被调用的方法也将永不被编译。

当编译器生成一个 EXE 文件时,它的入口点是 Main() 方法。当加载器加载 EXE 时,会检测是否托管 EXE。加载器加载 .NET 运行时库(包括 JIT 编译器),然后调用 EXE 的 Main() IL 方法。这样就会触发一次编译,即将 Main() 方法中的 IL 编译到内存中的原始代码中去,.NET 应用程序就开始运行。一旦 IL 编译到了原始代码中,IL 就能够自由调用其他的本地代码。当程序终止时,本地代码就会被删除,下一次应用程序运行时,IL 将被 JIT 编译器编译成本地机器代码。

JIT 编译提供了许多重要的好处。JIT 编译提供给 .NET 开发人员滞后绑定的灵活性,同时也保证编译时类型安全。JIT 编译也是二进制组件兼容的关键。此外,如果不同平台(例如:Windows XP 和 Linux)的 .NET 运行时实现都提供完全相同的标准服务,那么至少在理论上,.NET 应用程序是可在不同平台间移植的。

由 JIT 编译器生成的代码比由传统的静态源代码编译器生成的代码运行得更快。例如,JIT 编译器知道 CPU 的具体类型(例如:Pentium III 或 Pentium 4)之后,将充分利用该类型 CPU 提供的附加指令集。相比之下,传统的编译器必须生成最通用的代码,比如 386－指令集,因而无法利用新 CPU 的功能。JIT 编译器的未来版本,也许可以跟踪一个应用程序使用代码的方式(分支指令使用的频率、前视分支等),然后重新编译,从而优化该特定的应用程序(或者甚至是一个特定的用户)使用组件的方式。JIT 编译器也可基于实际可用的机器资源,比如内存或 CPU 速度,来生成最优化的机器代码。注意,这些高级功能还没有被实现,但这种机制有提供所有这些功能的潜力。一般而言,JIT 编译器的最优化,是在额外的编译时间和应用程序性能的提高两者之间的一个折衷,它的效果取决于应用程序的调用模式和使用方法。将来,这个损失可以在应用程序安装时计算出来,或从用户的偏爱表中查询出来。

11.1.6　.NET 编程语言

为了进行 .NET 组件编程,必须使用由 .NET 框架和 Visual Studio 提供的 .NET 语言编译器中的一个。Visual Studio 的第一个版本(版本 1.0,称之为 Visual Studio .NET 2002)提供了三种新的 CLR 兼容语言:C♯、Visual Basic .NET 和 Managed C++,第二个版本(版本 1.1,称之为 Visual Studio.NET 2003)包含了 J♯(适合 .NET 的 Java),Visual Studio 的第三个版本(版本 2.0,称之为 Visual Studio 2005)提供了广泛的语言扩展,比如 C♯ 2005 和 Visual Basic 2005 都支持泛型。第三方的编译器厂商针对 CLR 提供的其他语言种类也超过了 20 多种,如 COBOL、Eiffel 等。

事实上,所有 .NET 的组件不论是以何种语言写的,都在相同的托管环境下执行;每种语言中的所有指令必须编译成一个预定义的 CLR 兼容类型,基于这两个事实就允许了高度的语言互操作性。在一个语言中定义的类型,在其他的语言中都有同等的本地表示法。可以使用现存的所有语言都支持的 CLR 类型,或者定义新的自定义类型。CLR 也提供一个统一的基于异常的错误处理模式:某种语言中抛出的异常可以被另一种语言捕获和处理,可以使用默认的 CLR 异常类集,或为了特定的用途导出和扩展它们。也可以从一个语言中触发事件,并且在另一个语言中捕获它们。此外,因为 CLR 仅仅知道 IL,所以安全权限和安全要求可以跨越语言屏障。例如,用 CLR 来确认调用者是否有合适的权限来使用另一个对象是完全没有问题的,即使它们两者是用不同的语言开发的。

　　. NET 组件是语言独立的,面向组件编程的一个核心原理是语言独立性。当客户端在某个对象上调用方法时,不应该考虑用于开发客户端或对象的编程语言,也不应该影响客户端与对象交互的能力。因为所有的. NET 组件在运行以前,就被编译到 IL 中,从而和高级语言无关,根据定义,这样的结果就是语言独立性。在运行时,JIT 编译器会链接访问组件入口点的客户端。这种语言独立性与 COM 支持的语言独立性类似,因为,. NET 开发工具可以读取元数据以及 IL,. NET 也提供开发时语言独立性,它允许开发人员与用其他语言编写的组件交互或甚至导出。例如:所有的. NET 框架基础类均用 C♯ 编写,但是 C♯ 和 Visual Basic 开发人员都可以使用它。

　　. NET 提供了四个 CLR 兼容的语言:Visual C♯(简称为 C♯)、Visual Basic、J♯ 和 Managed C++。Managed C++ 主要是为了互操作性、移植和迁移用户以及高级情形;大多数. NET 开发人员不会将其作为主流语言对待。J♯ 是为了维护和移植以前的 J++ 应用程序的。

　　尽管 C♯ 和 VB. NET 以及它们各自的开发环境,在. NET 第一个版本时几乎是相同的,但. NET 从第三个版本(2.0 版本)开始引进了编程模式、环境、编程体验上的主要区别。C♯ 开创性地引进了代码重构、代码扩充、迭代、代码格式化选项和许多方便的语言性能,比如委托推断。Visual Basic 引进了 My 对象(本质上是全局变量的集合),像 VB6 一样对 Main()方法的隐藏,新颖的项目选项和许多功能的内置实现,自动任务工具,所有这些都旨在提高开发人员的生产效率。Visual Basic 的目标是尽可能像 VB6 那样易用,同时允许开发人员生成尽可能快的应用程序。虽然这两种语言都引进了对泛型的支持,但泛型是 C♯ 团队的核心功能,在 Visual Basic 产品中却只是一个后来附加物。反之,虽然两个语言都引进"编辑后继续运行",但这是 Visual Basic 产品的主要功能,对 C♯ 却只是一个很晚的附加物。像 C++ 这样的语言和像 MFC、COM 这样的技术,它们在能力上是没有极限的,从支持多线程到面向对象建模再到窗口信息拦截,通常新功能的获得是以技能成本的增加为基础的。然而,甚至是最通常的 MFC 应用程序也需要相当多的技能,更为复杂的应用程序经常是超出大部分开发人员能力范围的。. NET 提供了一个重新开始的记录,相对于 C++ 而言,实质上是降低了进入的门槛,在. NET 中没有无形的最高限度:. NET 的优点和编程模型与 COM 和 MFC 的类似。C++ 和 COM 开发人员喜欢. NET 是因为它很方便。VB6 的高级开发人员喜欢. NET 的原因是他们不需要特别高的技能去开发所需的高级功能,也能直接获得增加功能的新技能。

11.1.7　. NET 程序集

　　微软对组件技术最初的两个尝试(第一个是原始的 DLL 导出函数,第二个是 COM 组件)使用原始的可执行文件来存储二进制代码。在 COM 中,组件开发人员通常把他们的源代码编译成 DLL(有时候是 EXE),然后在用户计算机上安装这些可执行组件。所有 DLL 共享的那些更高层的抽象或者逻辑属性,都必须由组件提供商和客户端管理员双方手工地管理。例如,一个面向组件的应用程序中的所有 DLL 应当当成一个逻辑操作来安装或卸载,然而,开发人员要么编写安装程序来重复每个 DLL 使用的注册代码,要么逐个逐个地拷贝。大多公司并不愿意在开发一个健壮的安装程序和过程上投资太多时间,这就导致了在应用程序卸载以后机器里还留下了一些孤零零的 DLL,结果客户端计算机中的无用东西越来越多。更糟糕的是,在安装了一个新的版本后,应用程序可能仍然试图使用 DLL 的旧版本。

一个程序中的所有 DLL 逻辑上应该有一个共同的属性,即版本号。设想某个特定提供商在两个 DLL 中提供一套交互的组件,两个 DLL 都标记为版本 1.0。当这些组件有了新的版本(1.1)时,厂商必须手动更新两个 DLL 版本号到 1.1。一个 DLL 版本号的改变并不触发另一个 DLL 版本号的自动改变,即使两者在逻辑上都是相同部署单元的一部分。

来自同一提供商的一组 DLL 通常有第三个逻辑属性,即它们的安全证书——允许什么样的 DLL 被访问,允许 DLL 与其他应用程序共享什么等。客户端应用程序的管理员需要管理他信任这些组件的方式,他必须为所有的 DLL 重复这个过程,即使它们共享相同的安全源。客户端开发人员和系统管理员使用笨拙的工具,比如 DCOMCFG,而这些工具导致了一套脆弱、易出错的管理方式。

在逻辑上构成单一的部署单元的所有组件,为什么不能够简单地放入同一个 DLL 中呢?答案很简单:这样做会导致单一应用程序丧失了面向组件编程的许多优势。相比之下,如果不同组件部署在不同的 DLL 中,客户端应用程序仅在需要它的组件时,才因加载该 DLL 造成时间的消耗。此外,应用程序组件的内存使用量(memory footPrint)被保持到最小值,因为仅仅是实际使用的 DLL 才被保存在内存中。如果客户端应用程序需要动态地下载 DLL,客户端应用程序仅为需要的部分下载付出代价。

很明显,有必要从一套组件(如版本、安全和部署)的实体封装里(实际上包括所有组件的文件)分离由它们共享的逻辑属性,同时避免传统的 DLL 的问题。解决的方法是.NET 概念中的程序集:一个单一的部署、版本和安全单元。程序集是.NET 中基本的封装单元。之所以称为程序集是因为汇集了多个物理文件到一个单一的逻辑单元中。一个程序集可以是一个类库(DLL)或者一个独立的应用程序(EXE),可以包含多个实体模块,每个模块可包含多个组件。一个程序集通常只包括一个文件(一个单一的 DLL 或者一个单一的 EXE),但是它仍然提供给组件开发人员重要的版本、共享和安全优势。本书的后面部分将讲述这些内容。把一个程序集当成是一个逻辑库:一个可以包含多个物理文件的元文件(见图 11 - 1)。

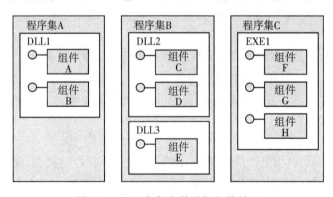

图 11 - 1 程序集当做逻辑包装单元

一个程序集中的实体 DLL 也被称为模块。例如,在图 11 - 1 中,程序集 A 包含一个单一的模块,而程序集 B 包含两个模块。多模块程序集选项的存在用来支持两种情况:第一种情况是用现购现付(page-as-you-go)的方法来实现程序集下载,以便客户端下载一个程序集时,通过垂滴(trickle-down)方式可以仅下载所需的代码模块。第二种情况是使多语言、多文件程序集成为可能:你可以在不同的语言中开发每个模块,然后简单地将它们链接在一块。事实上,这两种场景都不多见。程序集相对很小,如今的带宽便宜并且很容易获得。同样,当涉及编程语言时,大部分团队都是同质的,当因为一些其他实际原因(例如:责任和管理)须使用不同的编程语言时,小组的边界也是程序集的边界。正因为如此,.NET 没有必要采用多模块程序集。事实上,Visual Studio 不会生成多模块程序集。要生成多模块程序集,必须在可视化环境之外,用命令行编译器来编译代码,然后使用程序集连接器(AL.exe)命令行应用程序或MSBuild 引擎。AL.exe 提供了转换,其可以合并多个 DLL 到程序集中。MSBuild 是一个丰富的环境,它提供与 Visual Studio 一定程度上的整合。

一个程序集可以包含任意多的组件。程序集中的所有的代码都是 IL 代码。一个程序集也可以包含诸如图标、图片或本地化字符串等资源。理论上,任何基于 IL 的程序集都可以在任何目标 CPU 上运行,因为两阶段的编译过程—如果 IL 中没有与特定 CPU 架构或机器语言相关的内容,JIT 编辑器就会在运行时为目标 CPU 生成机器指令。然而实际上,程序集有可能是不可移植的。例如,C♯ 显式规定结构的内存布局。如果使用显式的 x86 内存布局,代码将不会在 Itanium 或其他 64 位机器上运行。此外,如果程序集导入旧有的 COM 对象,它也不能在 64 位机器上运行,因为 64 位的 Windows 不支持本地 COM。因此,程序集将必须在Win32 模拟环境(如 Windows-on-Windows)上执行。然而,如果只是简单地在 64 位 Windows机器上加载程序集,它就会在本地 64 位环境中而不是 WOW 中运行。唯一能解决这种特定的 CPU 程序集的方法是把目标 CPU 上的信息合并到包括了程序集的可执行二进制文件中。如果这样做,程序集需要 32 位 WOW 模拟,而又想在 64 位计算机上加载时,加载器会在WOW 中执行,WOW 中的 32 位 JIT 编译器将会正确地编译。

如果开发一个需要特定 CPU 架构的程序集,则必须把 CPU 的信息告诉 Visual Studio,以便它可将信息合并到二进制文件中。在 Visual Studio 的每个项目中,项目属性下的 Build 选项卡是"目标平台"下拉列表。默认的是所有 CPU,但是你可以选择 x86、x64 或者其他。当指定某个特定的 CPU 时,则需要保证程序集将来只会在该 CPU 架构中(或者该 CPU 架构的模拟环境中)执行。

11.1.8 .NET 命名空间

.NET Framework 通过使用类库来组织创建.NET Framework 应用程序所需的各种数据类型和功能。为了使开发人员可以快捷地从类库中找到所需的类,类库在许多不同的名称下进行存放,在同一个名称中包含了功能相似的类。在.NET Framework 中将使用名称进行管理类库的方式称为命名空间。

命名空间提供一个组织相关类和其他类型的方式。与文件或者组件不同,命名空间是一种逻辑组合,不是物理组合。不在同一个文件中的多个类可以共同包含在一个命名空间中,这样创建了一个逻辑结构。一个程序集可以包含一个或者多个命名空间。例如 System 和System.IO 命名空间都保存在 System.dll 程序集中。一个命名空间也可能保存在两个程序集中。可以简单地将命名空间理解为组,组中包含的是一些具有相同或类似功能的类。每一个程序集(.dll 文件)可以包含一个或多个组。例如,在 System. dll 程序集中包含 System.
Int16、System. String 等类。.NET Framework 的所有组件以及开发者创建的所有组件都组织
到包含类的命名空间中。

定义命名空间需要使用 namespace 关键字。namespace 关键字用于声明一个范围。此范
围允许开发人员组织代码并提供创建全局唯一类型的方法,它的定义规则为:

- 命名空间名可以是任何合法的标识符,命名空间名可以包含句点(.)。
- 即使未显式声明命名空间,系统也会创建默认命名空间。该未命名的命名空间(有时
称为全局命名空间)存在于每一个文件中。全局命名空间中的任何标识符都可用于已命名的
命名空间中。
- 命名空间隐式具有公共访问权,并且不可修改。
- 在两个或更多的声明中定义一个命名空间是允许的。

11.1.9　元数据

.NET Framework 需要应用程序的许多信息来完成其自动实现的功能。.NET 的设计要
求应用程序本身携带这些信息,即应用程序是自我描述的,描述应用程序的信息称为元数据
(metadata)。元数据并不是一个新概念。例如,COM 组件就使用它的一种形式,叫做类型库,
它包含了描述组件中类的元数据,用于实现 OLE Automation。但组件的类型库存储在一个
单独的文件中。而.NET 中的元数据存储在它所描述的组件中。.NET 中的元数据还包含组
件的更多信息,也更容易组织。

元数据是一个全面、标准、强制、完全的、描述程序集内所包含的内容的方式。元数据描述
在程序集中有何种可用的类型(如类、接口、枚举、结构等),以及包含它们的命名空间、每个类
型的名称、它的可见性、它的基类、它支持的接口、它的方法、每个方法的参数等。程序集元数
据是通过高级别的编译器直接从源文件中自动生成的。编译器将元数据嵌入到包含 IL(要么
是 DLL 要么是 EXE)的物理文件中。如果是多文件程序集,每个包含 IL 的模块必须包含描
述该模块类型的元数据。事实上,任何 CLR 兼容的编译器都要求生成元数据,并且元数据必
须是一种标准格式。

但元数据不只是适合于编译器。.NET 使用称为反射的机制,可以编程地读取元数据。从
软件工程的角度来看,反射在与属性结合时尤其有用,它提供了一个方式来添加自己的信息到
元数据中,该元数据描述了用来生成应用程序的类型。对作为一种组件技术又是一个开发平
台的.NET 而言,元数据很关键。例如,.NET 使用元数据跨越执行边界进行远程调用封送处
理。封送包括一个执行上下文(比如一个进程或者机器)中的客户端顺向调用另一个对象驻留
的地方;调用其他执行上下文的调用并且传回响应给客户端。封送处理通常使用一个代
理——与对象有相同入口点的一个实体。代理是为封送处理调用到实际的对象负责的实体。
由于元数据对对象类型和程序的准确、正式的描述,.NET 可以自动地构造代理来转发调用。

11.1.10　COM 的角色

在引入.NET Framework 时,一些不了解它的人把它解释为 COM 的终结。这是完全错
误的。COM 目前是不会消亡的。实际上,Windows 没有 COM 是不能启动的。.NET 与基于
COM 的软件进行了很好的集成。任何 COM 组件都被内置的.NET 组件看做是.NET 组

件。.NET Framework 封装了 COM 组件,并提供了一个.NET 组件可以使用的接口。这使.NET能与大量基于 COM 的老式软件交互操作。

　　另一方面,.NET Framework 可以通过 COM 接口来利用.NET 组件,允许旧式 COM 组件使用基于.NET 的组件,就好像它们是用 COM 开发的一样。但是要知道,内置的.NET 组件不使用 COM 进行交互操作。CLR 采用一种新方式与组件进行交互,这种方式不是基于COM 的。只有与由非.NET 工具编写的 COM 组件交互时,才有必要使用 COM。在相当长的时间里,.NET 都不在内部使用 COM,这可能会导致 COM 的终结,但对于需要快速开发的项目来说,COM 无疑是重要的。

11.1.11　.NET 框架中的 XML

　　.NET 的许多底层集成都是使用 XML 完成的。例如:Web 服务就完全依赖 XML 与远程对象通信。查看元数据通常就是查看它的 XML 版本。

　　ADO.NET 是 ADO 的下一代产品,它完全依赖 XML 进行数据的远程表示。在本质上,当 ADO.NET 创建所谓的数据集时,该数据被 ADO.NET 转换为 XML 来处理。当远程处理完成之后,对 XML 的改变会被 ADO.NET 回送给数据存储器中。

　　.NET 也在内部使用 XML。在.NET 中存储配置信息的标准方式是基于 XML 的。XML 是.NET 许多领域的基础,也因此增加了集成的机会。使用 XML 提供.NET 函数的接口,可以让开发人员以以前不曾有过的全新方式把组件和函数联系在一起。XML 作为粘合剂,用一种在 Microsoft 和非 Microsoft 平台上以前没有过的方式把这些内容联系起来。

11.2　.NET 面向组件编程

　　.NET 组件是一个带有动态链接库扩展的预编制类模块,在运行的时候,通过由一个用户应用程序激活并加载到内存中。.NET 组件是用于创建网络和 Windows 应用程序的,这些应用程序使一个应用程序所需的功能可以显示在外部。

　　面向组件编程是不同于面向对象编程的,虽然两种技术存在一些共性。可以说面向组件编程来源于面向对象方法论。一个组件负责公开业务逻辑给客户端,一个客户端是使用该组件的任何实体,虽然大多情况下它就是一个简单的类。客户端代码可以被打包在和组件相同的物理单元,或者相同的逻辑单元但不同的物理单元,或者完全不同的物理和逻辑单元中。客户端代码不应该就这些细节作任何假设。一个对象是一个组件的实例,这定义类似于经典的面向对象定义:一个对象是一个类的实例。对象有时候也被作为服务器被提及,因为客户端和对象之间的关系通常被称作客户端/服务器模型。在这个模型中,客户端创建一个对象并且通过公开可用的入口访问其功能,通常是一个公有方法,不过接口更加合适一点。

　　基于接口编程提倡封装,或者说对客户端屏蔽信息。客户端对对象的实现方法细节了解越少越好。大部分的实现细节被屏蔽,也就意味着你在不影响客户端代码的情况下改变一个方法或者属性的可能性越大。接口实现了最大程度的封装,因为和客户端交互的是一个抽象的服务定义,而不是一个实际对象。封装是面向对象和面向组件方法论成功应用的关键所在。从面向对象编程引发的另外一个重要概念是多态。如果两个对象均继承于一个公共的基类型(比如一个接口)并且实现了该基类型定义的全部操作,那么我们称这两个对象互为多态。如果一个客户端在编写时调用的是基类型的操作,那么这个客户端代码就能够调用与基类型互为多态的任何对象。当多态被恰当使用的时候,从一个对象切换到另外一个对象不会对客户端造成任何影响,从而简化了应用程序的维护。

11.2.1　面向组件和面向对象编程的比较

面向对象技术的基础是封装——接口与实现分离,面向对象的核心是多态——这是接口和实现分离的更高级升华,使得在运行时可以动态根据条件来选择隐藏在接口后面的实现,面向对象的表现形式是类和继承。面向对象的主要目标是使系统对象化,良好的对象化的结果,就是系统的各部分更加清晰化,耦合度大大降低。

面向组件技术建立在对象技术之上,它是对象技术的进一步发展,类这个概念仍然是组件技术中一个基础的概念,但是组件技术更核心的概念是接口。组件技术的主要目标是复用(粗粒度的复用),这不是类的复用,而是组件的复用,如一个 DLL、一个中间件,甚至一个框架。一个组件可以有一个类或多个类及其他元素组成,但是组件有个很明显的特征,就是它是一个独立的物理单元,经常以非源码的形式(如二进制,IL)存在。一个完整的组件中一般有一个主类,而其他的类和元素都是为了支持该主类的功能实现而存在的。为了支持这种物理独立性和粗粒度的复用,组件需要更高级的概念支撑,其中最基本的就是属性和事件,在对象的技术中曾一度困扰我们的类之间的相互依赖问题/消息传递问题,迄今为止最好的解决方案就是事件。

既然类和组件有着这么多类似的地方,那么传统的面向对象编程和面向组件编程有什么区别呢? 简单的说,面向对象关注的是组合在一个二进制可执行文件中的各个类的关系,而面向组件的编程关注的是在彼此独立的基础上模块之间的交互性,这种交互性使得并不需要熟悉它们内部的工作原理。这两种方法最基本的不同在于它们对最终的应用程序的观点。在传统的面向对象编程中,尽管你可以精心地把所有的商业逻辑分布在不同的类中,一旦这些类被编译,它们就被固化成了一个巨大的二进制代码。所有的类共享同一个物理单元(通常是一个可执行文件)、被操作系统认为是同一个进程,使用同一个地址空间以及共享相同的安全策略等等。如果多个开发者在同一份代码上进行开发,他们甚至还要共享源文件。在这种情况下,修改一个类可能会让整个项目被重新连接,并重新进行必要的测试,更严重的,还有可能要修改其他的类。但是,在面向组件开发中,应用程序是由一系列可以互相交互的二进制模块组合而成的。

一个具体的二进制组件可能并不能完成什么工作。有些组件是为了提供一些常规服务而编写的,例如通信的封装或者文件访问组件。也有一些是为了某些特定应用而专门开发的。一个应用程序的设计者可以通过把这些不同的组件提供的功能粘合在一起来实现他们需要的商业逻辑。很多面向组件的技术——例如:COM、J2EE、CORB 和.NET 都为二进制组件提供了的无缝连接的机制,而唯一的不同就是需要在组件通信上花费的力气。

把一个二进制应用程序分解成不同的二进制组件的动机和把不同的类放到不同的文件中是类似的。后者使得不同的类的开发人员可以彼此独立的工作,尽管只是修改了一个类也要重新连接整个应用程序,但是只需要重新编译被修改的部分就可以了。

但是,面向组件的开发还是和简单软件项目的管理更复杂一些。因为一个面向组件的应用程序是一个二进制代码块的集合,可以把组件当作积木块一样,随心所欲地拆装它们。如果需要修改一个组件的实现,只需要修改那个组件就可以了,而组件的客户机不需要重新编译也不需要重新开发。对于那些不常用到的组件,组件甚至可以在一个程序运行的时候被更新。这些改进和增强使得组件可以立即进行更新,而所有该组件的客户都将立即受益。无论是在同一台机器上还是通过网络远程访问。

面向组件的应用程序也更易于扩展。当你需要实现新的需求的时候,你可以提供一个新的组件,而不去影响那些和新需求无关的组件。这些特点使得面向组件的开发降低了大型软件项目长期维护的成本,这是一个最实际的商业问题,也正是如此,组件技术才如此迅速地被接受。

面向组件的应用程序通常可以更快地响应市场,因为你可以有很大的选择空间,不仅仅是自己开发的组件,还可以从第三方厂商来购买某些组件,从而避免了重复制造。这里 VB 就是一个很好的例子,丰富的 ActiveX 控件使得很多人在快速开发中得到了享受。

11.2.2 ．NET 组件开发中的接口和继承

面向组件和面向对象应用程序的另外一个重要差别是在继承和重用模型上的着重点不同。在面向对象的分析和设计过程中,应用程序经常被建模成复杂层次结构的类,并且这些类被设计成尽可能贴近需要实现的业务逻辑。你通过从一个已有的基类继承并且专属化其行为来实现对已有代码的重用。问题在于继承实现重用是一个比较差的手段。当你从一个基类派生出一个子类时,必须完全了解基类的实现细节。例如,改变成员变量值会有什么边际影响,对基类中的代码会造成什么影响,重载一个基类方法并提供一个不同的行为是否会破坏那些预期基类行为的客户端代码?

这种方式的重用通常被称着白盒重用,因为要熟悉基类的实现细节。因此,白盒重用不能形成像在大企业的重用计划或者对第三方框架的方便采用时所需要的规模经济。相反,面向组件编程强调黑盒重用,也就意味着允许你使用一个现存的组件,而不用关心内部实现,只要组件实现了一些预定义的操作或接口。作为组件和客户端之间使用的契约,面向组件的开发人员大部分时间花在分解接口上,而不是花力气设计复杂的类层次结构。

．NET 允许通过继承实现的方式使用组件,的确可以使用这样的技术开发复杂的对象层次结构,然而,应该尽可能保持类层次关系简单明了,而将精力集中在构建接口上。这样可以提升组件的黑盒重用,而不是通过继承实现的白盒重用。最后,在应用程序的运行方面,如多线程和并发管理、安全和分布式应用程序、部署、以及版本控制,面向对象编程提供了很少的工具和设计模式。一旦须提供处理这些公共需求的基础架构时,面向对象的开发人员或多或少只能自力更生了。.NET 提供了一个卓越的组件开发基础架构支持,使用.NET 时,可以集中关注业务问题的解决,而无须关注构建业务方案所需的软件基础架构。

11.3 ．NET 组件与 COM 组件的互操作

．NET Framework 的产生使得很多公司在多年的项目应用中开发的大量 COM、DCOM 组件成为了遗留代码。由于在开发 COM 组件时投入了大量的人力、财力,在.NET 环境下重用这些 COM 组件显得十分有意义。.NET 支持运行时通过 COM、COM＋、本地 WinAPI 调用与未管制代码的双向互操作性,BCL 为此提供了一套类和属性,包括受管制对象生存期的精

确控制等。要实现互操作性,必须首先引入. NET Framework 的 System. Runtime. InteropServices 命名空间。

11.3.1 .NET 组件调用 COM 组件

. NET 调用 COM 组件主要分为两类:静态调用及动态调用。所谓静态调用:指通过通过 tlbimp. exe 命名产生 COM 组件在. NET 环境下的包装类,然后通过这个包装类来访问 COM 组件。所谓动态调用:是指不通过 COM 组件的包装类来进行 COM 组件调用,而是在远行时通过反射来进行 COM 组件调用。

下面将分别详细的讨论这两种实现方法步骤。

1. 静态调用

①编写 COM 组件 MyComponent. dll;

② 产 生 可 访 问 COM 组 件 的 包 装 类:tlbimp/out:Interop. MyComponent. dll MyComponent. dll;

③在. NET 代码中访问:在项目添加 COM 包装类,就可以像访问. NET 的装配件一样访问 COM 组件。

2. 动态调用

①编写 COM 组件 MyComponent. dll;

②在. NET 程序中产生要被调用的 COM 组件类的 Type:

```
Type comType = Type.GetTypeFromCLSID( Guid );
```

或

```
Type comType = Type.GetTypeFromProgID( string );
```

③生成 COM 组件类对象:

```
object comObj = Activator.CreateInstance( comType );
```

或

```
object comObj = comType.InvokeMember(null, BindingFlags.DeclaredOnly |
BindingFlags. Public | BindingFlags. NonPublic | BindingFlags. Instance |
BindingFlags.CreateInstance,null, null, args );
```

④设置参数及其对应的 ByRef 属性:

```
object[ ] args = new object[ ]{arg1, arg2 , …,argn};
ParameterModifier[ ] modifiers = new ParameterModifier[1];
modifiers[0] = new ParameterModifier( argNumCount );
//设置参数是否为 ByRef
modifiers[0][0] = true;//表示该参数是 ByRef(InOut/Out)
modifiers[0][n] = false;//表示该参数是 ByValue(In)
```

⑤调用 COM 组件方法或者属性:

```
object returnValue = comType. InvokeMember ("MethodName", BindingFlags.
InvokeMethod|… ,null,comObj ,args,modifiers,null );
```

注意:

　　• 调用 COM 组件方法的时候,不能够采用 MethodInfo 的方式进行调用,由于没有 COM 组件的源数据信息,不能通过 Type. GetMethod 等方法够获取与 COM 组件相关的任何特有类型信息。

　　• 动态调用 COM 组件方法中,如果需要参数回传值,则必须将该参数对应的 ParameterModifier 表示设置为 True,即使该参数类型为传址类型。(在. NET 中如果参数为传址类类型,那么参数默认行为是 ByRef 的。)

　　• 如果传递给 COM 组件的参数设置为传引用的(ParameterModifier[n] = true)的时候,该参数的值不能够为空(Null),否则会产生一个 TargetInvocationException 异常。解决的方法为,如果参数为基本类型(传值)则产生一个默认的值,如果参数为非基本类型(传址)则使用 new UnknownWrapper(null)进行替代该参数。

11.3.2　COM 组件调用. NET 组件

在 Com 中调用的. NET 对象必须具有下面的特性:
- 类必须是 public 性质;
- 特性、方法和事件必须是 public 性质的;
- 特性和方法必须在类接口中定义;
- 事件必须在事件接口中定义。

具体实现方法步骤如下。

1. 定义接口

COM 是通过抛出接口让外部应用调用的,每个接口、组件都有一个 Guid,在. NET 中开发 COM 组件也不例外。

```
[Guid("0bb13346 - 7e9d - 4aba - 9ff2 - 862e0105489a")]
public interface IMyService
{
    //定义接口方法或者属性
    //每个方法都有一个 DISPID 属性,供 VBScript 等使用
    [DispId( 1 )]
    void Method1( args … );
}
```

2. 实现接口的派生类

```
//guid 属性定义组件的 Guid
//ProgID 定义 Com 组件的 ProgID
[Guid( "ba0a3019 - f0d8 - 4406 - 8116 - f80d5515c686" ) ,
ProgId("ClassNamespace.MyService"),
ClassInterface( ClassInterfaceType. None)]
public class MyService : IMyService
{
    … //实现代码部分
```

```
        }
```

3. 将 . NET 配件转换为公有装配件

①创建强名字：

```
    sn - k MyService.snk
```

并将强名字拷贝到工程目录下面。

在 AssembyInfo. cs 修改对应的配置：

```
    [assembly: AssemblyKeyFile(@"../../MyService.snk")]
```

②注册装配件：

```
    RegAsm /codebase MyService.dll
```

注意：/codebase 是指设置注册表中的基本代码，也就是记录下 DLL 的路径，供 ccw 在 COM 户端在任何位置都可以找到该 DLL，如果没有/codebase 属性，则 ccw 默认为 DLL 与 COM 户端执行程序的当前目录下面。

③将装配件加入 GAC：

```
    gacutil - i MyService.dll
```

小结

本章介绍了微软目前最新的. NET 组件技术的基础结构、运行原理、编程思想，以及与以往 COM 技术互操作的具体方法。首先总结了. NET 组件技术的发展历程，并通过对. NET Framework 框架及其重要组成部分的详细介绍，剖析了. NET 组件技术的工作运行机制；然后列举了. NET 面向组件编程思想的一般原则，同时对比了面向对象编程与面向组件编程思想的本质区别，总结了接口与继承在面向组件编程中的重要作用；最后给出了. NET 组件与 COM 组件相互调用的实例代码。通过以上三方面的学习，能够快速掌握与理解. NET 组件技术术开发的精髓。

参考文献

[1] 潘爱民. COM 原理与应用[M]. 北京:清华大学出版社,2002.

[2] Don Box . COM 本质论(Essential COM)[M]. 北京:中国电力出版社,2001.

[3] 斯万科(美). COM 编程精彩实例[M]. 徐颖,译. 北京:中国电力出版社,2001.

[4] Martin Gudgin. IDL 精髓 Essential IDL[M]. 宋亚男,译. 北京:中国电力出版社,2002.

[5] Stanley Lippman. Josee Lajoie. C++ Primer 中文版(第 3 版)[M]. 潘爱民,张丽,译. 北京:中国电力出版社,2002.

[6] Tom Armstrong Ron Patton(美). ATL 开发指南(第二版)[M]. 董梁,丁杰,译. 北京:电子工业出版社,2000.

[7] Don Box. Effective COM[M]. 余蒲澜,译. 北京:中国电力出版社,2003.

[8] Brent Rector, Chris Sells. 深入解析 ATL(第二版)(ATL Internals)[M]. 潘爱民,译. 北京:中国电力出版社,2007.

[9] David J Kriglinski,等. Visual C++ 技术内幕(第五版)[M]. 北京:北京希望电子出版社,1999.

[10] Corry, Mayfield, Cadman. COM/DCOM 编程指南[M]. 刘云,孔雷,译. 北京:清华大学出版社,2000.

[11] EricTan(美),等. Active X 开发人员指南[M]. 章巍,等,译. 北京:机械工业出版社,1997.

[12] BrianFarrar(美). Active X 使用指南[M]. 刘晓丹,译. 北京:机械工业出版社,1997.

[13] Tom Armstrong Ron Patton(美). ATL 开发指南(第 2 版)[M]. 董梁,丁杰,李长业,等,译. 北京:电子工业出版社 2000.

[14] Charles Petzold. Windows 程序设计第 5 版[M]. 方敏,等,译. 北京:清华大学出版社,2010.

[15] 侯俊杰. 深入浅出 MFC(第 2 版)[M]. 武汉:华中科技大学出版社,2001.

[16] Martin Gudgin (美). IDL 精髓[M]. 宋亚男,译. 北京:中国电力出版社,2002.